林业文苑

第 21 辑

杨树栽培与逆境生理

李 洁 编著

中国林业出版社

图书在版编目（CIP）数据

杨树栽培与逆境生理/李洁编著．－北京：中国林业出版社，2011.6
（林业文苑·第 21 辑）
ISBN 978-7-5038-6197-0

Ⅰ．①杨⋯　Ⅱ．①李⋯　Ⅲ．①杨属－栽培　Ⅳ．①S792.11

中国版本图书馆 CIP 数据核字（2011）第 100374 号

出版　中国林业出版社（100009　北京西城区刘海胡同 7 号）
E-mail　forestbook@163.com　**电话**　（010）83222880
网址　http://lycb.forestry.gov.cn
发行　中国林业出版社
印刷　北京北林印刷厂
版次　2010 年 6 月第 1 版
印次　2010 年 6 月第 1 次
开本　880mm×1230mm　1/32
印张　7.5
字数　238 千字
印数　1～1000 册
定价　48.00 元

前　　言

　　我国是一个杨树产业大国,无论是在杨树资源分布上,还是在品种数量以及人工林的面积上都处于世界领先地位。近年来,杨树作为我国速生丰产用材林的代表树种,在全国各地得到了广泛发展。据统计,我国杨树人工林面积为 700 多万 hm^2,超过了其他国家杨树人工林面积的总和。

　　随着天然林资源保护工程的实施,以往主要依靠消耗天然林资源而存在的传统木材工业将受到极大的冲击。木材工业的发展不得不转向培育和利用集约定向培育的速生丰产人工林。杨树是世界中纬度平原地区栽培面积最大的速生用材树种之一,具有生长快、成材早、产量高和易于更新的特点,大力发展杨树速生用材林是保护天然森林、满足人们对未来林产品需求、解决我国木材供需矛盾的重要途径。

　　同时,在应对气候变化,发展碳汇林业的国际大背景下,杨树的碳汇作用研究也得到了广泛关注。根据有关对杨树速生丰产林的碳汇功能量化的研究,得出杨树人工林材积的碳汇换算系数为 1. 27(碳汇换算系数为森林每生产 $1m^3$ 木材平均吸收的 CO_2 的吨数),按照这个换算系数,对杨树固定标准地蓄积进行换算得出,杨树速生丰产林平均每年每公顷可以固定 CO_2 25. 5 ~ 46. 5 t。可见杨树的碳汇功能之巨大。

　　虽然我国杨树种植面积和蓄积量都跃居世界首位,杨树在我国人工林建设上和林业碳汇功能的发挥上具有不可替代的重要地位,但目前杨树生产中确实存在一系列问题,如干旱缺水、病虫害严重、单位面积产量不高等。因此对杨树的栽培和其在逆境下的生理研究显得尤为迫切。

　　本人长期从事《植物生理学》《林木遗传育种》《林业政策与法规》等课程的教学和实践工作,以及林木的叶面肥和杨树的抗性生理的科学研究,目前也正在开展山西省林业厅"杨树抗寒抗旱机理研究"

（2009031112）项目，该项目收集了国内具有自主知识产权的 10 个杨树品种，主要针对晋西北地区气候，从形态、生理和生物化学各个方面将杨树的抗寒抗旱两种抗性同时进行研究，以期对杨树的抗寒抗旱性机理有更深的探究，并为晋西北地区筛选出适宜推广栽培的杨树树种。

面对当今杨树生产大力发展的良好契机，作者在多年教学和科研经验的基础上，结合国内外相关研究的最新进展，编著了《杨树栽培与逆境生理》一书。

本书在编写过程中，得到了中国林业出版社徐小英编审和山西农业大学林学院刘晶晶博士、王冬冬老师的大力支持和帮助，在此一并表示诚挚的谢意。

由于作者的理论水平和实践范围的局限性，以及时间仓促，书中的缺点和错误在所难免，敬请读者批评指教。

作　者

2011 年 5 月 28 日

目　录

第一章

概　述

第一节　杨树概况

杨树是杨柳科（Salicacae）杨属（Poplus）的统称。在华北平原地区四大用材树种——杨、柳、榆、槐当中居于首位，可见其重要性。中国是杨树起源中心，世界上有杨树100多种，在中国就有53种，因此有杨树之乡的称号。

中国杨树栽培具有十分悠久的历史，可追溯至公元前7世纪。《诗经》中即有"东门之杨，其叶肺肺"之句；战国时期《惠子》中也有关于杨树繁殖的记载；1300多年前《晋书》中《关陇之歌》有"长安大街，夹树杨槐"的描述，可见年代之早。相比之下，西欧的杨树栽培只有不到300年的历史，1745年才第一次出现杨树栽培的文字记载。目前，我国各地区栽种的杨树除原有本地树种之外，还有不少从20世纪60年代开始引进试栽的欧美杨无性系，取得良好的进展和成绩。中国杨树丰产林栽培始自1958年，目前，中国的杨树人工林面积超过700万 hm²，居世界第一位，超过了其他国家杨树人工林面积的总和。

一、杨树资源和种的分布

杨树在我国的分布很广，从新疆到东部沿海，从黑龙江、内蒙古到长江流域都有分布。不论营造防护林还是用材林，杨树都是主要的造林树种。尤其近十年来，我国杨树造林面积不断扩大，已成为世界上杨树人工林面积最大的国家。

（一）杨树分类

杨属（Populus）分类系统共分为五大派，即：白杨派（Leuce）、青杨派（Tacamahaca）、黑杨派（Aigeiros）、胡杨派（Turanga）、大叶杨派（Leucoides）。

1. 白杨派

白杨派分为两个亚派：山杨亚派和白杨亚派。

山杨亚派：欧洲山杨（*P. tremula*）、美洲山杨（*P. tremuloides*）、中国山杨（*P. devidiana*）、响叶杨（*P. adenopoda*）。

此亚派杨树喜光；耐低温（北纬40°）；土壤要求不严格；主要靠萌蘖更新（人工繁殖和造林成活率很低），可以形成纯林或与桦木形成混交林。

白杨亚派：新疆杨（*P. bolleana*）、银灰杨（*P. canescens*）、毛白杨（*P. tomentosa*）、银白杨（*P. alba*）。

2. 青杨派

国外即在北美有两个重要种：北美西部的毛果杨（*P. trichocarpa*）、北美五大湖区的香脂杨（*P. balsamifera*）。

我国青杨派树种最多，纬度自北向南有：大青杨（*P. ussuriensis*）、甜杨（*P. suaveolens*）、朝鲜杨（*P. koreana*）、马氏杨（*P. maximowiczii*）、青杨（*P. cathayanna*）、小叶杨（*P. simonii*）、川杨（*P. szechuanica*）、滇杨（*P. yunnanensis*）。

这派杨树要求生态条件和立地条件非常严格，如土壤湿度、大气湿度等，并易感染溃疡病。利用价值次于白杨和黑杨类。

3. 黑杨派

黑杨派是重要的一派树种，目前世界和中国杨树人工林70%以上使用黑杨派树种。只有两个种，即欧洲黑杨和美洲黑杨。欧洲黑杨有两个主要变种：美杨（或称钻天杨）和箭杆杨，在我国阿尔泰地区有天然林分布；美洲黑杨有三个亚种：邵棱枝杨、密苏里杨和念珠杨，分布我国新疆和中亚诸国的还有一个小种阿富汗杨。

美洲黑杨与欧洲黑杨，及其一系列天然的和人工杂种，统称欧美杨。

欧洲黑杨（*P. nigra*）：美杨（钻天杨）（*P. nigra* L. var. *italica*）

　　　　　　　　　　　箭杆杨（*P. nigra* Linn. var. *thevestina*）

美洲黑杨（*P. deltoides*）：念珠杨（*P. del.* var. *monilifora*）

密苏里杨($P.$ $del.$ var. $missouriensis$)

棱枝杨($P.$ $del.$ var. $angula$)

我国引种有：63 杨、69 杨、山海关杨、50 号杨、36 号杨，都是美洲黑杨无性系引进。利用其目的杂种优势培育出早期速生，干型好，无性繁殖能力强，抗逆性较强的欧美杨无性系有加拿大杨、健杨、I-214杨、沙兰杨、72 杨等。

4. 胡杨派

本派只有 1 个种：胡杨($P.$ $euphratica$)。主要分布中亚和西亚（地中海周围国家；但肯尼亚有），喜光和热，能耐盐和极端干旱，寿命长，一般种子繁殖，扦插难生根。

全国胡杨林面积 40 万 hm^2，世界最大胡杨林集中在我国的新疆塔里木河流域，天然林面积 32 万 hm^2，占全国胡杨林面积的 90% 以上。这里气候条件为年降水量 30～60mm，蒸发量 200～3 000mm，极端气温为 $-30～42℃$。

胡杨林由于生态恶化和人为破坏，面积日益缩小（每年消耗蓄积11.5 万 hm^2）。我国胡杨林资源锐减的主观原因：

（1）新中国成立初期大规模农牧业开发利用，人们任意毁林开荒。

（2）河流上游建立水库，任意截留水源，使中下游胡杨林缺水而枯死。

（3）当地居民乱砍胡杨林当作薪材燃料。

国际杨树委员会多次开会希望中国能够系统研究胡杨，希望国家林业局国家杨树攻关从以下几方面立项研究胡杨：①胡杨天然林保护；②胡杨资源调查；③胡杨优良种源、家系调查及优树选择；④胡杨耐盐抗旱机理研究；⑤胡杨无性繁殖；⑥胡杨杂交育种。

5. 大叶杨派

大叶杨($P.$ $lasiocarpa$)，湖北地区有分布。有人把缘毛杨($P.$ $ciliata$)归入此派。

（二）杨树品种的更新换代

（1）20 世纪 50～60 年代（第一代）

加杨——（欧美杨）美洲黑杨×欧洲黑杨

箭杆杨——欧洲黑杨变种

北京杨——钻天杨（美杨）×青杨

合作杨——小叶杨×钻天杨

群众杨——小叶杨×钻天杨＋旱柳

大官杨——小叶杨×钻天杨（天然杂交）

小美杨（各地如山东，辽宁等地）

（2）20世纪60～70年代（第二代）

I-214杨——欧美杨（美洲黑杨×欧洲黑杨）——意大利引进

沙兰杨——欧美杨——东德引进

69杨——美洲黑杨无性系——意大利引进

63杨——美洲黑杨无性系——意大利引进

72杨——欧美杨无性系——意大利引进

小黑杨——小叶杨×欧洲黑杨

（3）20世纪70～80年代（第三代）

中林46号——（69杨×63杨，半同胞家系）

毛白杨——白杨派杂种起源

50号杨——美洲黑杨选种无性系——南斯拉夫

36号杨——美洲黑杨选种无性系——意大利

N3016杨——欧美杨——荷兰引进

（4）20世纪80～90年代（第四代）

107号杨——欧美杨——引进选择——意大利

108号杨——欧美杨——引进选择——意大利

110号杨——派间杂种——美洲黑杨×马氏杨

DN113号杨——欧美杨——加拿大

725号杨——美洲黑杨——南斯拉夫

三毛杨——（毛×新）×毛

（5）2003年至今（第五代）

丹红杨——美洲黑杨——中国林科院与焦作林科院培育

巨霸杨——美洲黑杨——中国林科院与焦作林科院培育

桑迪杨——美洲黑杨——焦作林科院培育

桑巨杨——美洲黑杨——焦作林科院培育

极尔杨——欧美杨——引进选择——匈牙利

（三）杨树的地理分布

我国气候、地形较复杂，蕴藏着丰富的杨树资源。主要分布于北纬20°～53°40′，东经80°～134°之间；海拔3 800m以下的地区均有杨树生长，但比较集中地分布在我国寒温带湿润地区、温带湿润地区和干旱地区、暖温带干旱地区、北亚热带湿润地区、中亚热带湿润地区、青藏高原的半湿润和半干旱地区。

（1）寒温带干旱地区：该地区生长有大面积兴安落叶松、樟子松、白桦等树种；山杨（*P. davidiana*）和甜杨（*P. suaveolens*）均有生长。山杨常与白桦混交，而甜杨仅生活在额尔古纳河两岸，常与朝鲜柳棍交，起护岸作用。

（2）温带湿润地区：该地与小兴安岭相比，具有较高的气温和丰富的降水量。在汤旺河两岸集中生长着大青杨（*P. ussuriensis*）和香杨（*P. koreana*）。马氏杨（*P. maximowiczii*）主要分布在长白山南部。

（3）温带干旱地区东部：这里是西伯利亚泰加林的南缘部分，常生长一些西伯利亚植物，杨树则是其中之一。胡杨和灰胡杨、粉叶胡杨（*P. euphratica*）等主要生长在内蒙古河套和准噶尔盆地，在柴塔木河两岸也有少量分布。阿尔泰鄂齐斯河的中、下游沿岸生长着银白杨、银灰杨（*P. eaneseens*）、苦杨（*P. laurifolia*）和天杂鄂河杨（*P. nigra* × *P. laurifo*1*ia*）。

（4）暖温带半干旱地区：该地带山杨和青杨普遍分布于天然林分之中，海拔1 500m以下的高原、丘陵地带，分布着散生的小叶杨、河北杨及毛白杨。

（5）北亚热带湿润地区：该地区杨树种类较多，有波七杨（*P. Purdomi*）、小青杨（*P. pseudosimonii*）、青杨（*P. cathayana*）、宽叶青杨、小叶杨、秦岭小叶杨、川杨、响叶杨（*P. adenopoda*）和山杨等。

（6）中亚热带湿润地区：杨树集中分布在大巴山——鄂西地区，是我国大叶杨派主要分布区，有大叶杨（*P. lasioearpa*）、椅杨（*P. wilsanii*）、灰背杨（*P. glauea*）和长序杨（*P. psoudoglauea*）。

（7）青藏高原是一个特殊的自然区。该地带杨树种类繁多，有25种，是我国杨树种类最多地带。

（8）除在天然林分中分布着各种各样的杨树种外，毛白杨、小叶杨、河北杨处在散生状态。淮河以北和燕山以南的华北平原是毛白杨的主要产区；小叶杨分布在北纬 30°~45°和东经 95°~125°之间；河北杨主要生长在西北一带。

二、杨树的特点

(一)杨树的特征

1. 杨树的形态特征

落叶乔木。树干通常端直；树皮光滑纵裂，常为灰褐色。枝(包括萌枝)有长、短枝之分。有顶芽(胡杨无)，芽鳞多数，常具粘脂，具光泽。单叶互生，常卵形、长卵形、三角形或卵圆形，在不同的枝上常为不同的形状，齿状缘或齿芽状缘；叶柄长，侧扁或圆柱形，先端有或无腺点。花单性，雌雄异株：柔荑花序下垂，常先叶开放；雄柔荑花序稍早开放；雄花有雄蕊 4 至多数，着生于花盘内，花药常为暗红色，花丝较短，离生；子房花柱短，罕无，柱头 2~4 裂。蒴果。种子细小，具毛，多数；子叶椭圆形。

2. 杨树的生物学特性

杨树一般在 6~10 年到达成熟年龄，开始开花结实。杂种有时开花较早，如山杨与毛白杨杂种三龄时就可开花。小枝的顶芽为叶芽，体积较大，鳞片数亦较多；短枝上的侧芽为花芽，体积较小。1 年生枝，徒长枝不着生花芽。风媒花，开花时，一般由花序下部的小花先开，也有少数由花序中部的花先开。

杨树花期因品种及分布区不同而不同。山杨类种子极小，胡杨种子更小，而黑杨类种子略大，每个蒴果 1~15 粒种子，也有达 1 000 粒以上者。

不同杨树种的果实成熟所需时间的长短不同。一般分为四类：①特长类：需 65 天；②长类：需 65~45 天；③中类：5~35 天，④短类：25~35 天。

3. 杨树的生态特性

生态条件是杨树科学栽培的理论基础。由于对地理环境的要求不同及杨树本身的特性差异很大，因此，杨树各派的地理分布和生态习性不同，对环境条件都有特定的要求。

杨树在长期进化过程中，形成了自己的生理、生态特性和对环境条件的要求，同一个种、种源所产生的无性系，对环境条件的要求总体上是相似的。

（1）光照。杨树具有较强的光合作用，要求较强的光照条件，在生长期间日照不应少于1 400 h。光合作用强度、叶面积大小和生长期长短，是决定树木生产力高低的3个重要因素。由于杨树非常喜光，如若侧方或上方遮阴，它的生长和发育就要受抑制，在设计栽植密度和确定间伐强度时，要注意满足杨树对光照条件的需求，如林地上株数太稠密，光照不足，这时林木的树冠发生对光的竞争，林木会表现出明显的分化现象，影响单位面积产量。

（2）温度。杨树均喜欢温暖的气候条件，不抗寒，对早霜和晚霜敏感。由于它们的生长期长，秋季仍有较大的生长量，越冬小枝含水量高，在严寒低温条件下小枝容易失水而干枯，北方种源扦插生根能力较强。江淮地区的温度条件对南方型杨树的生长是适宜的，但如果再向北推移，北方的最低温度将是限制杨树栽培的关键因子。北方秋冬季节和早春季节的温差变化大，在寒流影响下，忽冷忽暖，霜害和寒流构成急剧的季节变温，会对南方起源的无性系造成致命的创伤。

（3）氧气。杨树有很高的根系呼吸速率，其快速生长靠的是能给根系活动提供足够的氧气。根系发育需要的氧气是从土壤中得到的，因此，土壤具有良好的透气性是杨树生长的必要条件，最理想的土壤是沙质壤土。在黏重的土壤上栽培杨树，要注意深翻耕作，打碎表层，改善其结构。

杨树根系也可借溶于地下流动水中的氧气进行呼吸，滞留的死水或土壤孔隙中水的含量过高时，会抑制根系的呼吸并影响树木的生长，有效的办法是开挖深沟排水并结合松土，增加土壤的透气性。土壤容重表示土壤孔隙度的大小，它能反应土壤的通气状况，一般来说，土壤容重小于1.3时，杨树生长正常；容重大于1.7时，杨树的生长就会受到抑制。

（4）水分。杨树属需水量大的树种，土壤湿度是影响杨树生长的最重要因素之一。杨树对土壤水分供应条件是十分敏感的，在生长季节，如若土壤干旱，土壤含水率下降到10%以下，树木的生长就会变缓直至停止。

栽植杨树的理想地点是河流、渠道两岸湿润的立地，或者是地下水位适中的平原地区(约1~2 m)。深栽使杨树的根部尽量靠近地下水位。相反，若地下水位距地表近，必须开沟排水，使水位降低到50 cm以下，以便增加土壤的透气性，使根系得以发育。在杨树的生长季节，降雨量的分布往往是不均匀的，常不能满足树木正常生长的需要，在有条件的地方，灌溉可以收到良好的效果，在干旱年份，如能灌溉几次水，可以显著增加该年树木的生长量，同时因为水分有些积蓄，也有利于下一年的速生高产。

一些品种如欧美杨类育苗造林成活率低，其原因是该品种冬季蒸腾速率高，或是苗木运输过程中失水过多，造成造林时水分亏缺严重。如沙兰杨到2月份，饱和亏缺值达26.35，而合作杨只有15.5。沙兰杨晾晒6天，木质部失水9.78%~10.89%，造林成活率仅为30%，群众杨尚可达75%。因此，注意保持苗木水分，浸水、灌水对育苗造林是非常重要的。

(5)土壤肥力和盐碱。杨树生长迅速，消耗的营养物质较多，对土壤肥力反应敏感，水、肥管理是杨树栽培的两项重要措施。正如农谚所说"有收无收在于水，收多收少在于肥"。特别是有机质含量很低的沙荒地，如不改善肥力条件，则很难达到速生丰产的目的。

杨树是喜氮、喜钙的树种，只有在肥沃土壤条件下才能发挥其速生特性。氮肥对促进杨树生长的作用最为明显，磷肥次之；某些金属阳离子，如钾、钙等都参与构成树木活组织，对于铜、铁和硼等微量元素，尽管需要量极少，但也是不可缺少的。当某种矿物元素数量不能满足杨树需要时，会出现生理失调现象，失调的信号一般是叶片改变颜色，如缺氮，叶片从绿色变成黄绿色，叶片小，植株生长率下降；如缺钾，叶脉和叶缘之间出现黄绿色，叶停止生长并枯萎。科学合理地施肥，应因树、因地、因时制宜，一般地说，杨树以施氮肥为主，有机质含量低的土壤，用农家肥作基肥，再追施氮、磷肥，会明显促进杨树生长。

土壤盐分对杨树生长的影响，主要表现在盐分的种类与含量上。土壤溶液中盐分浓度过大，如超过0.1%，渗透压提高，从而影响到根系从土壤中吸取所需的水分与养分，并引起叶色异常，枝叶萎蔫，影响造林成活率和林木生长。在杨属中，南方型杨树最不耐盐碱，最适宜的土壤酸碱度为 6.5 ~ 7.5（pH 值），如土壤 pH 值低于 6 或高于 9 以上时，则不宜栽植。

4. 杨树的生长阶段

杨树生长发育过程的年周期变化，大致可以划分为以下几个阶段：

（1）萌动期。3 月下旬至 4 月上旬，当气温逐渐上升，旬平均气温达 12℃时，叶芽开始萌动，芽苞逐渐增大伸长；4 月上旬至下旬，增大的芽苞开放展叶，成年树花芽开放，花序形成，主茎和侧枝嫩梢随着放叶开始生长，雄花序逐渐凋谢。

（2）春季营养生长期（第 1 次生长高峰期）。展叶后迅速进入生长旺盛期。初展的嫩叶叶片小而薄，随着嫩梢生长，嫩梢上逐渐展放新叶，且单叶面积迅速增大，与嫩叶生长过程相吻合。当旬平均气温达 17℃时，进入第 1 个生长盛期（5 ~ 6 月），此阶段生长速度迅速提高，叶面积显著增大，胸径生长不显著，成年树 5 月底至 6 月上旬种子成熟，蒴果开裂，吐絮散种。

（3）夏季营养生长期。随着气温升高和日照增强，夏季（7 ~ 8 月）是营养生长高峰期。此时气温变化在 19 ~ 28℃之间，嫩枝继第 1 个生长高峰期后逐渐加速生长，胸径增长加快，当年新梢（含主茎、侧枝）木质化逐渐由下部向上部转移，植株生长量的增长主要靠这个时期的积累，在这个时期要特别注意林地的水肥管理。

（4）越冬准备期。夏末秋初（8 月下旬至 12 月上旬），树冠下部枝条开始进入封顶期，向上逐渐扩展到树冠顶部的侧枝，主枝封顶最晚，即侧枝生长期较主枝短，下部侧枝较中上部侧枝生长期短。封顶后，枝条长度生长停止，芽加速发育，木质化加速，含水量降低，这种变化有利于枝条休眠越冬和来年的发育，全年生长期为 240 天左右。

（5）休眠期。从落叶后到次年芽萌动前为休眠期，当秋季气温降至 12℃时开始落叶，降到 9.5℃时大量落叶，即在 11 月下旬至 12 月上旬。落叶后即进入休眠期，但是其生命活动并未停止。

（6）根系的生长发育。杨树地上部分生长和根系的生长发育是平衡的，树木地上部分和根系的协调生长保证了这种平衡得以实现。深栽的杨树，下层根用于吸收地下水和支撑树体，在地表树干与土壤接触部分会不同程度地长出水平根，如土壤结构不好、干旱或积水，水平根的生长就会受到抑制。在适宜的条件下，这些水平根随着树龄增长而伸长，10 年生树可达 10 ~ 15 m。对吸收水分和矿物营养吸收起主导作用的是有活性的细小须根，它们密集分布在 0 ~ 20 cm 的土壤表层。

(二)杨树的生理学特点

1. 插条繁殖能力

1)不同类型杨树对扦插繁殖有不同的反应

白杨派(欧洲山杨、美洲山杨、大齿杨)没有插条繁殖能力，亚洲山杨(如中国山杨)和腺杨也是这样。但大齿杨×欧洲山杨杂种很容易用插条繁殖。银白杨的倾向是多种多样的，在地中海边缘地区和在近东用银白杨栽培种可以得到极好的结果。灰杨插条繁殖能力也是一样的。欧洲和亚洲的黑杨一般很容易用插条繁殖。但美洲黑杨就不是这样，如棱枝杨就很难用插条繁殖。青杨派杨树一般很容易用插条繁殖。胡杨派杨树插条繁殖能力不一样。大叶杨派插条繁殖能力很弱。

2)插条生根机制和影响因素

解剖学观察发现，某些杨树的嫩枝在发育过程中产生大量的根原基，剥开树皮可以看到从木质部长出的一个个小突起，称为先成原基。这些先成原基的数目与插条繁殖能力密切相关。扦插后需要一段时间才能产生的根原基，称为诱导原基。有的杨树无先成原基，甚至不产生诱导原基，因而生根困难，如黑杨派。青杨派则有很多先成原基，意大利 I-214 杨每一枝插条上有 40 多个先成原基，其中 40% 发育成根。但美洲黑杨某些无性系只有 10 个先成原基，其中 20% 发育成根。

(1)生理因素：影响插条繁殖的生理因素有以下几点：

截取插条的树木年龄是因素之一。从幼龄树上取下的插条比从老树上取下的容易生根。老树只有副梢、萌条或根出条的插条有希望生根。1 年生或最多 2 年生的嫩枝，如果从下部 2/3 部位截取，就可以得到最好的插条。顶端嫩枝不成熟，不宜采用；

抑制物的分布不均匀可能是不同部位的嫩枝有不同生根能力的原因。

采穗季节是影响插条生根的一个重要因素。全年每个月用美洲黑杨插条繁殖的试验表明，从 10 月到翌年 3 月很容易发根，4 月开始减少，

7 月降到最低，以后又逐渐上升，到 10 月又恢复到最佳状态。

营养对生根的影响有两个方面。一是对截取插条植株的影响；二是扦插后对插条自身的影响。不论哪一种情况，磷对根系的发育都起着相当大的作用，氮则有相反的抑制作用，钾不起作用。对杨树插条的其他观测还可以看出，碳/氮（C/N）高的比低的容易生根。在同一无性系，碳/氮值在 6 月最低，这个时候生根能力最低。同一树干顶部的碳/氮值也比基部低。这证实了这种看法，主要由于氮含量低造成的碳/氮值高有利于插条生根。

在意大利曾用实例说明插条失水的不利影响。把插条置于相同的试验条件下，难以生根的杨树插条失水比容易生根的杨树插条快得多。例如美洲山杨无性系，8 天中含水率比原来减少 47%，生根成功率为 44%；而意大利 I-214 杨同期含水率减少 34%，成功率则为 83%。

（2）立地因素：插条所在土壤的温度对生根有重要作用。在加拿大，曾发现 21℃是美洲山杨插条最适宜的温度。在意大利，用成熟林木插条繁殖的美洲山杨栽培种的最适宜温度为 27℃。

对插条难以繁殖的杨树来说，土壤含水率对插条生根有重要影响。意大利的经验是，意大利 I-214 杨的生根数量不受含水率的影响；而美洲黑杨无性系则不然，即使含水率达 80%～100%，生根数量也有显著的差别。

在土壤结构方面，沙质土壤不适于插条繁殖，因为这种土壤保持水分的能力很弱。

（3）栽培技术：包括合格杨树插条的准备、生产、贮存和栽植的恰当方法等内容，将在后面的栽培技术中介绍。

2. 根的发育

（1）根系形态。白杨和山杨的根系有苗壮的水平根，再从水平根长出向下扎的根。山杨根向下生长的现象很突出，它占整个根系的40%～50%。其他杨树的水平根也有较长的，长在沙质土壤中的 10 年生杨树的水平根长达 15 m，成熟龄杨树的达 20 m，成熟龄白杨的达 18 m。

（2）影响根系形态的因素。下扎根的发育受地下水位高低或土壤条件的影响。

通过对意大利 I-214 杨和波尔都晚花杨栽培种在不同类型土壤中的

扎根深度的观测表明，这两种杨树树干与土壤接触部分都不同程度地长出水平根，它们向土壤水平方向发展到有适合结构和含水率的地方。并且，土壤结构不好或水分达饱和状态时，它们的水平根就不太长。如果土壤不适于根的水平发展，植株的基部就会发生溃疡。

（3）根的生长和再生。杨树的地上和地下生长同时发生，即在任何一年中，嫩枝和根都是同时生长，但具体树种有些不同。当欧洲黑杨的插条地上生长苗壮时，根的延伸速度就慢，反过来也是如此。除此之外，主根与侧根交替生长。从美洲黑杨观测到，根的延伸率白天比夜晚高 1.6 倍。当地上部分处于生长阶段时，这种差别更加显著。

3. 矿质营养

杨树和所有植物一样，必需的营养元素有 19 种，它们是：碳（C）、氢（H）、氧（O）、氮（N）、磷（P）、钾（K）、钙（Ca）、镁（Mg）、硫（S）、硅（Si）、铁（Fe）、锰（Mn）、锌（Zn）、铜（Cu）、硼（B）、钼（Mo）、氯（Cl）、钠（Na）、镍（Ni）。其中碳、氢、氧构成了植物有机体的主体，称为有机营养元素，植物通过光合作用吸收这些元素。其余的元素都是植物从土壤中直接或间接吸收的，称为矿质营养元素。矿质营养元素中，植物的需要量大，在干物质中的相对含量至少 100mg/kg 的元素有氮、磷、钾、钙、镁、硫、硅等 7 种，称为主要元素或大量元素；其余的 9 种元素铁、锰、锌、铜、硼、钼、氯、钠、镍等需要量很少，称为微量元素。

各种矿质元素在杨树体内都具有特定的生理功能，当某种矿质元素数量不能满足杨树需要时，会引起生理失调。

（三）杨树的栽培特点

杨树是世界上分布最广、适应性最强的树种，是我国平原地区重要的速生用材树种之一。杨树之所以发展迅速，主要是由它的以下特点所决定的：一是生长快，8 年左右就可以成材；二是用途广，工业用材和民用材都可以（杨木可作为建筑、造纸、刨花板、纤维板、胶合板、包装、火柴加工等用材），并且在生态防护方面也有重要的作用，经济、生态效益高；三是适应性强，全国大部分地区都可以种植；四是繁殖容易，造林成活率高，管理相对来说比较容易。

三、杨树生产概况

如前所述，杨树具有生长快、成材早、产量高、易于更新的特点，是世界中纬度平原地区栽培面积最大、木材产量最高的速生用材树种之一。总体上，国内外杨树栽培研究仍主要集中在如何通过适地适无性系、密度控制、施肥技术、种植技术、整地技术、杂草控制及萌芽等技术来提高杨树各类人工林的生物生产力，从而优化出基于不同经营目的的栽培模式。近几年来，关于杨树人工林对生态环境作用的研究明显增多。美国、英国、瑞典等国家正致力于种植杨树人工林来吸收城市和工业废水(物)及畜牧业生产中多余的养分，减少其流入江河所产生的富营养化作用；美国还在研究短轮伐期人工林在固持 CO_2、防止温室效应的作用，以及杨树人工林在招引鸟类及保护野生动物等方面的功能等。发展杨树人工林以满足社会经济发展和环境保护的需要是世界杨树研究的发展趋势。为此，必须充分认识杨树提供生物资源和改善生态环境的双重作用。截至 2007 年，我国杨树人工林总面积已达 700 多万 hm^2，其中杨树用材林面积为 309 万 hm^2，占全国杨树人工林面积的 40% 左右。虽然我国杨树人工林面积位居世界第一，但人工林的产量和质量有待于进一步提高，特别是对杨树人工林的环境改良功能还缺乏全面认识。

四、我国杨树生理生态研究进展

(一)杨树光合特征研究

光合作用在植物界甚至全球生态系统能量与物质循环中的作用极为重要，光合作用是内因和外因共同作用的结果，是作物产量和品质构成的决定性因素，同时又是一个对环境条件变化十分敏感的生理过程。

杨树在中国分布广泛，品种繁多，但在广大的分布区内，由于立地条件的不同，林分生产力和生态经济效益存在巨大差异。为了加速杨树的生长，近年来对杨树的光合作用有较多的研究，同时杨树光合特性与树木生长潜势的相关性也引人注目，借以解决优良后代性状预测的生理基础，因此对杨树不同品种光合特性的研究就显得极为迫切。近 20 多年来随着光合测定仪器的不断推陈出新，从 20 世纪 80 年代的生物量推测法到 90 年代的红外线 CO_2 分析仪和 LI-6200 型便携式光合作用系统仪，再到最近几年普遍使用的更先进的 LI-6400 便携式光合分析系统，使植物光合特性的测定越来越精确。LI-6400 便携式光合仪代表了目前国际植物叶片光合作用测量仪器的最高水平，在实验过程中可以控制叶片周围的 CO_2 浓度、H_2O 浓度、温度、相对湿度、光照强度和叶室温度等所有相关的环境条件，而且 LI-6400 并非单一用于研究植物光合作用，它同时包括光合、呼吸（分为植物呼吸和土壤呼吸）、蒸腾、荧光等多项测量功能。同时 LI-2000 冠层分析仪的运用解决了光合生理研究由叶片向单株和区域等大尺度外推的难题。

杨树的光合特性与内部的生理因子和外部的生态环境因子密切相关。植物的生理特性总是和植物各器官，特别是植物叶片的特性相联系的，尤其是植物的光合作用和蒸腾作用。光合有效辐射 PAR 和气孔导度 Gs 与净光合速率 Pn 的相关性显著，就杨树整个生长季来说，PAR 是其最主要的影响因子，而叶片气孔限制值（Ls）、Gs、叶片大气水汽压差（VpdL）、叶室空气温度（Ta）等生理生态因素则在不同月份分别起着极其重要的作用。同时可以通过多元回归分析建立各生理、生态因子与叶片光合速率的回归方程，以期通过尺度放大使叶片光合速率由叶片到单株，然后通过林地扩大到全林直至区域等更大的尺度。杨树光合作用与个体年龄关系密切，不同年龄的杨树，其 Pn 日变化均呈双峰曲线，但其光合速率差异较大，表现为幼龄林 > 中龄林 > 成熟林。叶片在单株和枝条的着生部位以及方位与杨树光合特性也存在密切联系。在部位上表现为上、中层 Pn 差别不大，而下层的 Pn 较明显地小于上、中层。而叶片在枝条上的部位则表现为梢部向基部总体变化趋势为先增大后减少，枝条中部和中上部叶片的净光合速率较大，顶部与基部叶片净光合速率较小。在方位上表现为南部叶片光合能力强，其次是东部和西部，北部最弱，顺序为：南 > 东 > 西 > 北。杨树的叶形对光合特征也有一定的影响，苏培玺等对内蒙古额济纳旗胡杨的不同叶形进行了研究，胡杨的两种典型叶片卵圆形叶（成年树主要叶片）和披针形叶（成年树下部萌条叶片）的光合速率显著不同。在相同 CO_2 浓度下，无论光照强度多大，圆形叶的净光合速率始终大于披针形叶，并且光强越大，这种差异越大。因此光合作用既受植物自身结构和生理状况的调节，也受外界生态环境因子的影响。

中国林业科学研究院、中国科学院、北京林业大学、沈阳农业大学以及北京、山西、辽宁等的林业机构对不同杨树品种的光合特性和抗逆性等进行的研究获得以下成果：①深入了解不同品种杨树的光合特性，为杨树的基础理论研究提供科学依据；②成功筛选出一批速生、材质优良的杨树品种；③研究杨树光合特性与内部的生理因子和外部的生态环境因子的关系，为杨树品种的合理布局提供科学依据。

（二）杨树水分生理生态研究

水分不仅直接参与光合作用、呼吸作用、有机质的合成与分解过程，而且是植物体对物质吸收和运输的溶剂，水分含量的变化密切影响着植物的生命活动，满足植物对水分的需求是植物正常生存的重要条件。杨树水分生理的研究已成为杨树生理生态关注的焦点问题之一。

1. 杨树蒸腾耗水研究

蒸腾耗水量是树木的生理水分与环境水分研究的重要参数，蒸腾速率是反映植物蒸腾作用的一个重要指标，它能调节植物体的生理机制，使植物适应环境变化。植物蒸腾强度的大小在一定程度上反映了植物调节水分损失的能力及适应逆境的能力，其不仅受植物体本身的生物学特性的影响，也受外界环境因子的制约。

树干木质部是水流通道的咽喉部位，树干液流速度及液流量的大小，制约着整株树冠蒸腾量的大小，通过对树干液流速度的测定可以简捷地确定树冠蒸腾耗水量。中国林业科学研究院、中国科学院、北京林业大学等科研院所与高等学校利用热技术，通过对滩地杨树林、沙地杨树林、不同杨树无性系、平原农田防护杨树林等树干液流速率的测定，并结合气象和土壤因子的同步测定，初步掌握了不同杨树品种蒸腾耗水与其干物质生产能力的差异及限制因素，分析了液流速率的波动规律与主要气象因素的相关性，能够动态掌握整株树木的蒸腾耗水规律，并揭示其生理、生态作用机理。

2. 杨树水分利用效率研究

杨树无性系间水分利用效率存在显著差异，开展杨树无性系水分利用效率的比较研究，掌握其生理机制，对选育节水型的杨树品系和生产实践都具有重要意义。近年来，我国对杨树水分利用效率的研究主要集中在树种间水分利用效率差异的比较、环境条件对水分利用效率的影响等方面。

不同部位叶片的水分利用效率有明显差异，表现为中间大，上下小。这反映了在新生叶→成熟叶→衰老叶的过程中，水分利用效率由低→高→低的变化趋势。叶片水分利用效率在一天中的基本变化趋势是从早到晚逐渐下降。影响杨树水分利用效率的生理因素主要是气孔开度、胞间 CO_2 浓度和光合系统活性，生态因子主要是光照强度、温度和大气湿度等，气孔开度在不同叶龄叶片的水分利用效率差异和同一叶片水分利用效率的日变化中起着核心作用。

(三)杨树碳储量与碳循环研究

近年来，我国在 CO_2 和水热通量的长期观测方面取得了较大进展，中国林业科学研究院、中国科学院和中国气象局等部门相继建立了一系列碳通量观测站，成立了相应的研究小组。中国拥有自寒温带至热带的气候地带变异性和特殊的地理区，陆地生态系统具有多样性，是开展陆地生态系统碳收支、碳循环和全球气候变化研究的天然实验室和重要区域。我国对碳收支的研究起源于对区域或全球温室气体的监测，在典型陆地生态系统的生物量、生产力、养分循环和温室气体排放等方面已进行了大量卓有成效的观测和研究。自 20 世纪 70 年代后期开始广泛调查研究森林生态系统的生物量和生产力，在全国先后建立起一批森林生态系统长期定位站，包括从热带至寒温带、从低海拔到高海拔的各种不同类型的森林生态系统。在此基础上，研究人员对我国一些主要的森林生态系统类型如杉木林、云冷杉林、马尾松林、落叶松林、阔叶红松林、杨树林及热带雨林进行了碳的存储量及其分配特征和森林采伐的影响等研究。

目前，我国对于杨树人工林生态系统碳循环的系统研究开展得较少，但有关过程研究，如群落生产力、凋落物量和土壤有机碳动态等已经积累了一定的资料。国内学者对杨树人工林生态系统的碳循环研究多关注于杨树光合作用、生物量动态、凋落物分解、土壤微生物活动及土壤有机碳动态等方面。近年来对杨树生态系统土壤呼吸也进行了不少研究，尤其是利用涡度相关法对杨树人工林温室气体排放及其影响因素的研究为进一步的观测研究打下了坚实的基础。

2003 年中国科学院、中国林业科学研究院及与美国多所大学以及美国多家科研机构、大学的一些重点实验室联合组织了 USCCC（US-China Car-bon Consortium），简称中美碳联盟。2005 年正式开始在不同的气候带生态系统类型条件下，采用统一标准的涡度相关系统，做各种杨树人工林碳通量监测。这些研究工作的逐步深入必将推动我国杨树人工林生态系统碳循环方面的研究进程，揭示中国杨树人工林生态系统对全球变化的响应机制以及受干扰生态系统过程时空格局变化。张旭东等运用涡度相关法在湖南、安徽两地研究了杨树人工林碳、水通量变化及其影响因子的响应关系，在时间和空间尺度上计量碳汇效应，发现白天从 7：00 左右系统开始吸收 CO_2，具有碳汇功能，并在中午 1：00 左右达到全天的最高峰，到晚上 6：00 左右转为微弱的碳源。从全年尺度上看，3 月末 4 月初杨树进入生长季，系统整体开始表现为碳汇作用，到 10 月、11 月杨树落叶后，生态系统表现为碳源作用。安徽 2005 年 3 月至 2007 年 4 月平均年生态系统净交换（NEE）为 -3.0×10^5 mg/m^2；湖南 2005 年 3 月至 2007 年 4 月平均年生态系统净交换为 -5.0×10^5 mg/m^2。中国林业科学研究院林业研究所生理生态室在安徽和湖南两地利用涡度相关系统监测得到：滩地 7 年和 17 年树龄杨树人工林生态系统年碳汇量达 0.432 kg C/（m^2·年）和 1.156 kg C/（m^2·年），同比我国在相近纬度的千叶洲人工针叶林监测得出的 2003 年全年碳汇估算值 0.553 ~ 0.645 kg C/（m^2·年）具有很高的碳蓄积量。

不同植被类型、气候条件造成了不同的碳通量季节变化。植物生长季长短、干旱程度、降雨的时间等均是决定碳通量季节变化的主要因素。张旭东等测定了 2005 年 3 月至 2007 年 3 月长江中下游流域洪水期间杨树的碳交换，2 年都表现为碳汇作用。处于轮伐期的杨树林年净碳交换表明：净生态系统碳吸收明显与光合有效辐射、土壤温度和降水量有关。生长季与非生长季生态系统碳的净交换存在显著差异。

近年来碳循环模型已成为研究森林碳循环的必要方法，其中气候变化、大气 CO_2 浓度上升导致森林生态系统在结构、功能、组成和分布等方面的变化及其反馈关系对森林生态系统碳循环的影响是模型模拟的关键问题。Forest-DNDC 模型是模拟植物生长、水分和其他元素动态的面向过程的机理性模型。巴特尔等以华东地区杨树林生态系统为对象，以实地植被调查、涡度相关技术测定的杨树林生态系统碳通量为基础数据，对 Forest-DNDC 模型进行模型参数调整与优化，模拟结果验证模拟的月碳通量值与实测值的相关系数达到 0.99。

(四)杨树结构与功能研究

近年来，随着"西部大开发"和"退耕还林"工程及生态环境重建工程的实施，杨树在植被恢复中大量使用。在黄土丘陵沟壑区，杨树和杨树+沙棘是较好的植被恢复模式。在北京地区，杨树是沙地植被恢复的树种之一。在科尔沁沙地，杨树是植被恢复的主要树种之一。在干旱半干旱地区，由于保水剂、固体水和蒸腾抑制剂等保水抗旱科技成果的推广，提高了杨树的造林成活率和保存率，使得杨树在植被恢复中的应用更加广泛。在科尔沁沙地，使用保水剂和固体水可分别提高杨树造林成活率 10% ~30%；在青海大通，使用了固体水的青杨的成活率比对照高 24.2%。中国林业科学研究院林业所承担的国家林业局科技推广项目旱露植宝多功能保水营养缓释剂推广应用，在北京地区，杨树的造林成活率为 93% ~93.67%，比对照高出 10.33% ~11.34%；在宁夏回族自治区同心县，杨树造林成活率达 90.4% ~ 92.7%，保存率超过 88.3% ~91.2%。

杨树被广泛应用于防护林体系建设，所取得的防风固沙、涵养水源和保持水土的作用明显。何志斌等通过两年对黑河中游绿洲防护林防护效应的分析发现，绿洲至荒漠戈壁的前缘阻沙林带能明显降低风速，是维护绿洲安全的第一道防线，在树种选择上，考虑到防护效果和树木的速生性和耐旱性，认为杨树和柽柳的组合较为理想。在干旱、半干旱地区，大量栽植杨树营造农田防护林，其目的在于减少林网内土壤蒸发，保持农田水分，改善土壤小环境条件，提高灌溉水的利用率，并防止土壤次生盐渍化的发生。具体体现在：①降低风速，减轻大风、风沙、干热风、台风等对农作物的直接危害；②夏季的降温和春、秋季的保温作用，使作物少受或免受极端高温和极端低温（霜冻和寒害）的危害；③增加空气湿度，减少土壤蒸发和作物蒸腾，提高土壤含水量，使作物在较好的水分平衡状态下生长发育，减轻土壤和大气干旱带来的不良影响；④在低湿洼地，能改变地下水的溢出途径，降低地下水位，改良盐碱土，防止发生次生盐渍化；⑤改良土壤，维持地力，增强土地的长期生产力。

　　杨树作为河岸带植被的主要树种之一，其功能显著：①过滤泥沙和营养物质，截留污染物，维持良好水质；②维持河流良好的水文状况；③防风固沙，保持水土，缓冲河水对河岸带的冲击和侵蚀，稳定河岸系统；④为河流生物提供能量和创造生存环境，为许多动物和植物提供栖息地，是许多动物的运动廊道，维持较高的生物多样性水平；⑤散播种子，为周边地区植被发展提供种源基础。

　　在长江流域，被广泛栽植的杨树不仅防护效益明显，而且在血吸虫病防治工作中还发挥了巨大作用。中国林业科学研究院林业所生理生态室在这方面做了大量的研究工作，并提出了建设林业血防生态工程。营造杨树林已是长江中下游 5 省（区）在沿江外滩地上的主要土地利用方式。

　　据不完全统计，湖北、湖南和安徽 3 个省滩地杨树栽培面积达到了6.88 万 hm^2。大面积滩地杨树林生态系统在抑螺防病、滩地保护等方面发挥着巨大的生态效益，而且在促进经济发展方面也起到了重要作用。长江中下游滩地抑螺防病林不仅因其速生丰产的木材供应对区域经济和社会的发展做出巨大贡献，而且其改善林地环境抑制钉螺生长、防治血吸虫病更是造福于一方百姓。

　　总之，杨树速生丰产林在用材、防护、涵养水源、固碳、改善小气候、抑螺防病等方面起到了非常大的作用，对促进我国生态环境建设做出了巨大的贡献。

　　中国是世界上最大的人工林造林国，对人工林的生态效应研究特别是碳循环的相关机制的研究是当今生态学和林学研究的热点问题。杨树作为一种适应性广的速生丰产林，对生态环境有积极的综合效应。传统林业对其生态价值不能全面地作出分析，所以对杨树林生态系统碳循环的研究应当结合现在国际流行的公认的生态系统通量观测技术，通过涡度观测塔获取的气象和碳水通量等观测数据，结合地面植物光合生理生态学的调查数据，围绕对 CO_2 交换核心过程追踪，精确定量评估冠层作为温室效应气体 CO_2 的吸收库的作用。这不仅将有助于更好地了解我国杨树人工林对温室气体减排的贡献，而且对全球碳循环机制研究也有重要的参考意义。

五、杨树抗性研究的现状及展望

(一)抗虫性研究

有关杨树抗虫性的研究从 20 世纪 80 年代初开始，主要集中在杨树木质部的组织结构及木质部与韧皮部的内含物含量与抗虫性关系方面。

1. 树木组织结构与抗虫性的关系

据研究，杨树的抗虫性与树木的品种及木材结构有密切关系。1992年，萧刚柔指出，抗性品种石细胞数量增加，呈大团块状分布，纤维排列紧密，细胞壁粗大。1993 年，王瑞勤等通过对光肩星天牛抗性强的 69 杨与抗性弱的大官杨的木材切片观察发现，69 杨树皮中呈大团块状分布的石细胞约为大官杨内不连续的小块石细胞的 4 倍。石细胞属于细胞壁强烈增厚且木化、栓化的厚壁组织，它的增多加强了树皮的硬度，给以啃食树皮为主的光肩星天牛的进食带来困难。同时，69 杨木材中导管的比例小，木纤维的比例相应增多，且纤维细胞壁增厚，排列紧密，也会给光肩星天牛幼虫蛀入木质部及啃食带来困难。

2. 树木中营养物质含量与抗虫性的关系

糖类、蛋白质、脂肪是昆虫幼虫生长发育不可缺少的营养。杨雪彦、孙丽艳等研究一致认为：当树木中含糖量高，尤其是还原糖含量高时，树木抗虫性差，反之，则抗虫性强。这是因为糖类不仅是昆虫必需的能量来源，而且可溶性糖还是昆虫生长发育的所需氨基酸和不饱和脂类的前体。其次，蛋白质及氨基酸含量高，尤其是不可代替氨基酸含量高时，树木抗虫性差。反之，则抗虫性强。这是因为木材中蛋白质的含量可能会加速幼虫的生长，并且是幼虫生长发育的控制因子。另外，当树木粗脂肪含量低但不饱和脂肪酸中亚麻酸相对比例较高时，树木抗虫性差。反之，则抗虫性强。此外，食物营养成分不平衡也影响到幼虫的生长发育，这是由于营养成分的不平衡需要增加昆虫的代谢和排泄活动，延缓生长和降低食物的转换率，最终影响幼虫的生长和发育。

3. 酚类物质含量与抗虫性的关系

杨树树皮中含邻苯二酚，没食子酸、阿魏酸、对香豆酸、原儿茶酸、间苯二酚、白杨灵等多种酚类化合物，这些酚类化合物大多与杨树的抗虫性密切相关。一般认为：香豆酸和原儿茶酸的含量与抗虫性呈正相关，而没食子酸的含量与抗虫性呈负相关。1987 年，王希蒙的研究表明，抗虫性强的河北杨含有对香豆酸，而其他树种没有；抗虫性强的河北杨和新疆杨含原儿茶酸，而抗虫性弱的北京杨和青杨不含此酸，但含有一定量的没食子酸。1995 年，王蕤等对毛白杨与银白杨树皮内含物对光肩星天牛抗性进行研究指出，抗性强的毛白杨树皮内的邻苯二酚、对香豆酸、对羟基苯甲酸含量均高于银白杨。并且毛白杨树皮内的水杨苷、白杨灵（水杨苷-6-苯甲酸酯）含量远高于银白杨。但阿魏酸与抗虫性的关系不明显。1993 年王瑞勤等在研究了 I -69 杨和大官杨对光肩星天牛的抗性后却指出，抗虫的 69 杨和不抗虫的大官杨树皮中原儿茶酸含量相近，大官杨树皮中邻苯二酚的含量是 I-69 杨的 4 倍。这与王希蒙及王蕤的结果大不相同。总之，目前对各种酚类与抗虫性的关系研究结果大多不一致。这可能与所研究的树种，昆虫种类及研究方法的准确性等因素有关。

4. 单宁含量与抗虫性的关系

1987 年，王希蒙分析了杨树对黄斑星天牛的抗性后指出，单宁分子上带羟基的芳香环可借羟基与蛋白质分子的羟基结合形成稳定的交叉链，抑制酶的活性或使蛋白质鞣化，影响昆虫对蛋白质的消化，它还能与淀粉结合影响昆虫对淀粉的消化。因此，一般抗虫品种的杨树单宁含量均高于不抗虫品种。并且，树木木质部的糖和单宁比值（C/T）大小是反映树种抗天牛虫害强弱的一项综合指标，比值大的树种抗性弱。总之，树木的抗虫性是多方面因素造成的，既有结构上的，又有营养物质及次生代谢物方面的影响，且各个因素相互制约又相互促进，共同决定树木的抗虫性。

5. 抗虫基因工程的进展

在林木基因工程研究中，杨树的基因工程进展最为迅速。1987 年，Fillatti 从沙门氏杆菌中提取了抗除草剂的 DNA，用根癌农杆菌转移到杨树杂种无性系（银白杨 × 大齿杨无性系 nc5339）上，获得一批能抗除草剂草甘膦的杨树植株，是杨树基因工程研究的开端。

虫害是林业生产的大敌，一般的化学防治和生物防治，成本高，防治不彻底，而且污染环境，不利于维护生态平衡。因此，通过基因转化培育出抗虫植株，对林业生产具有十分重要的意义。苏云金杆菌是一种致病性很强的昆虫病菌。可以感染多种昆虫，其杀虫主要靠内毒素，它存在于苏云金杆菌孢子的伴胞晶体内，编码此类晶体蛋白基因（Bt）已经被克隆用于农杆菌携带这种基因转导到树木中去。1988～1989 年，美国依阿华大学成功地将 Bt 基因和蛋白酶抑制剂基因转导到杨树杂种上，获得杨树抗虫转基因植株。中国农科院范云六研究小组于 1990 年成功地将抗鳞翅目昆虫的 Bt 毒蛋白基因用根癌农杆菌导入欧洲黑杨，并获转基因植株。这使我国在这一领域的研究达到了国际先进水平。

　　胰蛋白酶抑制基因（TI）是新一代的广谱抗虫基因。这类基因来源于豌豆或马铃薯以及慈菇等植物的储藏蛋白质中的胰蛋白酶抑制蛋白的编码序列。胰蛋白酶抑制剂可以与胰蛋白酶上的活性部位结合抑制其活性，从而干扰昆虫的代谢，导致其死亡，因而具有广谱性杀虫的特点，并且对人类无害。根据 TI 基因的来源，目前胰蛋白酶抑制基因主要有两种类型，一类是来自豌豆的储藏蛋白称为 CPTI 基因；另一类是来自马铃薯，称为 PTI 基因。这两种基因已被成功地导入烟草基因组，获得了抗虫烟草。目前，南京林业大学生物技术中心正在进行马铃薯胰蛋白酶抑制基因转化杨树基因的研究。

（二）抗病性的研究

　　杨树的抗病研究是从 20 世纪 80 年代初广泛展开的。研究的主要病害是杨树溃疡病，其次有烂皮病和锈病，主要研究树皮内的三种酶（过氧化物酶、多酚氧化酶，苯丙氨酸解氨酶），常量元素及次生代谢物与抗病性的关系。

1. 过氧化物酶、多酚氧化酶及苯丙氨酸解氨酶含量与抗病性的关系

　　阳传和、胡锦江、赵仕光等分别于 1989 年，1990 年，1993 年对过氧化物酶、多酚氧化酶及苯丙氨酸解氨酶含量与杨树溃疡病关系进行研究，结果为此类物质与树木抗溃疡病密切相关。病原菌侵染前，若抗病性树种体内这三种酶活性高，则抗性强；感病性树种，其酶活性低。病原菌侵染后，在一定时间内，这三种酶活性都有所升高，且各自在不同的时间内达到活性高峰。抗病性越强的树种，其酶活性升高幅度越大，抗病性越弱的树种，其酶活性升高幅度越小，且抗病性强的树种，其活性高峰比抗病性弱的树种提前到达。并且，过氧化物酶和多酚氧化酶在杨树的抗病作用中存在着一定的关系：如果杨树树皮中过氧化物酶活性相对

较高，并伴有高的多酚氧化酶活性，则该树表现为抗病性强；如果过氧化物酶活性相对较高而多酚氧化酶活性较低，是该树表现为中度感病或中度抗病；如果过氧化物酶活性较低或很低，则无论其多酚氧化酶活性多么高，该树仍表现为感病性。但这两种酶含量多少和抗病性表现为这种关系，目前尚没有研究清楚。

2. 树体中其他化学成分含量与抗病性的关系

杨树中化学成分含量不同，抗病性表现也不同。1989 年，景耀等研究了杨树树体中树皮中常量元素与溃疡病发生的关系，结果表明，溃疡病菌分生孢子的萌发率和菌丝生长量与树体中 N，S，P，Ca，Mg 含量成负相关，与钾含量成正相关。其中，以 N 的影响最为显著。1990年，朱纬等对杨树树皮中酚类物质与溃疡病发生关系作了相关分析，发现杨树溃病菌分生孢子萌发率及菌丝生长量与树皮中的总酚、其他酚类、缩合单宁等 12 种酚类物质的含量均有一定的相关性。1994 年，曾大鹏研究树体含水量与溃疡病的抗性关系后指出，树体含水量高，抗溃疡病能力强。

对杨树的抗病研究已取得不少进展，但关于杨树抗病基因工程的研究还较少。在杨树抗病基因工程的研究中，Cooper 研究小组正在克隆杨树在叶病毒的外壳蛋白基因(PMV-CP)，目的是将编码 PMV-CP 的基因导入杨树，在杨树体内产生 CP 蛋白，对杨树 PMV 的侵染起到一种类似免疫学的交叉保护效应。

(三)杨树抗性研究中存在的问题

1. 转 Bt 植株存在局限性

苏云金杆菌(Bt)能产生具有强烈杀虫作用的杀虫晶体蛋白。目前，这种基因已被成功地转移到杨树中，获得了转基因杨树植株。但是，Bt 的局限性也正逐渐显示出来，这主要表现在：杀虫谱带窄，毒力不够强，更为突出的是，它已诱导昆虫对其产生了抗性。1983 年，Georghion 等已首次从五带淡色库蚁中检测到了它对 Bt-ICPs 的抗性。随后，在美国夏威夷、菲律宾地区也发现了害虫对 Bt 产生了抗性。并且进一步发现，在转 Bt 植株上，害虫抗性的发展将会非常迅速。这是因为转基因植株使得单一的 Bt-ICPs 与昆虫长期连续接触而增加了昆虫的抗性。杨树转 Bt 植株虽未见到失去抗性的报道，但也应对此引起重视，将昆虫对转 Bt 植株的抗性演化控制在一定程度，以保证转基因植株的抗虫性。

2. 抗病基因工程难度大，进展缓慢

杨树抗病育种不仅是一项艰苦耗时的工作，并且很多时候，育种速度跟不上新的病原菌产生速度。如果能够分离和鉴定抗病基因，在病原菌侵染的时候或侵染前将抗性基因转移到植株中，将有可能及时抵御病原菌的侵染。目前，这方面的工作虽已在一些农作物上获得成功。但是，杨树的抗病基因转移却存在着一个实际问题：直接基因转移获得抗性不是永久的，因为对基因抗性是基于病原菌和宿主之间紧密的遗传关系。例如，如果将 N 基因转移到某一杨树品种，只有当原来的病原菌侵染这一新的植株时，抗性基因才起作用。另外，多数抗性基因表达在树木的生长过程中有一定的时期性。所以，对杨树来说，如何获得稳定的抗病性，特别是在幼树期获得稳定的抗性，是一个较难解决的问题，从而导致杨树抗病基因工程进展缓慢。

(四)杨树抗性研究展望

（1）利用现代生物技术与常规育种相结合，培育杨树高抗性新品种现代生物技术的发展，展示了杨树抗性育种美好前景性，新抗性基因源的产生和原有抗性基因的改造，是细胞工程的两大优势；原生质体融合可以改善植物种间杂交的不亲合性，使种间、野生种、甚至属间抗性基因向植物现有品种的引入成为可能。在细胞或组织培养过程中发生的体细胞无性系变异包含可供选择的抗性变异，而它可以和胁迫变异相加权而提高抗性变异的程度和选择频率；配子体单克隆系变异与无性系变异有同样可以利用的基因变异，更重要的是作为单倍体育种的一种技术，可以对变异的基因在单倍体和纯合的双倍体上进行鉴定，不仅使隐性的变异基因得到选择，还可以通过加性变异淘汰不良性状并强化目标性状。因此，现代基因工程技术的发展，可以打破物种间的界线，缩短育种周期，为杨树品种的进一步改良提供了机会。为此，许农 1993 年在《杨树基因工程进展》一文中，提出了今后杨树遗传改良的设想。

（2）以酶学技术研究为基础，进行杨树病害的早期抗性鉴定同功酶是基因表达的直接产物，因而利用同功酶的分析能较直接地判断基因的存在及其表达规律。同功酶已广泛应用于遗传育种中杂种优势的预测、

体细胞融合杂种的鉴定，以及早期鉴定和筛选抗病品种的生化指标。在杨树病害研究中，可借助这些方法，进行杨树病害的早期抗性鉴定，加速杨树抗性新品种选育的步伐。

六、杨树价值投资分析

以上市公司财务报告为依据，煤炭、钢铁和石油行业的收益分别是10%、12%和5%，而国家林业局对投资速生丰产林的回报率进行的框算是15%以上，远高于其他基础行业的收益。在《经济参考报》2003年11月18日刊登的《今年木业纸业利润增长最快》一文中指出：2003年中国500强企业平均利润增长率前10名中，木材加工、造纸及纸品业位居第一。除此之外，还具有以下增值特点：

（1）政策增值：国家对林业实行鼓励和扶持的政策，在税收上实行部分或全部减免政策。

（2）土地增值：土地有限，不可再生，特别是速生丰产林种植的林地越来越少，市场价格有逐年上涨的趋势。

（3）林木增值：树木都是有生命的，随着时间的推移，不但不贬值，而且还会自己增值，还可以根据市场价格情况，灵活控制出材时间。

（4）机会增值：林业体制改革百年不遇，机会难得、商机有限，早投入、早获利。

（5）技术增值：利用科学的管理和先进的技术可以控制林木的生长速度和出材量。

投资速生丰产林市场模式 投资速生丰产林的主体主要以专业杨树种植公司、木材使用企业和个人为主。目前较为成熟的运作模式有两种，一种是专业公司＋林业基地＋农户，另一种是木材使用企业＋林业基地。前一种模式是擅长市场推广的专业公司、精于技术的管护单位、有资金投入的个体三者有机的结合体，它能够将社会上最好的技术、资金和人才集聚在一起，使其效益最大化。后一种模式是有足够实力的木材使用企业自购林地自主经营或委托林管公司专业管理，造林的目的是实现自给自足，一般不将木材外卖。这两种模式的方向发展是相反的：木材生产或经营企业走的是"自产自销"的产业链，所以他们会建立自已的木材加工厂和其他木材厂；木材使用企业为了控制成本、实现规模生产，希望直接参与或控制木材的供应源头，所以会将大量的资金投资到林地的建设上。尽管这两种模式的发展路径会向相反的方向发展，但发展的结果却是殊路同归，即打造产供销为一体的林业产业链和结合地球生态在内的绿色产业链。这也是投资林产业者今后的产业方向和发展趋势所在。

七、我国杨树栽培中存在的问题

　　首先，我国现在广泛种植的是由意大利引进的美洲黑杨，其遗传型窄，需要扩大品种的遗传基础。我们应借鉴国外先进的育种经验，充分发掘和利用我国丰富的杨树基因资源，加强国产主要杨树遗传变异规律研究，建立科学的育种程序，因地制宜地选择优良品种种植。其次，中国的杨树栽培面临着林木加工利用的新问题，杨树的栽培技术也应随之改变，不要只强调速生丰产，而忽视了质量。应注重选择杨树品种，确定合理的造林密度，采用合理的轮伐年限。

　　此外，我国平原农区人多地少，稍好的土地已用作农田，杨树造林地多数贫瘠，这是不同于其他国家的，如何保持和提高杨树人工林土壤的肥力，解决用材林基地的生境及生物多样性很低，病虫灾害频繁而严重，立地质量及林木生产力下降等一系列问题，是杨树短轮伐期集约栽培的基本问题。我们应对林地进行多目标的造林设计，不仅要使工业用材林达到高产、优质、高效的目的，而且要求林区能保护生态环境和生物的多样性，逐渐恢复林区的生态平衡。对现有各种轮伐期较长的人工林，不能片面追求高产量，而要考虑持续、多代的土地生产力。要重视对人工林区生态学的研究与观察，对现有各种人工林也要进行生态学观测，包括对林地土壤演化规律、不同育林措施及不同林分的发育阶段对土壤理化生物特性的影响等。

第二章

杨树栽培技术

第一节 杨树常规栽培技术

在杨树苗木培育技术上，近几年重点开展了以下几个方面的研究和实践：

（1）不同地区针对其主栽无性系，研究了不同扦插密度、插穗质量对扦插成活率、叶面积、生物量及生长量等指标的影响，并结合苗木产量和质量进行综合评定，提出了不同地区的适宜扦插密度；白杨派树种的育苗技术不断完善，形成了多圃配套繁育的育苗技术体系，并在华北各地应用。在研究和实践基础上，各地区制定了相应的《杨树苗木质量分级》和《杨树扦插育苗技术规程》等技术标准。

（2）在杨树苗圃地，系统研究了重茬经营对苗木生长、生态生理特性和生物量分配等方面的影响。结果表明，与1代苗相比，2代苗、3代苗的平均苗高分别下降了4.3%和20.3%，平均胸径下降了6.6%和20.8%，单株生物量下降了5.6%和34.5%；提出了用地与养地并举，土地资源永续经营的技术措施。

（3）在南方地区，开展了杨树苗圃化除草试验研究，提出用43%乙果 EC 1 500ml/hm² 土壤封闭处理，对主要杂草的防治效果达90%以上；灭生性除草剂20%百草枯 AS、41%春多多（草甘膦）AS 在严格控制条件下，采用杨树间低位定向喷雾处理，对大多数杂草的防治效果也在90%以上；在北方地区，开展了地膜覆盖、保水剂对育苗地土壤物理性质、苗木生长的影响，证明不同保水措施既有提高苗木成活率、光合速率，促进苗木生长的作用，也有降低土壤容重，增加土壤孔隙度，改善土壤物理性质的作用，其中黑膜覆盖效果最好，保水剂次之。

现就杨树的常规栽培技术介绍如下：

一、立地条件

（一）气候因子

在各个生态区域里，影响杨树生长的最主要气候因子是有效积温和降水量，因此对于一个特定地区而言，在选择立地时，应着重考虑有效积温和降水量两个气候因子。在北方，有效积温越高、降水量越大的地方，对适生杨树的生长越有利。

（二）土壤条件

杨树对水分的需求较大，只有足够高的地下水位或足够的降水量，才能满足杨树正常生长所需水分。一般要求地下水位在 $1 \sim 25m$，降水量 500mm 以上。杨树虽然喜水，但土壤不能积水，尤其在生长季节，积水超过一个月以上，就会严重影响树木生长，甚至导致树木死亡。所以在选择营造杨树人工用材林的土壤条件时，既要保证杨树所需的水分条件，又不能水分过量而导致积水。通过多年的研究证明，大多数杨树对土壤养分的要求并不十分苛刻。一般来说，杨树人工用材林要求土壤的有机质含量不低于 0.5%，再加强林分的经营管理，也可以实现速生、丰产和高效益等指标。但如果有机质含量低于 0.5%，这些指标将难以实现。N、P、K 的含量，尤其是速效 N、P、K 含量，是土壤养分的重要标志。通常速效 N 大于 40mg/kg，速效 P 含量高于 0.5mg/kg，速效 K 含量超过 20mg/kg 就可满足杨树正常生长的需求。杨树人工用材林要求土壤为沙壤土、轻壤土和中壤土，土层厚度 1.5m 以上为最佳，1m 以上亦可，pH 值 6.5 ~ 8.5。

二、良种壮苗

根据杨树培育的目的，结合立地条件，选准选好树种、品种，这是造林成功与否的关键因素。一般任何树种、品种都要在当地经过 1 个轮伐期试验才能确定其表现性状是否优良。根据多年的实践，在黑龙江杨树栽培区，可选择适宜在本地生长、抗逆性强、生长速度较快的杨树品种，这些杨树品种主要有银中杨、小黑杨、青山杨、中黑防、黑林 1、黑林 3、黑林 5、三北 1 号杨、中牡 1 号、中绥 4、12 杨等品种。培育中小径材，应选择那些窄冠形，前期生长速度较快的品种，如银中杨、黑林3、黑林5等，培育大小径材兼用型，根据不同的地域、立地条件，选择分枝适中，前期生长较快，后期生长量大的品种，如青山杨、小黑杨、中黑防、中绥等。

三、扦插技术

(一)采条与插穗处理

最好采用一年生平茬苗干，二年生也可以，选无病虫害、生长健壮、水分充足、冬芽饱满的枝条作插穗。选 3~5m 的长枝条，要求截去顶梢小于 0.8cm 的部分，下部截去大于 2.5cm 的部分，截取后的中间部分作为插条材料，要求一刀切断，切口皮绝不能劈裂。

插条粗 0.8~2.5cm，用人工或机械切条，枝条切成长 15cm 即可。人工切条要选择锋利的菜刀，上切口切成平面，下切口切成斜面，即马蹄形，要避免切口劈裂，也可上下切口都切成马蹄形，成马蹄形目的在于：一是扦插容易入土，二是增大切口面积，为生根创造有利条件。将切好的插穗，用湿沙立即贮藏好，尽量减少阳光曝晒以免风干，使插穗丧失水分降低扦插成活率。

截下的插穗每 25~50 根捆在一起，较粗的插穗每 25 根捆在一起，埋在湿沙土中用塑料布覆盖，随用随取。扦插前，提前截取插条。插条最好浸泡 1~2 天取出，每捆倒置，用湿沙填充捆间缝隙，上盖湿沙5cm 用以保湿。以上作为插条的临时贮藏，贮藏地选择荫凉，不照阳光的地方。

插条截取长度：插条的长度截取 12~15cm(有 1~2 个芽，一般是2 个芽)。每一个插条的上部切成平口，称为上切口，上切口距第 1 个芽至少保持2cm，下切口在第 2 个芽的基部(约 1cm 处)按 45°切削成马耳形斜面。每 50 个插条用塑料绳捆成一捆，或者随切随运到大田内扦插，如有 ABT 生根粉，高浓度蘸取后，即可扦插，以上操作极为重要，必须保证按技术要求进行操作。

(二)扦插育苗及扦插操作方法

插条、育苗的成败，关键在于插穗能否及时生根。影响生根的因子，以内因为主，外因起着促进和制约作用，这就是说树种不同，扦插繁殖的生理基础各异,种条发育阶段的老幼、强弱,都直接影响着插穗生根和成活率,而外界环境条件(如土壤、湿度、温度、和气温等)对插穗生根也是非常重要的。

1. 平畦扦插法

畦的规格宽 2.6m,畦长 20～30m,打 60cm 高的埂子,平整畦面,按行距 60cm,株距 25cm 扦插,亩插条 3 500～4 000 株,或者用 5m×5m 的方畦扦插。

2. 沟插法

每沟长 50m 左右(具体因地势定),按 1m 划线开沟,在每沟的两侧沟沿上进行扦插,要求保证插条在灌水后能吸上水,有利于提高插条的成活率。

(1)沿沟沿垂直插入土中,扦插的深度以上部第 1 个芽基部与土面相平为准,但第一个芽不能埋在土中。

(2)特别注意的是以插条的斜面口(马耳形斜面)向下插,平切口在上部,插后用脚踏实绝不能倒插,倒插条不能成活。

3. 扦插注意事项

无论采用哪种方法,都必须注意不要将穗插倒插并保持上芽基部与地面平,以免出土困难,降低成活率。对于不同粗细的插穗最好分床扦插,以达到生长整齐,减少分化现象。至于直插还是斜插的问题,要根据插穗长度以及土壤质地或是扦插方法而最终决定。

以春季扦插为好,有些地方习惯秋季扦插也可以。扦插按行距50cm 拉线,然后用扦插锥或铁锹,顺线将土撬松,不用翻过,即可扦插。地上部分要露出 1 个芽。每米扦插 4 株,即株距 25cm。亩扦插5 000株,成活率可达 90% 以上。插后立即灌水,使用小水漫灌法,使土壤与插条充分密接。在土壤不细碎、疏松情况下,最好采用湿插法。即先灌水,待人能进地时立即扦插,扦插前将插穗用清水浸泡一昼夜。

(三)扦插灌溉

1. 浇水要适时适量

水是种、穗生根发芽和苗木苗壮生长的重要条件,只有土壤的用水量合适,才有利于苗木吸收,促进苗木生长,所以浇水要适时适量。

扦插苗应以保持土壤湿度(土壤含水量为田间最大用水量的 60%～

80%）为前提，及时浇水，通过松土，调整地温和土壤透气性，协调水、温、气三者的关系，促进愈合生根和皮部生根，同时采取抹去过多萌芽的措施，减少水分、养分消耗，以克服"假活"现象，提高成活率。

2. 掌握灌水间隔期

扦插后必须立即及时灌足第一水，以后每 5 ~ 7 天灌水一次，连浇三遍；定苗和成活稳定后，随着生长加快，逐渐增加灌溉量，并延长灌溉间隔，间隔由 7 ~ 10 天延长至 15 ~ 20 天；亩灌溉量由 30 ~ 40m³ 递增至 60 ~ 80m³，生长后期（南疆 9 ~ 10 月初，北疆 8 ~ 9 月初），应由控制浇水，到停止浇水，防止徒长，促进苗木木质化，以利越冬。

灌水量与灌水间隔，还应根据气候及土壤的用水量，应尽量放在早晨，傍晚或夜间，防止土地温度急剧变化，影响苗木生长。

根据当地降水情况确定灌水间隔次数，当苗生长高度达 60 ~ 80cm 时，进行蹲苗，即不给苗木灌水。此阶段将苗旱至太阳强烈时叶片卷曲，然后灌水、施肥。苗日生长高度平均为 6cm，最高日生长 11cm，苗木此后进入速生期。

（四）摘　芽

几乎每个叶腋都能长出侧枝，如果侧枝木质化后再剪枝，一是费工加大育苗成本；二是消耗大量养分，影响苗木高生长。因此应在侧枝木质化前及时进行摘芽。在整个苗木生长期内，至少摘芽三次。第一次在 5 月中旬，凡是双条以上的，根据留强去弱的原则，只留一株。第二次在 6 月底，对萌发出的侧芽全部抹掉，第三次在 7 月中旬，摘芽的一个关键问题是每次先松土除草，后进行摘芽，以避免除草时人为造成苗木损伤。

（五）松土除草

扦插灌水三次后，这时杂草尚未生长，但为了给苗木定根打基础，在土壤墒好时，必须进行一次浅松土，苗木近根处不除，深度 3cm，破除板结就达到目的，第二次在第五水后土壤合墒时进行，此时插条已生根，可加深 5cm，以后可增到 8 ~ 10cm，并掌握"行间适当深松，株间近苗处适当浅松"的原则，即保护苗木根系，又本着"除早、除小、除了"的原则，可除尽地内所有杂草，以防杂草与苗木争光、争肥、争水，以后根据杂草生长情况，再除 1 ~ 2 次，全年松土除草 3 ~ 4 次，逐渐增大除草深度，如杂草过多，也可使用化学除草剂，化学除草剂适宜集约栽培，经济而且省工，但必须依照说明，严格控制使用数量（注：只能使用单子叶除草剂）。

（六）扦插施肥、追肥

如未施农家肥，可结合机耕，亩施美国二铵 25kg 深翻土壤为底肥。苗木定根后，应予以追肥。根据当地土壤有机磷的情况决定施肥量。

追肥是补充苗木养分，改善土壤环境条件，促进苗木速生丰产的重要措施，追肥应因地制宜，因时分施，并注意发挥施肥效用，一般来说，苗木生根期，需钾肥较多；进入生长旺期，需大量氮肥供应；苗木生长后期，高生长停顿，直径继续生长，则以磷、钾营养为主。

追施尿素时间一般以苗高度判断，苗高 60~80cm 时追施一次，每亩一般 5~1 kg；苗高 1.5m 时施一次，施 10kg；苗高 2~2.5m 时施一次，施 10kg。如果当地土质缺磷、钾可追磷钾复合肥。

四、栽植技术

（一）造林整地

许多经验证明，造林前进行全面、细致地深翻整地（30~40cm），能使低产林地转变为丰产林地。深翻整地可以降低土壤的坚实度，改善土壤中细菌的生存条件，加快有机质的分解，使其迅速转化为树木根系可直接吸收的养分。所以，细致整地是提高造林成活率和林木生长量的一项有效措施。

（二）造林苗木选择

实现杨树速生丰产必须选择良种壮苗造林。对于具体的造林地块，要根据造林地的气候、地形、土壤、水分等立地条件，选择适宜的品种，遵循选树适地的原则。

林木良种是经人工选育，通过严格试验和鉴定，证明在适生区域内，在产量和质量以及其他主要性状方面明显优于当地主栽树种或栽培品种，具有生产价值的繁殖材料。目前林业生产实践中，林木良种包括经审定、认定的优良品种、优良家系、优良无性系以及优良种源内经过去劣的正常林分和种子园、母树林生产的种子。使用林木良种要选择经过审定的林木良种。经过半个轮伐期的引种试验，证明确实优良的林木品种才能大面积推广使用。

选择好品种，还选择健壮的苗木。用于营造杨树人工用材林的杨树苗木种类，主要有1年生整株苗、1年生截干苗、2根1干苗和3根2干苗等。苗木质量是造林成活的关键技术环节，但在生产中培育和使用壮苗往往被忽视。众所周知，苗木的质量与造林成活率及林木的生长量之间存在着重要关系。所以，把好苗木质量关，挑选壮苗造林是培育杨树人工用材林所不可忽视的。一般杨树造林选择：高度4m以上，地径3cm以上，主干通直，顶芽饱满，木质化程度高，无病虫害，无机械损伤，根系相对完整的苗木。栽植时，要将太长的侧根截短，以防栽时窝根，影响生长。同时要将伤、断根及机械损伤严重的根系清除，以免发生腐烂、感染病害。选用良种壮苗造林是杨树速生丰产的主要措施之一。杨树一个轮伐期一般要十多年，苗木选择不当，影响十多年的木材产量，损失巨大，因此要十分重视良种壮苗的选择。

（三）栽植密度

合理密度应根据培育目标、立地条件、造林品种和经营管理措施来确定，它是杨树人工用材林培育的技术关键。密度一旦确定，它将影响林分整个生长过程，对林分产量、轮伐期及经济效益都有很大的影响。目前杨树人工林主要采用株行距为2m×3m、1m×6m、3m×4m、4m×4m。当林分达到3~5年时，实行隔行或隔株间伐，根据不同栽培年限，最终保持株行距为4m×6m、6m×8m，每公顷保留林木180~420株，这样既充分利用前期的生长空间，最大限度提高单位面积的木材产量，又能在间伐时获得部分小径材作为生产中密度纤维板、刨花板、细木工板、部分胶合板的原料，提前收回部分甚至全部的造林投资。保留下来的林木可继续培育成生产胶合板和贴面板的大径材。

（四）栽植方法

杨树人工用材林的栽植方法，应根据不同的自然条件和经济条件而采用不同方法。适宜的栽植方法可以提高造林成活率，并保持林相整齐。而栽植方法选择不当会导致造林成活率低，林相不整，甚至导致造林失败。在水分条件好的地方，可以在春季使用2根1干苗或3根2干苗造林。水分条件不好或干旱的地方，可选用母树2年或3年生的母根造林。

五、林地与林木管理技术

(一)间作与中耕除草

杨树人工用材林幼林期间(这里指可进行间种的期间,一般在3年生以内)最好进行农林间作,幼林的松土除草同农作物一起进行,这样既充分利用了自然资源,又促进了幼林生长,同时还可降低育林成本。林分不能间种后,土壤管理的主要任务是松土。每年秋季树木停止生长后机翻,林分行间翻30~40cm深。这样不但能提高土壤的通透性,而且还可以促进枯枝落叶等有机质的转化,极大地促进林木的生长。

(二)施肥

为了促进林木生长、提高木材产量或改善其质量,直接或间接地供应给林木吸收利用的一切有机或无机物质称为肥料。施肥就是将含有一种或多种营养元素的肥料输送到土壤中、土壤上或植物上的过程。杨树生长过程中,需要吸收多种的营养元素,如碳、氢、氧、氮、磷、钾、硫、钙、镁、铁、棚、铜、锌等,其中碳、氢、氧由大气供给,林木较容易获得,而其余元素一般均由土壤提供。在这些元素中,氮、磷、钾需要量最大,而土壤中这三种元素的含量较低,需要及时补充。

1. 施肥的作用

施肥是造林时和林分生长过程中,提高土壤肥力,改善人工林营养状况的一项主要措施。实现杨树速生丰产必须抓好施肥,这是由于:①用于造林的宜林地大多比较贫瘠,肥力不高,难以长期满足林木生长的需要;②多代连续培育杨树纯林,使得包括微量元素在内的各种营养物质极度缺乏,地力衰退,土壤理化性质变坏;③受自然或人为因素的影响,归还土壤的森林枯落物数量有限或很少,以及某些营养元素流失严重;④森林主伐(特别是皆伐),造成有机质的大量损失。

施肥的主要作用有以下几个方面:①直接提供林木生长的营养元素;②改善土壤的物理性质。施肥后土壤结构疏松,水、肥、气、热状况得到改善,有利于土壤微生物活动,加速有机物的分解,提高土壤肥力;③改善土壤的化学性质。施肥可以调节土壤的化学性质,如pH值、盐碱度,减少养分的淋洗和流失,促进某些难溶性物质的溶解,提高土壤速效养分的含量。

2. 基肥施用方法

基肥是在栽植时或栽植前施用的肥料。目的是在于长期地、不断地给林木提供养分以及改良土壤等。用作基肥的肥料以肥效期较长的有机肥为主。有机肥料又称农家肥料，是由植物的残体或人畜的粪尿等有机物质经过微生物的分解腐熟而成的肥料。有机肥料具有改良土壤和提供营养元素的双重作用。林地中常用的有：堆肥、厩肥、绿肥、人粪尿、饼肥和腐殖酸肥等。

有机肥料的特点是含有氮、磷、钾等多种营养元素，而且肥效长，可以满足林木生长周期中对养分的需求，还能改善土壤的通透性、水、气、热状况和土壤结构，为土壤中微生物的活动和林木根系生长提供有利的条件，但有机肥通常肥效较慢。

杨树栽植时期施肥应以有机肥为主，化肥为辅，做到改土与供养结合、迟效与速效互补。施用的化肥要注意氮、磷、钾肥的比例，不宜施用过多的速效氮肥，否则会影响苗木成活率。同时，要有针对性地配施微量元素。肥料的施用量应根据土壤条件、苗木大小、栽培方法等情况而定，一般每株苗木施用有机肥 20~30kg、磷肥 0.5~1kg、钾肥0.1~0.2kg。在确定基肥的品种和数量时应特别注意以下几点：

（1）要防止造成肥料浓度障碍。如果使用过量的化肥作基肥，能造成局部的高浓度肥料障碍。而有机肥缓效，缓冲性大，即使大量施用，也很少发生浓度障碍。因此，杨树幼苗基肥施用总量不足时，一般通过增加有机肥的数量来满足。造林时大水浇灌，一般只施用有机肥，不施速效肥，否则速效肥溶解，栽植穴内肥料浓度过高，容易导致烧苗现象，影响造林成活率。

（2）少用硝态和铵态氮化肥。硝态氮化肥施入土壤不易被土壤吸附，易被雨水或灌溉淋失，故不宜大量作基肥；铵态氮化肥施得太多会影响杨树对钙、镁肥的吸收，也不宜大量作基肥。因此，如果确实需要施用氮肥，应施用酰胺态氮肥（尿素）为好，而且施肥量不能太多。

（3）磷肥应作为重要的基肥。磷肥对林木生长的效果很显著，土壤中缺磷时，树叶会变成深绿紫色或紫色而影响林木生长。

造林时施足基肥，一般每亩应施土杂肥 1.25t 以上，集中施入植树穴内根系主要分布层。幼林间作农作物，要结合增施有机肥料，例如间作花生每亩应施有机肥 2t 以上。合理施用化肥见效快，促进林木生长效果明显。化肥的施用量和肥料比例要根据土壤养分含量及树木需求而定，贫瘠土壤的施肥效应比肥力高的土壤显著。对于杨树生长，N 肥的作用通常是显著的，N、P、K 肥的配合作用往往有更好的效果。

绿肥对富集与活化土壤中的营养物质、改良土壤结构、促进林木生长有明显作用。可因地制宜种植紫穗槐、苕子、田菁等，经过沤制或直接压青。选择产草量和养分含量高的季节适时收割，每株林木埋压鲜草 10kg 左右为宜。

树木各器官中以树叶的养分含量最高。若将落叶全部归还土壤，则杨树对林地土壤 N 素的消耗可减少近一半，对 P、K 的消耗约减少 1/3，还能向土壤归还一部分其他养分；土壤有机质的增加可改良土壤物理性状，对于维持林地土壤肥力具有重要作用。应重视凋落物对提高杨树林地土壤肥力的作用，一些农民将残枝落叶扫集烧毁的做法很不科学，应于每年落叶后耕翻林地进行埋压。

南方型杨树根系发达，主根明显，侧根粗壮，大部分都集中于表土层，属水平根，根上部周围着生众多侧根，与地面成 13 ~ 20 度角，向四周呈放射状伸展，可伸展到距主根 3 ~ 4m，在疏松的冲积土上可伸展到 6m 以外，10 年生杨树根系可伸展到 30m。因此，施肥穴点要放在须根相对集中的地方，并且逐年远离树干，原则上要在树冠外围垂直线以外。杨树根系垂直分布，大多分布在 40cm 以上，根系数量达 80%，生物量达 90% 以上。4 年生根系可达 100cm。因此施肥穴的深度也要深入到须根相对集中的地方。施肥要求适量多次，不可一次施肥过多，如施肥过量，土壤溶液浓度大，往往造成树皮、木质部开裂长成畸形，影响林木生长，甚至会造成幼树"烧死"现象。

在出现下列缺素症状时要适时适量予以补充：

（1）缺 N：缺 N 的植株生长受抑制最大，其总生物量仅为正常营养水平的 39.87%；叶片最少，单片叶面积最小，叶生物量仅为正常营养水平的 26.11%；叶淡绿至黄绿色；根暗褐色，细而长，但根量较缺 K、缺 P 稍多。

（2）缺 K：植株矮小：叶片较小，叶色初为暗绿色，叶面不平展并逐步从叶片基部出现深黑褐色坏死斑，渐分布于全叶；根量较少，根细长。

（3）缺 P：植株较矮小；叶片较小，叶脉及叶缘微现紫红色，叶面密被长绒毛；根量较少。

（4）缺 Mg：植株高度、叶面积及叶片数量接近正常植株；初期叶面褶皱、不平展，脉间偏黄绿色，后期靠近叶缘处出现失绿斑点，由黄色很快转变为黄绿色坏死斑，但上部幼叶较正常；量无明显减少，根系较长。

（5）缺 Fe：高生长受抑制较少，从基部向上第 3～4 片叶开始出现失绿现象，叶脉周围的绿色不消失，越往上幼叶失绿越严重，其叶脉周围的绿色变浅，但下部老叶始终不出现失绿现象。

3. 接种菌根菌

施基肥的同时，可以接种菌根菌。菌根是自然界中一种普遍的植物共生现象。它是土壤中的菌根真菌菌丝与苗木营养根系形成的一种联合体，具有强化苗木对水分和养分的吸收，特别是对磷和氮的吸收。

树木接种菌根菌的方法有：森林菌根土接种、菌根真菌纯培养接种、子实体接种、菌根菌剂接种。

（1）森林菌根土接种：在与接种苗木相同的老林中，选择菌根菌发育良好的地方，挖取根层的土壤，而后将挖取的土壤与适量的有机肥和磷肥混拌后，开沟施入接种苗木的根层范围，接种后要浇水。这种方法简单，接种效果非常明显，菌根化程度高，但需要量大，运输不方便，也有可能带来新的致病菌、线虫和杂草种子。

（2）菌根真菌纯培养接种：从菌根菌培养基上刮下菌丝体，或从液体发酵培养液中滤出菌丝体，直接接种到土壤中或幼苗侧根处。这种方法还没有在生产中广泛应用。

（3）子实体接种：各种外生菌根真菌的子实体和孢子均可作为幼苗和土壤的接种体。特别是须腹菌属、硬皮马勃属和豆马勃属等真菌产生的担孢子，更容易大量收集，用来进行较大面积的接种。一般将采集到的子实体捣碎后与土混合，或直接用孢子施于栽植穴内，或制备成悬浮液浇灌，或将苗根浸入悬浮液中浸泡，或将子实体埋入根际附近。可以采用两种或多种子实体混合接种，其效果更好。

（4）菌根菌剂接种：用人工培养的菌根制剂进行浸根处理或喷叶

处理。

(三)深栽与培土

树根是树木的重要营养器官，没有树根树木不能存活。根的功能之一是将树木整体固定于土壤中，使整个树体维持重力平衡；功能之二是吸收土壤中的水分和溶于水中的矿质营养；功能之三是有些树木的根可形成不定芽而具有繁殖作用。树木个体全部根的总体，称为根系。根据根系在土壤中分布的状况，分为深根性树种和浅根性树种两类。深根性树种主根发达，深入土层，垂直向下生长。浅根性树种主根不发达，侧根或不定根辐射生长，长度超过主根很多，根系大部分分布在土壤表层。杨树属深根性树种，根系垂直分布深达4m，主要集中在0~90cm深的土层内，占根系总量的80.2%。杨树栽植采用大塘深栽法，一般塘深不得少于1m，苗木栽植深度要达到80cm。大塘深栽可以促进苗木生根，并且吸收地下较深处的水分、无机盐，增强抗旱能力，有利于苗木成活、生长。但夏季地下水位过高或经常积水的地方不宜深栽。

土壤是苗木生长的基础，一是固定苗木，二是提供水分、养分，因此栽植时要把握好培土这一环节。培土时先培表土，表土结构疏松、营养丰富，有利于苗木生长；后培心土，心土板结，团粒结构差，养分含量低。心土放到上层，可以通过自然分化、耕作、施肥等作用得到改良。细土、融土填放在苗木根系周围，块状的土壤尽量远离根系，促进苗木根系伤口愈合，恢复生理机能以及不定根的萌发、生长。在培土过程中，要保证苗木根系舒展、不窝根，还要边填土边踩实，使根土紧密结合。

培土高度依不同情况而定，春季干旱地区，培土高度低于地平面，在苗木周围做成杯状浇水穴，便于定期浇水；其他地区，培土高度可以高于地平面，有利于固定苗木，增加土层厚度，排除雨水。培土浇水之后，最上面的表层要覆盖一层干土，有利于减少水分蒸发，保持土壤湿润，提高成活率。

(四)灌　水

在我国杨树主要分布区，提高杨树造林成活率的关键是促进苗木体内的水分平衡，保障水分供应，因此杨树造林能否成功，主要看能否浇足水。为保证杨树栽植浇足水分，一般说要保障三水：一是底水。栽植前，在树塘内浇上底水，让树塘周围、底层土壤充分吸足水分，给苗木营造湿润的土壤环境。二是定根水。苗木培土 2/3 时浇足定根水。以减少土壤孔隙度，让根系和土壤紧密结合在一起，保证根际土壤有足够的水分，满足根系吸收水分需要。三是透水。培土基本结束时，浇透一次水，补足苗木所需要的水分，缓解自然蒸发导致的水分损失。

一些品种如欧美杨类育苗造林成活率低，其原因是该品种冬季蒸腾速率高，或是苗木运输过程中失水过多，造成造林时水分亏缺严重。如沙兰杨到 2 月份，饱和亏缺值达 26.35，而合作杨只有 15.5。沙兰杨晾晒 6 天，木质部失水 9.78% ~ 10.89%，造林成活率仅为 30%，群众杨尚可达 75%。因此，注意保持苗木水分，浸水、灌水对育苗造林是非常重要的。

目前，我国的杨树人工林施肥和灌溉存在着很大的盲目性。施肥和灌水与否，应根据林分的自然条件而定。杨树人工林如能满足上述的立地条件，一般不需施肥灌水。施肥灌水虽然能促进林木生长，但从经济效益上看大多为负效益。

（五）林木管理

1. 修　枝

杨树人工用材林的林木管理，包括林木修枝、整形和除萌。其中最重要的是修枝。修枝是生产优质木材的手段，也可提高木材产量。修枝不应以冠高比等指标作为修枝强度的尺度，因为这样在生产上既无意义又无法实施。

春季空气相对湿度低的地区，移植大苗时，为减少水分损失，应将侧枝全部修去。为了防止苗干产生更多的萌条，也可以对部分较大的侧枝进行短截，保留长 5 ~ 10cm 短桩，1 ~ 2 年后再从基部截去。苗木栽植完成后，多余的侧枝、破损枝、病虫枝要进行适当修剪，以降低苗木的蒸腾作用。

修枝时间要根据轮生枝处的直径来确定，直径近 10cm 时就需要修枝。修枝次数应根据枝下高确定，当枝下高达到 8 ~ 10m 后停止修枝。这样既能满足木材加工工业对木材质量的要求，同时也不影响林木生长。在正常情况下，杨树人工用材林应分别在林分 5 或 6 年生、8 ~ 10 年生冬季进行修枝，修枝强度以每次修去最下一层轮生枝为标准。

在 4~6 年时，林分已郁闭，8~10 年生需实行间伐。根据培育目的不同，间伐后，每公顷保留 180~420 株。

2. 涂 白

有的地方新栽树木，甚至成材树木有涂白的习惯。涂白一般应用于道路两侧树木，其主要作用：一是作为交通标志物。道路两侧树木涂白，夜晚行车，容易辨别路面、转弯及交叉路口等，有利于行车安全；二是美化环境。树木涂白后整洁、明亮，赏心悦目，给人以美的享受。三是杀灭有害生物。涂白结合杀虫剂、杀菌剂使用，可以杀死病原菌和害虫，起到防病治虫的作用。

涂白方法：取少量生石灰，加水溶解，再加水稀释配制成石灰水（有的还要根据病虫情况，有针对性地选择杀虫、杀菌剂，添加在石灰水中），用排笔将石灰水涂抹于树干上，位置从树干基部到胸高，涂干高度一般 1~1.5m。涂白注意事项：一是涂干高度必须一致，包括所有树木及树干四周；二是涂抹必须精细，树皮裂缝内也要精心涂抹到；三是涂干一周，不得半边脸，向路一侧涂，背路一侧不涂。

3. 管 护

苗木栽植结束，要采取一些保护措施，主要覆地膜、支撑固定、浇水、管护等，以保护苗木，促进其发芽、生根，直至成活。

（1）覆地膜：在苗木基部 1m² 范围内土壤上覆盖地膜，达到保湿、增温的作用，从而促进苗木提早生根、发芽。但需要定期浇水，新栽苗木不宜覆地膜。

（2）支撑固定：苗木高大或风速较大的地区，苗木容易被刮歪，造成根基晃动，根土分离，使根系周围土壤水分散失，导致苗木干枯死亡，这种情况需要对新栽苗木进行支撑固定。固定方法：在苗干下半部用草绳缠绕，保护树皮，再用三根木棍做支撑，使苗木呈垂直状态。

（3）浇水：苗木栽植后，要根据土壤水分情况定期浇水，保持土壤湿润。一般杨树栽培区，春季天气干燥，雨水少，浇水是保证杨树成活的关键措施。每次浇水，必须浇足浇透。浇水间隔期要根据具体情况而定，干旱少雨，风速较大，间隔期宜短一些；雨量充沛，土壤墒情较好，浇水间隔期应长一些，甚至于不浇水。春旱严重地区，浇水后栽植穴土壤下沉不均，会造成苗木倾斜，应立即扶正踩实。

如栽植后发现苗木地上部分已经干枯，成活无望，但苗根还存活时，应立即平茬，部分苗木可以从根部萌发新梢，长成完整植株。

（4）管护：我国人口稠密，部分地方还有散放牲畜的习惯，为防止人畜破坏，需要加强管理。加强对少年儿童的爱林护林教育，禁止在林内放牧。行道树、四旁树木在树干上涂漆，作为标记，便于盗窃、毁林案件侦查。

六、新技术应用

近年来，随着科学技术不断进步，许多新技术被应用到植树造林上。主要有：保水剂、菌根剂、生根粉、杨树专用肥等新材料的应用。

（一）保水剂

保水剂是一种无毒、不会燃烧和爆炸、无腐蚀性的功能性高分子聚合物，能吸收自身重量 100～250 倍的天然水，易于降解，降解物对土壤有益。所吸收水分不能被简单物理方法挤出，有强烈的保水性，好似微型水库，供植物根部缓慢吸收，本身可以反复释放和吸收水分。保水剂如与农药、微量元素、生根粉和肥料等结合使用，还可使它们缓慢释放，提高利用率。

使用方法是：

（1）拌土：以耕作层干土（容重 1.25～1.35）重量的 0.1% 拌匀，再浇透水；或让保水剂吸足水成饱和凝胶，以土与饱和凝胶体积比 10%～15% 拌匀。再覆盖至少 5cm 的表土，以免保水剂在阳光下过早分解。

（2）蘸根：让 40～80 目的保水剂以 0.1% 比例放入盛水容器中，充分搅拌和吸水约 20min 后使用，裸根苗浸泡 30s 后取出，最好再用塑料薄膜包扎。1kg 保水剂可以处理 2 000 棵幼苗。保水剂蘸根可以防止根部干燥，延长萎蔫期，便于长途运输，提高造林成活率 15%～20%。

使用效果：拌土使用保水剂可节水 50%～70%，节肥 30% 以上。保水剂还可以提高土壤的透气性，改善土壤结构和抗板结，并有一定的保温效果，能有效地提高杨树造林成活率。保水剂并非造水剂。首次使用时一定要浇透水，少雨地区以后还要定期补水。一般地区使用，树木不必再浇水，秋水春用。含盐较高地区，保水剂吸水能力和寿命会有所下降。不同地区应根据土质、植物特点和雨水情况科学使用。

（二）菌根剂

菌根剂是具有多元作用的生物制剂，是根据植物在自然条件下需要形成菌根帮助成活和生长的原理而研制成功的可持续发展的生态技术产品，能诱发和促进植物形成其自然生活的供养体系——有效菌根，提高植物吸收和利用水肥的能力，分泌多种植物生理活性物质，调节植物生理活动，改善体内养分状况；分泌多种植物激素和各种酶，促进植物生根、生长和发育，提高对土壤养分（尤其磷）的利用率；增强植物抗病、抗逆性，提高土壤活性，增加土壤有机质含量，改善土壤理化性质，提高土壤肥力等。菌根化造林大幅度提高造林成活率和幼林生长，促进"优质、高产、高效、稳定"林分的迅速形成，同时节约补植和森林抚育费，缩短育林周期，降低育林成本。该项技术实施，将传统落后的挖森林土接种的粗放经营方式转变为先进的菌根化造林的集约经营方式，防止水土流失，保护森林资源，减少甚至完全避免使用生长调节剂、化肥和农药等化学制剂带来的环境污染，促进生态平衡。

（三）生根粉

ABT 生根粉是中国林业科学研究院林业研究所王涛研究员研制成功的一种具有国际先进水平的广谱高效生根促进剂。ABT 生根粉系列经示踪原子及液相色谱分析证明，处理植物插穗能参与其不定根形成的整个生理过程，具有补充外源激素与促进植物体内内源激素合成的双重功效，因而能促进不定根形成，缩短生根时间，并能促使不定根原基形成簇状根系，呈暴发性生根。该成果于 1993 年完成重点推广示范，取得了显著的经济、社会效益。ABT 生根粉系列包括 ABT 1～10 号，ABT3 号适用于杨树苗木栽植，用它处理苗木根系，能提高苗木移栽成活率，促进根系发育，加速幼苗生长，增强抗逆能力，能有效地提高造林和移栽成活率 17%～31%。使用方法是：苗木栽植前，取 1g ABT 生根粉用少量酒精溶解后加水 20kg，浸根 1.5～2h 即可。1g 生根粉可处理 500～600 株苗木，投入产出比为 1:6～1:20。

（四）杨树专用肥

杨树专用肥，是南京林业大学杨树专家陈金林教授，根据杨树生长过程中吸收养分特性和土壤理化性质，以及肥料性状和利用率，通过对不同配方和实验效果比较后而筛选出来的。其养分含量高、肥效长、释放均匀，可以提高杨树的生长速度，促进杨树根系发达、枝叶繁茂，并增强杨树的抗病虫害能力。杨树专用肥主要用于追肥。

七、病虫害的防治

根据当地杨树病虫害的发生规律，切实做好病虫害的预测、预报工作，坚持以防为主，做到"治早治小"，不发生大的病虫害。这一部分内容在后面章节中有详细介绍。

第二节 常见杨树树种栽培技术

一、新疆杨（*P. bolleana* Lauche）

高达 30 m；枝直立向上，形成圆柱形树冠。干皮灰绿色，老时灰白色，光滑，很少开裂。短枝之叶近圆形，有缺刻状粗齿，背面幼时密生白色绒毛，后渐脱落近无毛；长枝之叶边缘缺刻较深或呈掌状深裂，背面被白色绒毛。为杨柳科银白杨变种。落叶乔木，树冠圆柱形，侧枝向上集拢，树皮灰褐色。单叶互生。雌雄异株，柔荑花序，阳性，耐大气干旱及盐渍土，深根性，抗风力强。

主要分布在我国新疆，以南疆地区较多。近年来，在北方各地区，如山西、陕西、甘肃、宁夏、青海、辽宁等省（区）大量引种栽植，生长良好，有的省（区）列为重点推广的优良树种。北部暖温带落叶阔叶林区，主要城市有沈阳、葫芦岛、大连、丹东、鞍山、辽阳、锦州、营口、盘锦、北京、天津、太原、临汾、长治、石家庄、秦皇岛、保定、唐山、邯郸、邢台、承德、济南、德州、延安、宝鸡、天水；温带草原区，主要城市：兰州、平凉、阿勒泰、海拉尔、满洲里、齐齐哈尔、阜新、丹东、大庆、西宁、银川、通辽、榆林、呼和浩特、包头、张家口、集宁、赤峰、大同、锡兰浩特；温带荒漠区，主要城市：乌鲁木齐、石河子、克拉玛依、哈密喀什、武威、酒泉、玉门、嘉峪关、格尔木、库尔勒、金昌、乌海。

喜半荫，喜温暖湿润气候及肥沃的中性及微酸性土，耐寒性不强。生长缓慢，耐修剪。对有毒气体抗性强。在年平均气温 11.3～11.7 ℃，极端最高气温 39.5 ~ 42.7 ℃，极端最低气温 −24 ~ −22 ℃的气温条件下生长最好。在绝对最低温 −41.5 ℃时树干底部会出现冻裂。

(一)杂交方法

新疆杨是银白杨与额尔齐斯河白杨杂交形成的白杨品种，只有雄株、没有雌株。因此，除了杂交外，再无生产种子的方法。

杂交工作在杨树开花之前(北疆 4 月上旬、南疆 2 月下旬)进行为宜。选择若干棵银白杨和额尔齐斯河白杨雌雄优势树。优势树必须满足长的直、高、粗、树干分叉少、树冠枝条茂密、花芽饱满、无损伤、无病虫害等条件。在优势树上根据需要采集一定数量的银白杨和额尔齐斯河白杨雌雄枝条。枝条长度为 40 ~ 60cm，花芽多而饱满。将枝条按树种和雌雄分开，将 20 ~ 30 枝绑在一起，并分别打不同的记号，避免杂交时混淆。

杂交一般在温室或光照条件良好的房屋里进行，如种子需要量多，在温棚里进行。将一定数量深 40cm、宽 50cm 的水缸摆在温室里，每行之间留 60 ~ 70cm 距离，缸里灌半缸水，将枝条按种类分开，朝下放到水缸里浸泡。每天检查，隔 4 ~ 5 天换 1 次净水，水温不能低于 18℃。从枝条开花起，每天检查 2 次。在雄花花粉成熟时，花粉囊自动裂开，花粉散出，此时开始对雌花进行人工授粉。将额尔齐斯河白杨的雄花与银白杨雌花、银白杨的雄花与额尔齐斯河白杨的雌花相互进行杂交，每天 2 次，连续进行 3 天。杂交后，将两种树的雄枝去掉，只留下雌枝，观察其结果和种子的成熟过程。在种子成熟时种皮自动裂开。将枝条平放在塑料布或干净的水泥地面收种子。种子完全晒干后收起，装袋，放到通风、干燥的房屋内保存。

(二)苗圃地准备

苗圃地要求地形平坦，土层厚，土壤肥力高，光照条件良好，气候温暖，水源丰富，灌溉方便，海拔低于 1 300m。

(1)耕地：耕地前烧掉杂草，耕深因需要确定。一般播种育苗翻土深度 20 ~ 25cm，插条育苗翻土深度 25 ~ 30cm。

(2)耙地：向不同方向进行几次耙地。消除草根，松土、平地，改善土壤物理结构。

(3)制苗田：为了浇水方便，苗圃长宽为 6m × 4m 最合适，埂宽

35~40cm，高35cm。

（4）施肥：施肥一般在耕地前进行。土壤肥力较差的，每亩施4~5t腐熟有机肥；土壤肥力较好，则每亩施2~3t腐熟有机肥。

（三）育苗方法

1. 播种育苗

播种育苗有两种方法：一是撒播式，二是条播式。因杨树种子太小，播种时将种子以1∶10的比例与细土拌匀后均匀撒播，每亩用300~400g种子；条播幅10~14cm，条播时用棉线拉直线开沟播种，沟深0.3~0.5cm。撒播时，将种子均匀撒于地面后，表面覆一层0.2~0.5cm厚细虚土，可覆细沙土、腐殖质土、泥炭土、锯末等。条播育苗，苗木株行距合理，生长快，苗木质量好。撒播则苗木产量高，但不利于管理，苗木生长不良，用种量比条播多2倍。播种前检查土壤湿度，如湿度不足，在播种前须浇1次水，再播种。

2. 插条育苗

育苗前选择新疆杨中年优势树，准备足够插条，长度为25cm，插条下切口呈30°斜角，插条顶部必须有3~4只饱满芽。

扦插前浇1次水，插条时将插条顶部统一朝一个方向，且与地面呈45°斜角插入土中，地面留3~4cm顶端出土。插条株行距15cm×35cm。插条栽完后浇透水，以后每隔7天浇1次水。

（四）苗木管理

1. 病虫害防治

杨树主要害虫为金龟子、杨毒蛾、舞毒蛾、透翅蛾等。为防止危害新疆杨幼树，在播种或插条前进行1次土壤消毒，消灭幼虫。用0.6%~0.8%波尔多液或0.4%~0.6%代森锌喷施土壤表面。苗木出土时出现虫害，在幼苗枝叶上喷施砷硫铅150倍液、80%敌百虫乳油1 000倍液毒杀成虫。

2. 幼苗管理

幼苗长到10cm高时，每隔4天除草1次，隔1周浇1次水；幼苗长到20cm时，喷1次浓度为0.05%尿素液，以促进幼苗生长。若撒播密度过大，幼苗长到30cm时，将部分幼苗移植，以调整疏密度；幼苗长到60~70cm时，喷磷肥1次，促进幼苗木质化，提高苗木对病虫害抵抗力。9 月下旬停止浇水，促进树苗木质化，提高抗寒力。

二、毛白杨（*P. tomentosa* Carr）

树高达 30m。树皮灰白色，老时深灰色，纵裂；幼枝有灰色绒毛，老枝平滑无毛，芽稍有绒毛。叶互生；长枝上的叶片三角状卵形，长 10~15cm，宽 8~12cm，先端尖，基部平截或近心形，具大腺体 2 枚，边缘有复锯齿，上面深绿色，疏有柔毛，下面有灰白色绒毛，叶柄圆，长 2.5~5.5cm；老枝上的叶片较小，边缘具波状齿，渐无毛；在短枝上的叶更小，卵形或三角形，有波齿，背面无毛。柔荑花序，雌雄异株，先叶开放；雄花序长约 10~14cm；苞片卵圆形，尖裂，具长柔毛；雄蕊 8 枚；雌花序长 4~7cm；子房椭圆形，柱头 2 裂。蒴果长卵形，2 裂。花期 3 月。果期 4 月。

原产中国，分布广，北起中国辽宁南部、内蒙古地区，南至长江流域，以黄河中下游为适生区。强阳性树种。喜凉爽湿气候，在暖热多雨的气候下易受病害。对土壤要求不严，喜深厚肥沃、沙壤土，不耐过度干旱瘠薄，稍耐碱。pH 值 8~8.5 时亦能生长，大树耐湿。耐烟尘，抗污染。深根性，根系发达，萌芽力强，生长较快，寿命是杨属中最长的树种，长达 200 年。因树干端直、树形雄伟、生长迅速、管理粗放等特点，长期以来被广泛用于速生防护林、"四旁"绿化及农田林网树种，并起到了很好的效果。但由于毛白杨雌株春季有飞絮现象，给人们的生产、生活带来诸多不便，所以在绿化中多要求使用雄性毛白杨。

（一）育苗

常用"一条鞭"芽接育苗方法。选择地势较高、排水良好、土壤肥沃、水源充足的农耕地做圃地，老育苗地不要使用。用 1 年生小美寒杨做砧木。8 月中下旬，从 1 年生三倍体毛白杨主干上取芽，用"丁"字形芽接方法在砧木干条上每隔 20cm 嫁接一芽，直到半木质化的嫩梢下部。第二年春，将小美寒杨母条每隔 20cm 剪一插穗。上切口位于接穗芽上端 1cm 处。一般 2 月下旬进行扦插。插穗放入水中浸泡 1~2 天，使之吸足水分。直插入土，上端与圃面平齐，踏实土壤使之密接。扦插后，立即灌透水，后松土保墒。当地温（20cm 土层）稳定在 15℃ 以上时，就可根据土壤缺水情况进行灌溉。

除基肥外，还要在 5~7 月份追肥 2~3 次，每亩追施尿素 30kg、磷肥 50kg、氯化钾 7.5kg。及时除去砧木上萌发出来的萌条，随时抹去侧枝、侧芽。手工除草或喷施化学除草剂适时除草。

（二）栽植

年前冬闲整地打穴，穴大 1m 见方。经过冻垡，蓄水保墒，有利于提高造林成活率。壮苗栽植，选择顶芽饱满、主干通直、无病虫害及机械损伤、根系整齐的 2 年生大苗造林。苗高大于 4.5m，根径大于 3.5cm。

造林密度：①片林。以 15 年为轮伐期，培养胶合板材，株行距为 6m×6m。每公顷 278 株。如果 10 年轮伐，生产中小径材，株行距可为 4m×4m，每公顷 625 株。如培养造纸用材，轮伐期 5 年，株行距可为 2m×3m，每公顷 1667 株。②道路林带。发挥生态和社会效益为主，应以密植，株行距为 4m×2m。③农田林网。路、沟每侧为单行林网的株距为 3m，每侧为双行林网的，株行距为 4m×3m。④杨农间作。以农为主的株距 4m、行距 20m（每公顷 125 株），行间种植农作物。以林为主的株行距为 8m×8m，每公顷 156 株。

（三）抚育

幼林抚育除草、松土一般可同时进行，直到幼林全面郁闭为止，一般为 3 年。长有杂灌的林地，应先砍灌割草，后松土，并挖出杂灌根。

杨树非常喜肥，幼树期对矿质元素的吸收量与玉米相当。秋冬季节可施土杂肥，6、7 月份速生期追施尿素等速效肥。1~2 年生幼树，每年每株追施尿素 1~1.5kg。同时每年每株追施磷肥 1kg、氯化钾 0.1kg。在 5 月下旬、6 月下旬、7 月下旬分三次追肥。

注意冬灌和生长季节浇水，一是控制地下水位在 1~2m 之间，对杨树生长最为适宜。二是生长季节如遇干旱，应全面浇水，确保蒸腾作用正常进行。

修枝。栽植第二年秋或第三年春，剪除影响主枝生长的竞争枝、双叉枝、霸王枝。最下方一轮侧枝着生部位干径每达到 10cm 时，即修去此处侧枝。枝下高定为 8m，最后形成 8m 左右光洁干材。修剪宜在冬季和早春进行，要修早、剪小，剪口要平，不留长桩，不伤树皮。

充分运用林间空隙，进行间伐。①种植农作物，宜种蚕豆、油菜、花生、瓜菜等矮秆作物。间作耕耙时，每株小树根部周围留 $1 \sim 2m^2$ 不要耕种，以免损伤树根。通过以耕代抚、施肥、灌溉等措施，改善林地的土壤状况。②种植牧草，宜种植紫花苜蓿等牧草，可明显增加土壤肥力，减少水土流失，同时收获的青饲料可用来饲养猪、牛、羊等家畜，增加养殖业的收入。

三、银白杨(*P. alba* L.)

高 $15 \sim 30m$，树冠宽阔；树皮白色至灰白色，基部常粗糙。小枝被白绒毛。萌发枝和长枝叶宽卵形，掌状 $3 \sim 5$ 浅裂，长 $5 \sim 10cm$，宽 $3 \sim 8cm$，顶端渐尖，基部楔形、圆形或近心形，幼时两面被毛，后仅背面被毛；短枝叶卵圆形或椭圆形，长 $4 \sim 8cm$，宽 $2 \sim 5cm$。叶缘具不规则齿芽；叶柄与叶片等长或较短，被白绒毛。雄花序长 $3 \sim 6cm$，苞片长约 3mm，雄蕊 $8 \sim 10$ 枚，花药紫红色；雌花序长 $5 \sim 10cm$，雌蕊具短柄，柱头 2 裂。蒴果圆锥形，长约 5mm，无毛，2 瓣裂。花期 $4 \sim 5$ 月，果期 $5 \sim 6$ 月。

我国新疆有野生天然林分布，西北、华北、辽宁南部及西藏等地有栽培，欧洲、北非及亚洲西部、北部也有分布。

喜光，不耐荫。耐严寒，零下 40℃ 条件下无冻害。耐干旱气候，但不耐湿热，南方栽培易发生病虫害，且主干弯曲常呈灌木状。耐贫瘠和轻碱土，耐含盐量在 0.4% 以下的土壤，但在黏重的土壤中生长不良。深根性，根系发达，固土能力强，根蘖强。抗风、抗病虫害能力强。寿命达 90 年以上。

银白杨主要通过播种、分蘖、扦插繁殖。苗木侧枝多，生长期间注意及时修枝、摘芽以提高苗木质量。

(1)起苗：春季宜在 3 月上旬至萌芽前栽植。起苗前一星期内灌足水补充树体水分，起苗时根幅大小为苗木地径的 $5 \sim 8$ 倍即可，可不带土球，裸根栽植。起苗时将根用锯或利斧截断，防止劈裂，然后用刀将伤口修平，以利生根。树木刨出后，按绿化设计要求将树干在 $2 \sim 2.5m$ 处保留3 ~ 4 个大主枝，所留主枝于 $50 \sim 80cm$ 处截头（留主干 $4 \sim 5m$ 高，二层主枝，修去主枝）。用地膜包装主干，或用草绳缠绕。伤口用漆或矾士林涂抹，防止水分损失。运输途中应避免碰掉树皮、劈裂主枝。

（2）挖坑：坑的大小以能放入树根为宜，深度高出原土痕以上10~15cm。

（3）栽植：苗木运到后立即栽植，栽前可用生根粉二号溶液涂在根的切口处，促使生根，栽植时，将苗木放入坑内扶正，边填土边用木棍沿树根的缝隙捣实，直至填到与地面相平为止。

（4）浇水：栽植完后应立即围土堰，灌大水一次。灌水后应全面检查，并用支架固定。两周后再灌一次，然后培土墩保湿。以后视土壤干旱情况开墩浇水即可。

四、小叶杨（*P. simonii* Carr）

落叶乔木，高达15m，树冠长卵圆形，干皮幼时灰绿、光滑，老时暗灰、纵裂。小枝红褐或黄褐色，具棱，叶菱状椭圆形，先端短渐尖，基部楔形，缘具细纯锯齿，长3~12cm，宽2~8.5cm，两面光滑无毛，叶表绿色，叶背苍绿色，叶脉和叶柄均带绿色，雌雄异株，雌雄花均为柔荑花序，蒴果无毛，2~3瓣裂，种子小，有毛，先叶开放，花期4月，果熟4月。

为暖温带树种。喜光，喜湿，耐瘠薄，耐干旱，也较耐寒，适应性强，山沟、河滩、平原、阶地以及短期积水地带均可生长。生长迅速，萌芽力强，但寿命较短。

为中国原产树种。华北各地常见分布，以黄河中下游地区分布最为集中。多生长于溪河两侧的河滩沙地。

（一）育苗技术

1. 母树的选择

选择采条母树是小叶杨扦插育苗成败的关键。因此，插条母树要生长健壮、干形通直，无病虫害感染，忌选择树势衰老和病虫害严重的劣势树木。选择母树的时间一般在秋末冬初进行，此时，健壮母树的优势比较明显，当采条母树确定后要随即排序编号，作好现场现测纪录，防止来年春季采集错，影响插条质量。

2. 插条的采集与处理

（1）插条的采集时间。小叶杨插条的采集时间以3月底至4月初树木萌动前 5~10 天为好，此时树液开始流动，生命力旺盛，加之储存期短，扦插成活较高。但在距离较远，温差较大的地区采集插条，可在当年的秋末冬初进行，通过冬埋窖藏，也可提高扦插育苗的质量。

（2）插条的剪截。短截小叶杨的插条以 2 年生嫩枝较好，剪截时先按插条的粗细程度，分类剪截成长度为 15~18cm 的短条，上端平下端斜，然后按直径大小，以 50 根或 100 根扎成一捆，整齐排放在阴凉湿润处，以备调用。

（3）插条的处理。扦插育苗前必须对插条进行催芽处理，具体做法：将成捆的插条水平排放在恒温性能较好的地窖内，在层与层之间铺设 5~10cm 厚的湿润细沙，隔 1~2 天喷洒 1 次清水，使窖内的湿度保持在 60%~70%，同时要隔天喷洒 50% 多菌灵 500~800 倍液，防止窖内发生霉菌。扦插育苗前 5~7 天从窖内取出插条，排放在流动的渠水中进行催芽，当插条显芽萌动时即可进行扦插育苗。

3. 扦插

扦插育苗前要先对育苗地进行平整加工，精耕细作，翻耕深度30~35cm，然后施足底肥，耙平打磨，每隔 2m 左右打一地埂，每公顷作畦375 个，畦表面要低于地埂 8~10cm，以备灌溉。

扦插深度 12~15cm，株距 15~20cm，行距 35~40cm，扦插株数以12 万~18 万株/hm² 为宜。

扦插结束后立即用塑料薄膜进行覆盖，以便保温保湿，促进插条尽快生长。

4. 抚育管理

小叶杨扦插后要认真抓好灌水、追肥、松土锄草、抹芽和病虫害防治工作。

（1）灌水。本着边扦插边灌水的原则，扦插结束后，立即进行第 1次灌水，使插条底部与土壤密切结合，为插条发芽生根提供充足的水分。没有灌溉条件的育苗地，要采用人工拉水点灌，保证育苗地有充足的水分，特别是在扦插后 2 个月内要经常保持苗床土壤湿润，水分充足。一般全年灌水次数不少于 5~6 次，达到灌足灌饱的标准。

（2）松土锄草。扦插育苗地要及时进行中耕锄草，防止杂草滋生，影响苗木生长。一般中耕锄草从扦插当月开始，全年松土锄草次数不少于 4 ~ 5 次，以保持苗床土壤疏松透气，干净清洁。

（3）摘心抹芽。小叶杨扦插后第 1 次抹芽应在萌发新条高度达到 10cm 左右时进行，除保留主枝条外，应全部抹去侧生枝芽，并采取随发随抹的办法，促使早日形成定型母条，直到插条达 1m 高时即可停止摘心抹芽工作。

（4）追肥。追肥对促进扦插幼苗的生长极为有利，扦插幼苗随着气温的不断升高，生长量逐渐加快，对水肥条件的要求量也越来越大。要根据扦插幼苗的生长情况，及时追施不同氮、磷、钾含量化学肥料，也可追施速效、速溶性复合肥料，以确保扦插幼苗对肥料的需要。另外，追肥工作最好结合灌水进行，以提高肥料使用效果。

（5）病虫害防治。小叶杨扦插育苗后常出现腐烂、叶斑和煤污等病害侵染，结合田间管理，及时喷洒 80% 代森锌可湿性粉剂 500 ~ 800 倍液，50% 多菌灵活或 75% 百菌清 500 ~ 800 倍液进行防治。小叶杨扦插苗进入生长旺季以后，易遭受蚜虫、蛤壳虫和卷叶蛾等害虫的危害，因此，要及时喷洒石硫合剂、氧化乐果、辛硫磷等药剂进行防治。

（二）造林技术

1. 植苗造林

植苗造林一般在春季或秋季进行。造林时确定合理的林种和初植密度。营造小叶杨防护林一般株行距为 1.5m × 1.5m 或 1.5m × 2m，用材林株行距为 1.5m × 2m，2m × 2m。

严格按照造林作业设计，先进行提前整地，后组织人工进行栽植，将苗木栽到已整好的坑穴内，栽植时要做到"三埋二踩一提苗"，即先填熟土踩实后将苗木上提一下，再填土至坑穴的一半踩实，然后将剩余的土填入坑穴，坑穴须低于地面 2 ~ 3cm。

造林后幼林的抚育管理主要包括松土锄草、管护和病虫害防治。用材林为了达到速生丰产，要进行灌溉和施肥。①松土除草。造林后要及时进行松土除草，松土深度为 5 ~ 10cm，造林后第 1 ~ 2 年松土 2 ~ 3 次，第 3 ~ 5 年每年 1 ~ 2 次，锄草与松土相结合。适时进行修枝、除蘖、整形等抚育。②管护。造林后为了保证幼树免遭牲畜和人为危害，提高造林的保存率，要对幼林地进行封禁。③病虫害防治。要做好幼林地病虫害的预测预报工作，发现病虫害要及时采取措施，尽量减少危害损失。

2. 插干造林

小叶杨插干造林是青海省广大群众长期林业生产中总结的一种造林方式，具有操作简便、成本低廉、成活率高的优点。

选择生长健壮，无病虫害的母树中上部 2～5 年生枝条或萌生的 2～3 年生枝条，且要端直均匀，直径 3～5cm，长 1.5～2m，剪除侧枝。按照粗细进行分级，每 10～20 根进行捆扎。将选好的插干将大头朝下浸泡在流动的溪水或水渠中，浸泡时间一般为 10～15 天。

栽植方法与植苗造林相同，将插干栽入已整好的坑穴内踩实，栽植深度一般为 60～80cm，栽植后的插干要垂直于地面。

插干造林的抚育管理与植苗造林相同，栽植后 3～5 天要对插干进行扶正，后踩实覆土。造林后要对幼林地进行封禁，并进行修枝整形，做好病虫害的防治工作。

五、胡杨（*P. euphratica* Oliv.）

高达 30m，胸径可达 1.5m；树皮灰褐色，呈不规则纵裂沟纹。长枝和幼苗、幼树上的叶线状披针形或狭披针形，长 5～12cm，全缘，顶端渐尖，基部楔形；短枝上的叶卵状菱形、圆形至肾形，长 25cm，宽 3cm，先端具 2～4 对楔形粗齿，基部截形，稀近心形或宽楔形；叶柄长 1～3cm 光滑，稍扁，雌雄异株；苞片菱形，上部常具锯齿，早落；雄花序长 1.5～2..5cm，雄蕊 23～27，具梗，花药紫红色；雌花序长 3～5cm，子房具梗、柱头宽阔，紫红色；果穗长 6～10cm。蒴果长椭圆形，长 10～15mm，2 裂，初被短绒毛，后光滑。花期 5 月，果期 6～7 月。

胡杨系杨柳科杨属最古老、最原始的一个树种，是荒漠地区特有的珍种，是我国首批确定的 388 种珍稀濒危植物中危种之一，也是第三纪遗留下来的孑遗植物。我国主要分布于新疆、青海、内蒙古、甘肃和宁夏干旱荒漠地区，亚洲中西部、北非和欧洲南端也有分布。胡杨具有极强的抗旱、耐盐碱、防风、固沙等能力，可耐极端最高气温 45℃和极端最低气温 –40℃。胡杨耐盐碱能力较强，在 1m 以内土壤总盐量在 1%以下时，生长良好；总盐量在 2%～3%时，生长受到抑制；当总盐量超过 3% 时，便成片死亡。

（一）采　种

一般于 7 月中旬左右采种，果穗采回后，阴干，去杂，去绒毛。脱粒后种子阴干 1~2 天，使含水率保持在 5%~6% 后放到 10kg 铁桶中，并混入 1/4~1/2 重量的氯化钠，用盖子盖紧，放到地窖内（温度 9~15℃）贮藏 9 个月后，春播。

（二）育　苗

（1）育苗地选择。胡杨苗期不耐盐，育苗地宜选在灌溉方便、弱度盐渍化的沙壤土上，最好有防风设备，以防风沙危害。

（2）整地做床。整地达到平整、细碎、无杂草。做床采用带引水沟的平床，床宽 1m 左右，长 4~5m，中间开引水沟。

（3）播种期。一般早播在 6~7 月，播期最晚不超过 8 月，太晚幼苗难以越冬。

（4）播种方法。采用落水播种法：在平床上采用，灌足底水，等水完全落平后，胡杨种子混入 20 倍细沙后均匀撒在床面上，随之以细沙轻轻覆盖，种子似露不露；每亩地播种 250~300g。

（5）管理。胡杨播种 24h 内发芽，夏播幼苗 2~3 天出齐，春播 4~5 天；从播种到真叶期，春播约 10 天左右，夏播约 7 天左右。这期间要求播种地始终保持湿度，否则种子不能发芽，不能漫灌床面。

（三）病虫害防治

随着温度上升，胡杨锈病不断发生，可隔 10~15 天喷 1 次 100~200 倍敌锈钠。由于胡杨叶片小，具有角质层，喷药时稍加入肥皂或皂角剂，不易伤害胡杨叶片。

六、群众杨

群众杨是中国林业科学研究院林科所利用小叶杨与美杨和旱柳混合花粉杂交培育出的杂交种，是华北、西北干旱盐碱地区重点推广的优良品种。在防风降碱，改善气候条件，生产民用材，增加经济收益方面起到了积极作用。

（一）生长规律

群众杨适生于年平均气温 3~14℃，昼夜温差大，日均温差 9~

16℃，无霜期 100 ~ 205 天，年降水量 400 ~ 600mm，相对湿度 49% ~ 66%，干燥度在 1.5 ~ 2.0 的半干旱区。在砂性大、结构差、肥力低、含盐量高的土壤上也能良好生长，具有较广的适生范围。

群众杨对干旱，贫瘠的立地条件有一定的适应能力。根据各地试验表明，群众杨对土壤水分和营养缺乏的忍耐力要比小叶杨等树种高。例如，在山西省雁北地区风积沙丘上营造的小叶杨人工林，生长缓慢，出现大面积小老树，年平均高生长不足 20cm，而同期营造的群众杨生长量比较高，单株材积超过小叶杨的 0.64 ~ 1.7 倍。内蒙古乌海地区为少雨缺水、干旱瘠薄的半荒漠地区，群众杨胸径年生长量仍在 1cm 以上，树高年生长量在 1m 以上。

根据山西省小老树改造联合调查组调查，群众杨在中轻度盐碱地上可以正常生长，即使在重盐碱地上，生长量仍超过小叶杨、欧美杨等树种。9 年生胸径 7.2cm，超过欧美杨的 1.12 倍、小叶杨的 0.6 ~ 1.98 倍；树高 6.1m，超过欧美杨的 0.9 倍、小叶杨的 0.7 ~ 1.0 倍；单株材积 0.0149m^3，超过欧美杨的 6.8 倍、小叶杨的 2.7 ~ 13.95 倍。

在海拔 1742 ~ 1763m，年平均气温 1.2℃，最低气温 −36℃，最高气温 30.7℃，年降水量 345.8mm 的山西省天镇的冲积母质上发育的暗栗钙土栽植的群众杨、小黑杨，小叶杨人工林，群众杨生长远比小黑杨、小叶杨好，群众杨高生长比小黑杨快 15.1%，比小叶杨快 44.6%，群众杨胸径生长比小黑杨快 24.8%，比小叶杨快 61.7%。

在良好的立地条件下，群众杨生长快，显示出速生的特性。在相同的立地条件下，生长量仍然超过箭杆杨、小叶杨。10 ~ 20 年即能成材，材积年平均生长可达 0.03 ~ 0.1m^3，胸径年平均生长可达 2.0 ~ 3.6cm，树高年平均生长可达 1 ~ 2.4m，一般 5 年可成椽，10 年可成檩。据中国林科院树干解析材料记载，群众杨高生长的最快时期在 2 ~ 6 年，胸径生长最快时期在 2 ~ 8 年，材积生长最快时期在 4 ~ 10 年。培育速生林的采伐利用年龄在 14 年左右。

（二）群众杨的栽培技术

苗圃地应选择地势平坦，排水良好，具备灌溉条件和交通方便的地方，以土层深、疏松的沙壤土为宜。

基肥以农家肥为主，适量掺入磷肥，每亩施农家肥 3 ~ 5m^3。在起苗后 2 ~ 3 天内浅耕，深度 15 ~ 18cm，以减少土壤水分蒸发，消灭杂草和病虫，为深耕减少机械阻力，提高深耕质量。深耕根据土壤厚度确定，一般 25 ~ 30cm，须在秋季入冬前进行。起垄高 15 ~ 20cm，垄宽 60cm，垄长因地形地势而定。秋季采条后要挖条沟埋藏，以保持条材水分和减少生根营养物质转移。选择排水良好，土质（含水量最好 60%）疏松，不含盐碱，背风背阴地段，深度 1.5m 左右，宽度 1.5 ~ 2m，长度由种条多少和地段情况而定。埋藏时要注意接穗小头朝上，分层（2 ~ 3 层）隔湿沙（潮土，湿度 60% 为宜）埋藏，捆与捆之间要填充湿沙。

埋好后盖上一层厚 10 ~ 15cm 的湿土。沿沟每隔 2 ~ 3m 竖起插入一直径为 50cm 的玉米秸捆，露出地面 30cm，作为通气孔。在大地封冻时埋插穗或种条。要经常检查，保持种条温度在 -5 ~ 5℃，并保持适宜湿度。

翌年春解冻后，扦插前即可挖出。4 月中下旬开始扦插，密度每亩 4 000 ~ 5 000 株。如果土壤贫瘠或种苗较弱，可适当减少密度。为保证成活率，扦插前插穗须用清水浸泡 48 h。

扦插方法通常为直插，如遇土壤黏重，插穗偏长或需要避开土层下面的低温区时，也可斜插（不超过 45°，穗顶部向北倾斜）。为防止上切口风干，插穗上端可浅覆土。下切口要与土壤密接，插后踏实，立即灌水。

根据不同的林种及造林目的采取相应的育林措施。护堤林在水肥充足的地方，用 2 ~ 3 年生大苗造林，株行距 3m×5m；农田防护林带，初植密度可大些，幼林的株行距为 3m×4m；生产大径材，株行距可为 5m×7m；生产中径材，株行距可为 4m×6m。

群众杨主要病虫害是杨树灰斑病及光肩星天牛。杨树灰斑病熟称黑脖子病，多危害苗木，发生在叶、嫩枝梢上。一般 7 月开始发病，在叶正面生圆形褐斑，逐渐变灰白色，雨季多在叶尖、叶边上生大块黑色死斑。新枝梢得病变黑坏死，下垂或折断。8 ~ 9 月发病最盛，9 月末停止发病。防治方法：及时间苗、叶子太密时摘下底叶，通风降温，减少发病；6 月末开始喷 65% 代森锌 500 倍液，或 1:1:（125 ~ 170）波尔多液，每 15 天 1 次，共喷 3 ~ 4 次。光肩星天牛成虫啃食枝嫩皮，幼虫起初在产卵附近取食，3 龄后蛀入木质部，影响树木生长，被害严重的树木易风折枯死。防治方法：成虫出现期可人工捕捉；幼虫尚未蛀入木质部前可用有机磷制剂类或 90% 敌百虫 800 ~ 1000 倍液喷射树干，以杀死幼虫；受害严重树木应及时砍伐，并消灭其中幼虫。

七、加杨（*P. canadensis* Moench）

加杨又叫加拿大杨，原产北美洲东部，19 世纪中叶引进我国。由于生长迅速，繁殖容易，适应性强，因此发展较快。目前已广泛分布于华北、东北、西北地区，江苏、浙江、安徽、湖南、湖北等省也有种植。它是优良的用材树种，也是"四旁"绿化的重要树种。

高 30 m，干直，树皮粗厚，深沟裂，下部暗灰色，上部褐灰色，大枝微向上斜伸，树冠卵形；萌枝及苗茎棱角明显，小枝圆柱形，稍有棱角，无毛，稀微被短柔毛。芽大，先端反曲，初为绿色，后变为褐绿色，富粘质。叶三角形或三角状卵形，长 7 ~ 10cm，枝叶较大，一般长大于宽，先端渐尖，基部截形或宽楔形，无或有 1 ~ 2 腺体，边缘半透明，有圆锯齿，近基部较疏，具短缘毛，上面暗绿色，下面淡绿色，叶柄侧扁而长，带红色（苗期特明显）。雄花序长 7 ~ 15cm，花序轴光滑，每花有雄蕊 15 ~ 25（40）。苞片淡绿褐色，不整齐，丝状深裂，花盘淡黄绿色，全缘，花丝细长，白色，超出花盘，雌花序有花 95 ~ 50 朵，柱头 4 裂。果序长达 27cm；朔果卵圆形，长约 8mm，先端锐尖，2 ~ 3 瓣裂。雄株多，雌株少。花期 4 月，果期 5 ~ 6 月。

我国除广东、云南、西藏外，各省（区）均有引种栽培。喜温暖湿润气候，耐瘠薄及微碱性土壤；速生，4 年生高达 15m，胸径 18cm。

（一）培育壮苗

苗圃地应选择土壤肥沃和灌溉方便的地方，在冬初进行深耕、深度 25 ~ 30 cm，次春解冻后施基肥（每亩 3 000 ~ 6 000kg），并做好苗床。育苗一般选大树上的 1 ~ 2 年生枝条，以枝条中部剪取的插穗为最好，基部的较差，梢部仍可利用。

插穗长度 17cm 左右，粗以 1 ~ 1.5cm 为宜。试验表明，以垂直扦插最佳，不仅插条伤口愈合良好，而且苗木生长健壮。扦插密度以 30cm×30cm 或 30cm×40cm 为好，如果培育 2 ~ 3 年生大苗，扦插行距可达 50～70cm，株距 30cm。一般 3 月上中旬扦插的插穗，4 月上旬即可开始发芽生长。这时应每隔 10～15 天灌 1 次水，特别干旱时要适当增加灌溉次数。同时应注意追肥，还要适时中耕除草，促进苗木生长。

（二）认真种植

要选好造林地，一般在土层深厚、肥沃、湿润的壤土或沙壤土中生长良好。选好地后要细致整地。一般深度 50cm，在"四旁"植树时，采用 70～100cm 见方的大坑，可使根系发达，生长迅速。"四旁"植树时应选用大苗。试验证明，如用苗高 2m 以上，地径 1.5cm 的苗木造林，当年树高一般可达 4～5m。在土壤条件较好的情况下，株行距以 5m×5m 为宜。

造林方法，一般都用穴植，穴大小为 50～70cm 见方。根据加杨的生长特点，为了多得到树叶饲料，一可与紫穗槐、刺槐等树种进行混交，既可促进加杨生长，也不影响刺槐和紫穗林的生长，同时还可增加树叶的产量。要做好幼林抚育，及时进行除菜和摘芽工作，以防侧芽萌发、影响主干生长，造林第 1 年要松土除草 3 次，还要进行灌溉和施肥，防止形成"小老树"。

（三）防治病虫害

加杨易患杨树叶锈病、白粉病、白杨透翅蛾、光肩星天牛等病虫害，要进行预防。病虫害发生后，要及时治疗，不使成灾，以减少损失。

第三章

杨树的水分生理

杨树的生长发育、新陈代谢和光合作用等一切生命活动，只有在细胞含有一定水分的状况下才能正常进行，否则杨树的正常的生命活动就会受阻，甚至停止。可以说没有水就没有生命。

陆生植物根与冠分别处于地下与地上，在通常情况下冠部蒸腾水分，根部则吸收水分，因此水的主要流向是自土壤进入根系，再经过茎到达叶、花、果实等器官，并经过它们的表面、主要是其上的气孔，散失（蒸腾）到大气中去。土壤、植物、大气形成一个连续的系统，称为土壤—植物—大气连续系。

杨树一方面从环境中吸收水分，以保证生命活动的需要；另一方面又不断地向环境散失水分，以维持体内外的水分循环、气体交换及适宜的体温，这样就形成了杨树的水分生理。

杨树对水分的吸收、运输、利用和散失的过程，称为杨树的水分代谢。研究杨树水分代谢的基本规律，掌握合理灌溉的生理基础，满足杨树生长发育对水分的需求，为杨树提供良好的生态环境，这对杨树的高产稳产有着重要的意义。

第一节　杨树的水分生理

一、水分在杨树生命活动中的作用

1. 水是杨树细胞的重要组成成分

水是植物体的重要组成成分，一般植物含水量占鲜重的 75% ~ 90%，水生植物含水量可达 95%；树干、休眠芽约占 40%；风干种子约占 10%。细胞中的水分可分为两类，一类是与细胞组分紧密结合而不能自由移动、不易蒸发散失的水，称为束缚水；另一类是与细胞组分之间吸附力较弱，可以自由移动的水，称为自由水。自由水可以直接参与各种代谢活动，因此，当自由水与束缚水的比值升高时，细胞原生质成溶胶状态，杨树代谢旺盛，生长较快，抗逆性弱；反之，细胞原生质成凝胶状态，代谢活动低，生长缓慢，但抗逆性强。

2. 水是代谢过程的反应物

和其他植物一样，杨树的新陈代谢是其生命的基本特征之一，有机体在生命活动中不断地与周围环境进行物质和能量的交换。而水是参与这些过程的介质与重要原料。在光合作用中，水是主要原料，通过光合作用制造的碳水化合物，也只有通过水才能输送到杨树的各个部位，在呼吸作用及许多有机物质的合成和分解过程中都有水分子参与，同时杨树的许多生物化学过程，如水解反应等都需要水分直接参加，没有水，这些重要的生化过程都不能进行。

3. 水是各种生理生化反应和物质运输的介质

水分子具有极性，是自然界中能溶解物质最多的良好溶剂。杨树生长中需要大量的有机和无机养料，这些原料施入土壤后，首先要通过水溶解变成土壤溶液，才能被杨树根系吸收，并输送到杨树的各种部位。杨树体内的各种生理生化过程，如矿质元素的吸收、运输、气体交换，光合产物的合成、转化和运输以及信号物质的传导等都需要水作为介质。如：杨树缺氮，植株矮化、叶呈发黄绿色，当施入相应营养元素的肥料后，症状将逐渐消失，而这些生化反应，都是在水溶液或水溶胶状态下进行的。

4. 水能使杨树保持固定的姿态

杨树细胞含有大量的水分，可产生静水压，以维持细胞的紧张度，使枝叶挺立，花朵开放，根系得以伸展，从而有利于植物捕获光能、交换气体、传粉受精以及对水肥的吸收。

5. 水具有重要的生态意义

杨树生长所需的水、肥、气、热等基本要素中，水最为活跃。生产实践中常通过水分来调节其他要素。杨树生长需要适宜的温度条件，土壤温度过高或过低，都不利于杨树的生长。由于水有很高的比热容

（4.184J/℃）和气化热容（2.255×10³ J/g），冬前灌水具有保持地温的作用。在干旱高温季节的中午采用喷灌或雾灌可以降低苗木株间气温，增加株间空气湿度，改善田间小气候，同时叶片能直接从中吸收一部分水分，降低叶温，防止叶片出现灼伤或萎蔫。所以水在杨树生长的生态环境中起着特别重要的作用。此外，可以以水调肥，用灌水来促进肥料的释放和利用。由此可见，杨树生命活动中对水的需要，包括了生理需水和生态需水两个方面。

二、杨树对水分的吸收

1. 吸水部位和吸水方式

根系是杨树吸水的主要器官，它从土壤中吸收大量的水分，满足自身的需要。根系吸水的部位主要在根的尖端，从根尖开始向上约10cm的范围内，包括根冠、根毛区、伸长区和分生区（图3-1），其中以根毛区的吸水能力最强。这是因为：①根毛区有许多根毛，这增大了吸收面积；②根毛细胞壁的外层由果胶覆盖，黏性较强，亲水性好，有利于土壤胶体颗粒的黏着和吸水；③根毛区的疏导组织发达，对水移动的阻力小，水分转移的速度快。根尖的其他部位吸水较少，主要是因为木栓化程度高或输导组织未形成或不发达，细胞质浓厚，水分扩散阻力大，移动速度慢的缘故。由于植物吸水主要靠根尖，因此，在移栽时，应尽量保留细根，以减轻移栽后植株的萎蔫程度。

根系吸水的方式有：以根压为动力的主动吸水方式和以蒸腾拉力为动力的被动吸水方式。

关于根压与根系吸水，在这里需要指出一个问题：根压是植物根系的生理活动中使液流从根部上升的压力。一些书中将根压视为根系吸水的动力之一，认为根压把根部的水分压到地上部，土壤中的水分便不断补充到根部，这

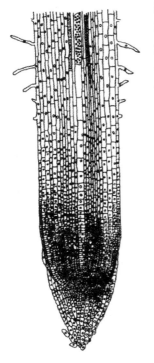

图3-1 根毛区示意图

就形成了根系吸水过程。这是不正确的。

根系利用代谢能，主动地将土壤中的溶质吸收到内皮层内部，又主动（或被动）地将吸收的溶质转移到导管中，使导管溶液的浓度高于外部溶液的浓度．通过降低导管溶液的溶质势使得导管溶液的水势低于外部溶液的水势，外部水分顺水势梯度通过渗透作用进入导管。与此同时，导管内的水分也向导管外部移动。但由于进入的水分子多于移出的水分子，于是产生了由外向内的正的压力差，这就是能利用压力计测定的根压。根压是因为根系从外部吸水而产生的，即吸水是因，根压是果。提出根压是吸水的动力的一种可能理由是：由于导管内水分不断增多，导管水柱在重力作用下向导管下端产生压力，增大了导管内下部溶液的压力势，使内外部水势差缩小直至消失，从而阻止外部水分继续进入导管。

而根压则将水柱不断压向上方，这就减小了压力势，维持了内外溶液的水势差。水分得以继续进入导管，即根系不断吸水。其实这是一种误解，正是水分进入导管即根系吸水本身使得导管内水柱不断上升，而停止吸水时，使水柱上升的力即根压也同时消失。尽管定义根压是使液流从根部上升的压力，但根压的方向并不只是向上的，液流之所以向上移动，是因为由导管周围对导管内液体产生的压力大于或等于导管内液体向外的压力，而导管上部的开口端则不产生这种压力，这样导管内的液体在指向上方的净压力差的作用下便向上移动。可以设想，如果将导管从侧面刺破，那么导管内的溶液也会在根压的作用下从导管侧方流出。由上可知，当根压将水分压向地上部的同时也向下产生压力，而这个压力起着阻止根系吸水的作用。

一般将产生根压的吸水称为主动吸水，应该指出这里的主动吸水并不是主动吸收水本身，而是植物消耗代谢能主动吸收外部溶质，造成导管内溶液的水势低于外部溶液的水势，而水则是被动地（自发地）顺水势梯度由外部进入导管。这与根系对矿质元素的主动吸收是完全不同的。

2. 影响根系吸水的土壤条件

（1）土壤中可用水分。土壤中的水分对植物来说，并不是都能被利用的。土壤有保水的本领，所以植物只能利用土壤中可用水分。土壤可用水分多少与土粒粗细以及土壤胶体数量有密切关系，粗砂、细砂、砂壤、壤土和黏土的可用水分依次递减。

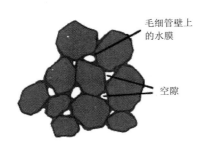

毛细管壁上的水膜

空隙

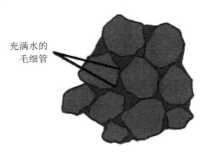

充满水的毛细管

图 3-2(a)　土壤毛细管水　　　　图 3-2(b)　土壤重力水

土壤中的水分按物理状态可分为：毛细管水、束缚水（或吸湿水）和重力水三种（图3-2）。毛细管水是指由土壤毛细管力所保持在土壤颗粒间毛细管内的水分。由于土壤颗粒吸附毛细管水的力量不大，毛细管水容易被根毛所吸收，是植物吸水的主要来源。束缚水（或吸湿水）是指土壤中土壤颗粒或土壤胶体的亲水表面所吸附的水分，土粒愈细，比表面积愈大，吸附水就愈多，即束缚水的含量就越高。由于束缚水被胶体所吸附，因而不能为植物所利用。重力水是指水分饱和的土壤中，由于重力的作用，能自上而下渗漏出来的水分。对于杨树来说，重力水的作用不大，而且还有害，因为这种水分能占据土壤中的大空隙，造成土壤水多气少，导致植物生长不良，所以在旱地及时排除重力水就显得很重要，但在水稻土中，重力水是水稻生长的重要生态需水。

土壤水分状况与植物吸水有密切关系。缺水时，植物细胞失水，膨压下降，叶片、幼茎下垂，这种现象称为萎蔫。如果当蒸腾速率降低后，萎蔫植株可恢复正常，这种萎蔫称为暂时萎蔫，它常发生在气温高、湿度低的中午，此时土壤中即使有可利用的水，也会因蒸腾强烈而供不应求，使植物出现萎蔫。傍晚，气温下降、湿度上升，蒸腾速率降低，植株可恢复原状。如蒸腾速率降低以后，仍不能使萎蔫植物恢复正常，这样的萎蔫称为永久萎蔫。永久萎蔫实质上是土壤的水势低于或等于植物根系的水势，植物根系已经无法从土壤中吸水，只有增加土壤可利用水分，提高土壤水势，这种现象才能消除，永久萎蔫持续下去，就会引起植物的死亡。

（2）土壤通气状况。土壤中的 O_2 和 CO_2 的浓度对根系吸水的影响极大。用 CO_2 处理小麦、水稻幼苗根部，其呼吸量降低 4%～50%；如通 O_2 处理，则吸水量增加。这是因为 O_2 充足，可促进根的有氧呼吸，这不但有利于根系吸水，也有利于分生细胞分裂、根系生长、吸水面积扩大。但如果 CO_2 浓度过高或 O_2 不足，则根的呼吸减弱，能量释放减少，不但影响根压的产生和根系吸水，而且还会因无氧呼吸积累大量的酒精而使根系中毒受伤。在杨树育苗过程中，中耕松土等措施的主要目的，就在于增加根系周围的 O_2，减少 CO_2 及消除 H_2S 等的毒害，以增强根系吸水和吸肥的能力。

（3）土壤温度。土壤温度与根系吸水关系很大。低温会使根系吸水降低，其原因：一是水分在低温下黏度增加，扩散速率降低，同时由于细胞原生质黏度增加，水分扩散阻力加大；二是低温导致根呼吸速率降低，影响根压产生，主动吸水减弱；三是低温导致根系生长缓慢，不发达，有碍吸水面积的扩大。土壤温度过高对根系吸水也不利，其原因是土温过高，会提高根的木栓化程度，加速根的老化进程，还会使根细胞中的各种酶蛋白变性失活。土温对根系吸水的影响，还与植物原产地和生长发育的状况有关。一般喜温植物和生长旺盛的植物根系吸水易受低温影响，特别是骤然降温，例如在夏天烈日下浇灌杨树幼苗，对根系吸水不利。

（4）土壤溶液浓度。土壤溶液所含盐分的高低，直接影响土壤水势的大小。根系要从土壤中吸水，根部细胞的水势必须低于土壤溶液的水势。在一般情况下，土壤溶液浓度较低，水势较高，根系吸水；盐碱土则相反，土壤溶液中的盐分浓度高，水势很低，杨树吸水困难。在杨树栽培管理中，如施用肥料过多或过于集中，特别是在砂质土，也可使土壤溶液浓度骤然升高，水势下降，阻碍根系吸水，甚至还会导致根细胞水分外流，而产生"烧苗"。

三、杨树蒸腾作用

（一）蒸腾作用

蒸腾作用是指水分以气体状态，通过植物表面，从体内散失到体外的现象。杨树在进行光合作用的过程中，必须和周围环境发生气体交换；在气体交换的同时，又会引起植物大量丢失水分。植物在长期进化中，对这种生理过程形成了一定的适应性，以调节蒸腾水量，适当地降低蒸腾速率，减少水分消耗，这在杨树栽培中是有意义的。过分地抑制蒸腾，对杨树生长反而有害。

1. 蒸腾作用在杨树生命活动中具有重要的生理意义

（1）蒸腾作用是杨树对水分吸收和运输的主要动力。特别是高大的杨树，假如没有蒸腾作用，由蒸腾拉力引起的吸水过程便不能产生，植株较高部分也无法获得水分。

（2）蒸腾作用是杨树吸收矿质营养和其在体内运转的动力。矿物质要随水分的吸收和流动而被吸入和运输到杨树各部分去，杨树对有机物的吸收和有机物在体内的转运也是如此，所以蒸腾作用对矿物质和有机物的吸收，以及这两类物质在杨树体内的运输都是很重要的。

（3）蒸腾作用能够降低杨树叶片的温度　叶片在吸收光辐射进行光合作用的同时，吸收了大量热量，通过蒸腾作用散热，可防止叶片温度过高，避免受害。

2. 蒸腾部位

幼小的植物，暴露在地上部分的表面都能蒸腾。植物长大后，茎枝表面形成木栓，未木栓化的表面有皮孔，可以进行皮孔蒸腾，但蒸腾量甚微，仅占全部蒸腾量的1%左右，植物的茎、花、果实等部位的蒸腾量也极为有限，因此，植物的蒸腾作用绝大部分是靠叶片进行的。

叶片的蒸腾作用方式有两种：一是通过角质层的蒸腾，叫角质蒸腾。角质层本身不易让水通过，但其中间含有吸水能力较强的果胶质，同时角质层也有空隙，可以让水分子通过；二是气孔蒸腾。这两种蒸腾在叶片中所占的比重与植物的生态条件和叶片的年龄有关，实质上就是和角质层的厚薄有关。例如，阴生植物的角质蒸腾往往超过气孔蒸腾，幼嫩叶子的角质蒸腾可达全部蒸腾量的 $1/3 \sim 1/2$，一般植物成熟叶片的角质蒸腾，仅占全部蒸腾量的3% ~5%。

因此，气孔蒸腾是杨树蒸腾作用的主要方式。

3. 蒸腾作用的生理指标

（1）蒸腾速率，又称为蒸腾强度或蒸腾率。指植物在单位时间、单位叶面积通过蒸腾作用散失的水量。常用单位 g/（m² · h）或 mmol/（m² · s）。大多数植物白天的蒸腾速率是 15 ~ 250g/（m² · h），夜晚是 1 ~ 20g/（m² · h）。

（2）蒸腾效率，是指植物每蒸腾 1kg 水时所形成的干物质的克数。常用单位：g/kg。一般植物的蒸腾效率为 1 ~ 8g/kg。

（3）蒸腾系数，又称需水量，指植物每制造 1g 干物质所消耗水分的克数。它是蒸腾效率的倒数。大多数植物的蒸腾系数在 125 ~ 1 000之间。木本植物的蒸腾系数比较低，如松树约 40；草本植物蒸腾系数较高，玉米为 370、小麦为 540。蒸腾系数越低，则表示植物利用水的效率越高。

4. 影响蒸腾作用的因素

1）影响蒸腾作用的内部因素

（1）气孔频度（为每平方毫米叶片上的气孔数），气孔频度大有利于蒸腾的进行。

（2）气孔大小，气孔直径较大，内部阻力小，蒸腾快。

（3）气孔下腔气，孔下腔容积大，叶内外蒸气压差，蒸腾快。

（4）气孔开度，气孔开度大，蒸腾快；反之，则慢。

2）影响蒸腾作用的外部因素

蒸腾速率取决于叶内外蒸气压差和扩散阻力的大小，所以凡是影响叶内外蒸气压差和扩散阻力的外部因素，都会影响蒸腾速率。

（1）光照：光对蒸腾作用的影响首先是引起气孔的开放，减少气孔阻力，从而增强蒸腾作用。其次，光可以提高大气与叶子的温度，增加叶内外蒸气压差，加快蒸腾速率。

（2）温度：温度对蒸腾速率的影响很大。当大气温度升高时，叶温比气温高出 2 ~ 10℃，因而气孔下腔蒸气压的增加大于空气蒸气压的增加，使叶内外蒸气压差增大，蒸腾速率增大；当气温过高时，叶片过度失水，气孔关闭，蒸腾减弱。

（3）湿度：在温度相同时，大气的相对湿度越大，其蒸气压就越大，叶内外蒸气压差就变小，气孔下腔的水蒸气不易扩散出去，蒸腾减弱；反之，大气的相对湿度较低，则蒸腾速率加快。

（4）风速：风速较大，可将叶面气孔外水蒸气扩散层吹散，而代之以相对湿度较低的空气，既减少了扩散阻力，又增加了叶内外蒸气压差，可以加速蒸腾。强风可能会引起气孔关闭，内部阻力增大，蒸腾减弱。

5. 蒸腾速率的测定方法

（1）植物离体部分的快速称重法：切取植物体的一部分（叶、苗、枝或整个地上部分）迅速称重，2～3min 后再次称重，两次重量差即为单位时间内的蒸腾失水量。这个方法的依据是植物离体部分在切割后开始的2～5min 内，原有的蒸腾速率无多大改变。称重时可采用扭力天平或电子分析天平。

（2）测量重量法：把植株栽在容器中，茎叶外露进行蒸腾作用，容器口适当密封，使容器内的水分不发生散失。在一定间隔的时间里，用电子天平称得容器及植株重量的变化，就可以得到蒸腾速率。

（3）量计测定法：这是一种适合于田间条件下测定瞬时蒸腾速率的方法。主要是应用灵敏的湿度敏感元件测定蒸腾室内的空气相对湿度的短期变化。当植物的枝、叶或整株植物放入蒸腾室后，在第一个30s 内每隔10s 测定一次室内的湿度。蒸腾速率是由绝对湿度增加而得到的，而绝对湿度是由相对湿度的变化速率和同一时刻的空气温度计算出来的。

近年来，有一种稳态气孔计，其透明小室的直径仅 1～2cm，将叶片夹在小室间，在微电脑控制下向小室内通入干燥空气，流速恰好能使小室内的湿度保持恒定。然后可根据干燥空气流量的大小计算出蒸腾速率。

（4）红外线分析仪测定法：红外线对双元素组成的气体有强烈的吸收能力。H_2O 是双元素（H 和 O）组成子，因此，用红外线分析仪（IR-GA）可测定水的浓度，即湿度，并用来计算蒸腾速率。这种仪器是测定两种空气流中水浓度（绝对湿度）的差值，且可以作两种类型的测量：一是绝对测量，即测定蒸腾室中水蒸气浓度与封闭在参比管内的惰性气体或含有已知浓度的水蒸气的浓度的差值。二是相对测量，即测定流入蒸腾室前和流出蒸腾室后的两种水蒸气浓度间的差值。

（二）气孔蒸腾

气孔是植物叶片表皮的小孔，一般由成对的保卫细胞组成（图3-3），保卫细胞四周环绕着表皮细胞，保卫细胞和邻近叶肉细胞或副卫细胞构成气孔复合体。保卫细胞和邻近细胞或副卫细胞之间没有胞间联丝，邻近细胞的壁很薄，质膜上存在有 H^+—K^+ 离子交换通道，另外，在保卫细胞外壁上还有外联丝结构，它可作为物质运输的通道。这些结构有利于保卫细胞与邻近细胞或副卫细胞在短时间内进行 H^+、K^+ 交换，以快速改变细胞水势。而有胞间联丝的细胞，细胞间的水和溶质分子可经胞间联丝相互扩散，不利于两者间建立渗透势梯度。

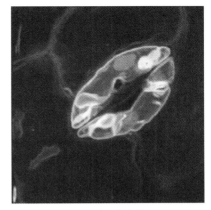

图 3-3 气孔结构

1. 气孔蒸腾速率(小孔扩散定律)

叶片上有许多气孔，但每个气孔的面积很小。不同类型植物，气孔数目和大小不同(表 3-1)。气孔在叶片上所占的面积一般不到 1%。甚至气孔完全张开时也只有 1%～2%。如按蒸发量与蒸发面积成正比去考虑，气孔的蒸腾量也不会超过与叶片同样面积的自由水面蒸发量的 1%，但事实上达到 50% 以上，甚至可达 100%。因此，经过气孔的蒸腾速率要比同面积自由水面的蒸发速率快 50 倍以上，甚至 100 倍。

表 3-1 不同类型植物的气孔数目和大小

植物类型	气孔数/叶面积（mm^2）	气孔口径（μm）		气孔面积占叶面积%
		长	宽	
阳性植物	100～200	10～20	4～5	0.8～1.0
阴性植物	40～100	1520	5～6	0.8～1.2
禾本科植物	50～100	20～30	3～4	0.5～0.7
冬季落叶树	100～500	7～15	1～6	0.5～1.2

这个现象可用小孔扩散原理来说明。气体通过多孔表面扩散的速率，不与小孔的面积成正比，而与小孔的周长成正比，这就是所谓的小孔扩散定律。这是因为在任何蒸发面上，气体分子除经过表面向外扩散外，还沿边缘向外扩散。在边缘处，扩散分子相互碰撞的机会少，因此

扩散速率比中间的要快，扩散表面的面积较大时（例如大孔），周长与面积的比值小，扩散主要在表面上进行，经过大孔的扩散速率与孔的面积成正比。然而，当扩散表面减小时，周长与面积的比值即增大，经过缘的扩散量就占较大的比例，且孔越小，所占的比例越大，扩散的速度就越快（表3-2）。

表3-2 相同条件下水蒸气通过各种小孔的扩散

小孔直径 （mm）	扩散失水 （g）	相对失水量	小孔相对面积	小孔相对周长	同面积相对 失水量
2.64	2.65	1.00	1.00	1.00	1.00
1.60	1.58	0.59	0.37	0.61	1.62
0.95	0.93	0.35	0.13	0.36	2.71
0.31	0.76	0.29	0.09	0.31	3.05
0.56	0.43	0.13	0.05	0.21	4.04
0.35	0.36	0.14	0.01	0.13	7.61

2. 气孔运动

（1）气孔运动的方式：气孔是会运动的。一般来说，气孔在白天开放，晚上关闭。由于保卫细胞的内外壁厚度不同，内侧壁厚，外侧壁薄，因此，当保卫细胞吸水膨胀时，较薄的外壁容易伸长，细胞向外弯曲，于是气孔张开；当保卫细胞失水体积缩小时，薄壁拉直，气孔即关闭（图3-4）。总之，引起气孔运动的原因主要是保卫细胞的吸水膨胀和失水收缩。

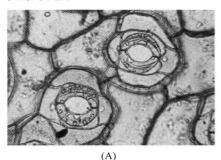

(A)

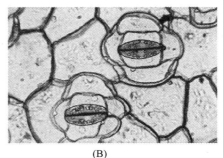

(B)

图3-4 （A）气孔张开 （B）气孔关闭

（2）气孔蒸腾的过程：气孔蒸腾本质上是一个蒸发过程。气孔蒸腾的第一步是位于气孔下腔周围的叶肉细胞的细胞壁中的水分变成水蒸气，然后通过气孔下腔和气孔扩散到叶片的扩散层，再由扩散层扩散到大气中去（图3-5）。

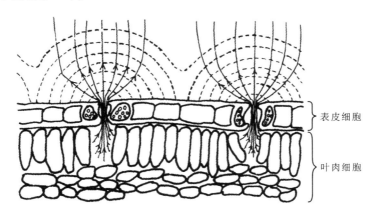

图3-5　气孔蒸腾的过程

3. 气孔运动的机理

气孔运动是由于保卫细胞的水势变化引起的。20世纪70年代以前，人们认为保卫细胞的水势变化是由细胞中的淀粉与葡萄糖的相互转化引起的，曾流行过"淀粉—糖转化学说"。但以后的事实说明，保卫细胞的水势变化是由K^+及苹果酸等渗透调节物质进出保卫细胞引起的。下面介绍有关气孔运动的两种学说。

1）无机离子泵学说

无机离子泵学说又称为K^+泵学说。日本学者于1967年发现照光时，漂浮于KCl溶液表面的鸭跖草表皮的保卫细胞中K^+浓度显著增加，气孔就张开。用微型玻璃钾电极插入保卫细胞及其邻近细胞可直接测定K^+浓度的变化。照光或降低CO_2浓度，都可以使保卫细胞逆着浓度梯度积累K^+，使K^+浓度达到0.5mol/L，溶质势可降低2MPa左右，引起水分进入保卫细胞，气孔张开；暗中或施用脱落酸，K^+从保卫细胞进入副卫细胞和表皮细胞，使保卫细胞水势升高，失水造成气孔关闭。研究表明，保卫细胞质膜上存在着H^+-ATP酶，它可以被光激活，能水解保卫细胞中由氧化磷酸化或光合磷酸化生成的 ATP，产生的能量使 H^+ 从保卫细胞分泌到周围细胞中，使保卫细胞的 pH 升高，质膜内侧的电势变得更低，周围细胞的 pH 值降低。它驱动 K^+ 从周围细胞经过保卫细胞质膜上的内向 K^+ 通道进入保卫细胞，再进一步进入液泡，K^+ 浓度升高，水势降低，水分进入，气孔张开。实验还发现，在 K^+ 进入保卫细胞的同时。还伴随着等量阴离子的进入，以保持保卫细胞的电中性，这也具有降低水势的效果。在暗中，光合作用停止，从而使保卫细胞的质膜非极性化，以驱使 K^+ 经外向 K^+ 通道向周围细胞转移，并伴随着阴离子的释放，这样一来导致保卫细胞的水势升高，水分外移，使气孔关闭。在干旱胁迫下，ABA 含量增加，可通过增加胞质 Ca^{2+} 浓度，使保卫细胞的质膜非极性化，驱动外向 K^+ 通道，使 K^+、Cl^- 流出，同时抑制 K^+ 流入，以降低保卫细胞膨压，导致气孔关闭。

2）苹果酸代谢学说

20 世纪 70 年代以来，人们发现苹果酸在气孔开闭运动中起着某种作用。在光照情况下，保卫细胞内的部分 CO_2 被利用时，pH 值就上升至 8.0～8.5，从而活化了 PEP 羧化酶，它可催化由淀粉降解产生的 PEP 与 H_2CO_3 结合形成草酰乙酸，并进一步被 NADPH 还原为苹果酸。

$$PEP + HCO_3^- \xrightarrow{\text{PEP 羧化酶}} 草酰乙酸 + 磷酸$$

$$草酰乙酸 + NADPH（或 NADH）\xrightarrow{\text{苹果酸还原酶}} 苹果酸 + NAPD^+（或 NAD^+）$$

苹果酸被解离为 $2H^+$ 和苹果酸根，在 H^+/K^+ 泵的驱使下，使 H^+ 与 K^+ 交换，保卫细胞 K^+ 浓度增加，水势将低；苹果酸根进入液泡和 Cl^- 共同与 K^+ 在电学上保持平衡。同时苹果酸的存在还可降低水势，促使保卫细胞吸水，气孔张开。当叶片由光下转移到暗处时，该过程逆转。近期研究证明，保卫细胞内淀粉和苹果酸之间存在一定的数量关系。

结合上述学说，气孔运动的可能机理可用图 3-6 来说明。

4. 影响气孔运动的因素

（1）光：光是气孔运动的主要调节因素。光可促进保卫细胞内苹果酸的形成和 K^+、Cl^- 的积累。一般情况下，光可促进气孔张开，景天酸代谢植物例外，它们的气孔通常是白天关闭，夜晚张开。不同植物气

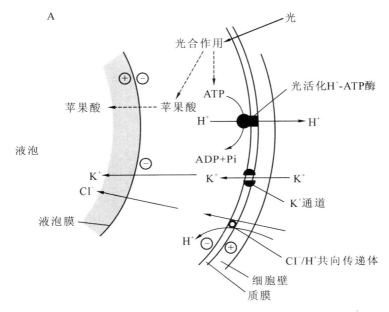

图 3-6　气孔开启机理

孔张开所需光强不同，例如烟草只要有完全光照的 2.5% 光强即可，而大多数植物则要求较高的光强。光促进气孔开启的效应有两种：一是通过光合作用发生的间接效应，这种效应被光合电子传递抑制剂 DCMU 所抑制；另一种是通过光受体感受光信号发生的直接效应，它不被 DC-MU 所抑制。红光和蓝光都可引起气孔张开，但蓝光的效率是红光的 10 倍，通常认为红光是间接效应，而蓝光是直接对气孔开启起作用。红光的受体可能是叶绿素，蓝光的受体可能是隐花色素。有人认为，蓝光能活化质膜的 H^+ – PTP 酶，不断泵出 H^+，形成跨膜电化学势梯度，它是 K^+ 通过 K^+ 通道移动的动力，可使保卫细胞内的 K^+ 浓度增加，水势降低，气孔张开。

（2）CO_2：CO_2 对气孔运动影响较大，低浓度 CO_2 促进气孔张开，高浓度 CO_2 使气孔迅速关闭。在高浓度 CO_2 下，气孔关闭的可能原因是：使质膜透性增加，导致 K^+ 泄漏，消除质膜内外的溶质势梯度；CO_2 使细胞酸化，影响跨膜质子浓度的建立。

（3）温度：气孔开度一般随温度的上升而增大。在30℃左右气孔开度最大，超过30℃或低于10℃，气孔部分张开或关闭。这表明，气孔运动是与酶促反应有关的生理过程。

（4）水分：气孔运动与保卫细胞膨压密切相关，而膨压变化又是由于水分进出保卫细胞引起的，因此叶片的水分状况是影响气孔运动的直接因素。植物处于水分胁迫条件下气孔开度减小，以减少水分的丢失。如果久雨，表皮细胞为水饱和，挤压保卫细胞，气孔关闭。如果杨树蒸腾强烈，保卫细胞失水过多，即使在光下，气孔也会关闭。

（5）植物激素：CTK 和 IAA 促使气孔张开，低浓度的 ABA 会使气孔关闭。采用酶放大的免疫鉴定法测定单个细胞的 ABA 含量显示，当叶片受到水分胁迫时，保卫细胞中含有微量 ABA，当叶片因蒸腾失水而使其鲜重降低 10% 时，保卫细胞的 ABA 含量可增加 20 倍。ABA 可作为信使通过促进质膜上外向 K^+ 通道开放，使 K^+ 排出保卫细胞，而导致气孔关闭。

（三）降低蒸腾的途径

植物通过蒸腾作用会散失大量的水分，一旦水分供应不足，植物就发生萎蔫。因此，在农业生产上，为了维持作物体内的水分平衡，就要"开源节流"。除了采取有效措施，促使根系发达，以保证水分供应之外，适当减少蒸腾消耗也是必要的。其途径主要有：

（1）减少蒸腾面积：在移栽植物时，可去掉一些枝叶，减少蒸腾面积，降低蒸腾失水量，以维持移栽植物体内水分平衡，有利其成活。

（2）降低蒸腾速率：避开促进蒸腾的外界条件，在午后或阴天移栽植物，或栽后搭棚遮阴，这样就能降低移栽植株的蒸腾速率。此外，实行设施栽培，也能降低棚内作物的蒸腾速率，这是由于在密闭的大棚或温室内，相对湿度较高的缘故。

（3）使用抗蒸腾剂：某些能降低植物蒸腾速率而对光合作用和生长影响不太大的物质，称为抗蒸腾剂。按其性质和作用方式不同，可将抗蒸腾剂分为三类：

①代谢型抗蒸腾剂：这类药物中有些能影响保卫细胞的膨胀，减小气孔开度，如阿特拉津等；也有些能改变保卫细胞膜透性，使水分不易向外扩散，如苯汞乙酸、烯基琥珀酸等。

②薄膜型抗蒸腾剂：这类药物施用于植物叶面后能形成单分子薄层，阻碍水分散失，如硅酮、丁二烯丙烯酸等。

③反射型抗蒸腾剂：这类药物能反射光，其施用于叶面后，叶面对光的反射增加，从而降低叶温，减少蒸腾量，如高岭土。

四、杨树的灌溉

杨树生长迅速，喜大水大肥，培育杨树速生丰产林，必须进行灌溉与施肥。但多年生产实践证明，灌溉和追肥都必须科学进行，否则不仅达不到预期效果，甚至会影响树木生长，造成干梢或死亡。

杨树灌溉要求次数少而水量足，一般每年可进行 3 次。第一次要在早春进行，叫做"返青水"。杨树经过冬季自身大量失水，春季开始生长活动时，及时灌水对抽梢放叶非常有益，但必须抓准时机，适时进行。近几年有的地方，在早春 2 月下旬或 3 月上旬就给杨树灌"返青水"，当时土壤尚未化冻，灌水反而降低地温，推迟根系活动时间，导致地上部与地下部失去水分平衡，造成干梢或死亡。"返青水"必须在早春土壤已化冻，地温达到 3℃左右时进行。辽西地区一般在 3 月末 4 月初才能进行。第二次要灌"肥水"，也就是结合追肥灌水。这样既能满足杨树对水分的要求，同时还能提高肥效，促进林木生长。灌"肥水"要在树木生长的速生期进行，一般在 5 月上中旬，最迟不得超过 5 月底。第三次要灌封冻水。当树木即将停止生理活动，为防止因失水过多造成生理干旱，必须灌封冻水，但封冻水不能灌得太晚，灌晚了土壤已封冻，树木已停止活动，树木体内没有贮存水分，达不到防止生理干旱的目的，"封冻水"要在 10 月底前完成。

中国林业科学研究院林研所刘奉觉、王世绩等从 1979 年开始，进行了"杨树水分生理及其在栽培学上应用研究"，形成了一套从幼苗到成林的树木水分生理研究系统。其内容主要有杨树水分生理指标的分析测定和应用，杨树人工林水分生理与合理灌溉。该研究在水分生理的理论和栽培学相结合方面具有自己的特色，在林木栽培生理领域中水分生理方面是最全面的，填补了当时国内在杨树水分生理方面的空白。提出新的田间测定蒸腾估算方法，为国内同类研究开辟了技术途径。成果具有较高的学术水平，处于当时国内领先地位，其中有些研究内容达到了国际水平。研究结果可为杨树栽培苗木处理、造林季节和造林方法选择、品种选择、树体调整及林分密度确定提供直接依据，对今后杨树丰产有着重要指导意义，对其他树种也很有参考价值。

第二节 林木蒸腾耗水特性的研究状况

随着近年来全球性水资源危机日益严重，林木的耗水问题引起了国内外有关学者的广泛关注。林木的蒸腾耗水问题看似简单，实际上它是一个复杂的植物生理过程和水分运动的物理过程，受树种、时间、空间及其生长环境等多种因素的控制，这就使其成为许多领域共同关注的问题。

林木具有巨大的生态功能，同时也存在着自身耗水量过大、有林流域产流量减少等在涵养水源和水资源利用方面的特点。林木的耗水量是非常惊人的，有关的研究表明，西北和华北地区的土壤干化现象与该地区的植被过量耗水有直接的关系。城市片林蒸腾耗水问题的研究就也显得尤为突出。

国内外有关学者对林木的蒸腾耗水特性做了大量的研究工作，取得了很多成果。林木耗水研究的主要内容包括耗水测定技术的研究、林木水分传输机理与耗水调控机制的研究、林木耗水性的研究和耗水尺度扩展理论与方法的研究4个方面。林木耗水调控机理的研究是林木耗水问题研究的基础，耗水测定技术作为必要的研究手段，在两者的基础上，才能深入研究不同树种耗水性的差异，进而实现林木单株和群体耗水性的评价和耗水尺度的扩大。

一、研究林木蒸腾耗水的主要方法及应用条件

对林木蒸腾耗水的研究从20世纪30年代已经开始了，但是由于受到科学技术水平和人们认识程度的限制，测定方法大部分是不可靠的。直到20世纪70~80年代，国外在测定蒸腾耗水的方法上才出现了飞跃，相继出现了蒸渗仪法，大树容器法，封闭大棚法或空调室法，化学示踪法，放射性同位素如氚，稳定性同位素如氘以及能量平衡、热扩散和热脉冲技术等测定方法。到了20世纪90年代测定技术就日臻完善。

多种技术在同一试验中联合使用，大大提高了试验的精度。在近几十年的时间中，林木蒸腾耗水测定技术经历了一个发展和完善的过程。

测定植物蒸腾耗水主要有植物生理学方法、微气象方法和水文学方法3种方法。一般的将快速称重法、整株容器法、同位素示踪法、径流剂法、气孔计法、风调室法、热脉冲法等都归属于植物生理学方法。生理学方法一般适用于器官水平和单株水平蒸腾耗水量的测定，准确且操作容易。此种方法多从微观角度分析蒸腾耗水与林木自身、环境因子及水分供应条件的关系，分析它们之间的水分供需关系。但是生理学方法存在一个共同的困难，即从一棵或典型林木的蒸腾耗水量，外推到整个林分的总体蒸腾量，从生物统计学角度来说是很困难的。因此，测定的结果只有相对比较性，在确定林分蒸散量上有一定的困难。

微气象法主要包括波纹比—能量平衡法（BREB法，又称为热量平衡法）、能量平衡—空气动力学综合法、空气动力学法、涡度相关法及各种根据微气象因子模拟研究方法。微气象法都以较严格的理论推导为基础，适用林相整齐，作用面均一，坡度变化不大的林分，可以测定每小时的蒸散变化率，并分析蒸散耗水与环境因子（太阳辐射、风速、空气湿度等）的关系。如果应用较精确的测量仪器将增加该方法的使用精度。

水文方法主要包括水量平衡法、水分运动通量法和蒸渗仪法。水文学方法研究的角度多从水量平衡出发，其特点是任何天气条件下都可以应用，不受微气象学方法中许多条件的限制，可测定各种林分森林小流域区域不同时段的耗水量，分析林分耗水随季节的变化及地区差异森林经营状况与耗水量的关系，但是其结果对于林木蒸腾耗水应用的精度要求有一定的距离，因此多用于较长时段总蒸散量的测定。后两种方法适用于林分水平或更大尺度——流域与区域的蒸腾耗水的测定。

上面介绍的测定方法各自有其优缺点，每种方法都是根据一定的对象和条件发展起来的，在使用上都有一定的适用性和局限性。对于这些方法，国内外的有关学者多有所研究比较。严格地说，不同方法之间几乎难以比较，目前还没有一种方法可以应用于任何条件和要求。因此，必须根据研究问题的特点和要求，测定的目的，测定的时间和空间尺度以及经费和设备条件，选择合适的某种和某几种合适的测算方法。

二、林木水分传输机理与耗水调控机制的研究

就世界范围来说，水分是林木正常生长发育的最主要的限制因素，由于水分胁迫造成杨树和林木的减产，可以超过其他环境胁迫所造成减产的总和。正是由于这些原因，国内外的有关学者为提高干旱和半干旱地区植物的产量和成活率，对这方面的研究很多，取得了很好的研究成果。

1. 林木抗旱机理的研究

早在 1972 年，Levitt 就首先提出了关于植物适应和抵抗干旱胁迫机理的问题，后经 Turner 等人的不断完善，现已形成了对这一问题较为系统的看法，植物的抗旱机理大致可分为避旱性、高水势下的耐旱性（延迟脱水）、低水势下的耐旱（忍耐脱水）3 类。我国的学者从 20 世纪 80 年代以来，对我国北方主要造林树种的耐旱性及其机理进行了大量的研究。从以往的研究来看，林木的耐旱性与一些生理参数有很重要的关系，如：气孔导度、渗透调节、水分吸收、细胞弹性调整等。80 年代以来，PV 曲线获得广泛的应用，通过植物水分特征曲线（PV 曲线）的分析可获得多种有价值的水分参数，来反映林木耐旱性的特征。近些年来，随着分子生物技术的广泛应用，应用人们对植物耐旱和抗旱的生理生化变化方面积累的知识，开始对植物抗旱品种的选育工作。

但是，很难定量证实林木的这些生理参数的一种或任何结合可以实质性的改变林木在干旱下的耐旱行为。

2. 林木水力结构的研究

水力结构是指植物在特定的环境条件下，为适应生存竞争的需要，所形成的不同形态和水分运输供给策略。通常用导水率，比导度，持水量等参数来描述植物的水力结构特征。水力结构理论在 20 世纪 70 年代开始在国外逐步形成，在以后几十年中人们对水力结构的研究日趋深入。大量的研究从不同的角度对林木的水力结构进行了有益的探讨，但是水力结构的研究工作仅仅刚刚开始。

目前，在林木水力结构的研究方面有几个热点：①整树水力结构模型；②气孔和水力导度对气态和液态传输的协同控制作用；③木质部气穴化现象和栓塞现象对水分运动的影响；④如何利用水

力结构的基本理论，技术来解决土壤水分承载量和林分合理密度的关系。要想解决这些问题，就要系统的研究树种的水力结构特征，测定其参数的变化规律，只有这样才能充分了解水力结构在林木水分传输和耗水调节中所起的重要作用。目前，国内水力结构方面的研究尚不多见，但是已经有人开始着手此方面的研究了。李吉跃、翟洪波等对林木的水力结构进行了比较深入的研究。

通过对林木水力结构的研究可以更加深入的了解林木蒸腾耗水的内在调节机制。林木耗水调节机制反映林木水分吸收、传输与蒸腾耗散受环境条件影响的程度、适应能力和反馈调节作用。树种之间水分传输和耗水调节机制的差异决定了耗水特性、耗水量的不同，研究林木的耗水调节机制，能够从根本上掌握不同树种耗水特性差异的原因，为城市片林中不同树种耗水性的比较与耗水性评价提供理论依据，在此基础上，实现人工植物群落低耗水树种的科学选择与结构的合理配置。

3. 林木蒸腾速率的研究

林木叶片蒸腾速率是研究不同树种耗水的重要指标，能够很好地反映出树种蒸腾耗水的生理生态特征，以及林木耗水性对不同环境的反映和调节能力。近年来，国内许多对树种的耗水特性的研究都涉及对林木蒸腾速率规律的探讨，以及其与环境因子之间的关系。研究的主要树种有刺槐、杨树、油松、侧柏、樟子松、落叶松等树种。主要对这些树种在不同立地条件、不同密度等外界环境，以及不同测定时间、不同季节变化时的蒸腾耗水规律进行了研究。分析了这些树种蒸腾速率的日变化、季节变化与年变化，还分析了蒸腾速率与叶水势、净光合速率、气孔导度及其他各环境因子的关系。

上面这些研究成果都是对单木蒸腾耗水的研究，通过对叶片蒸腾速率的研究还可以探讨林分水平的，例如肖文发等人对 3 个林分（密度 A：1 667株/hm^2；B：3 233 株/hm^2；C：9 767 株/hm^2）的不同冠层的蒸腾速率进行了研究。从试验来看，大部分林分蒸腾耗水量的获得，都是从单木的蒸腾耗水规律得出的，一般是根据一个相对稳定的纯量，通过相关的关系式来推导的。

蒸腾作用仅是体现林木耗水性的构成指标，并不能完全反映林木的耗水量大小。只有在测定叶片蒸腾速率同时求得林木整株树冠的叶面积，才能进一步得到林木的蒸腾耗水量。在自然状态下，植物本身是活体生物，其蒸腾耗水作用是一复杂的生理过程，因此在测定林木叶片蒸腾速率时受很多外在和内在因素的影响，如受日周期环境因子、树龄、叶片发育阶段以及叶片在树冠中所处空间位置的影响等等。另外，当前常用的叶室法和气孔计法和快速称重法等蒸腾作用的测定方法，在测定环境与实际环境的偏离程度，测定精度，取样代表性以及尺度扩展等方面都会产生不同程度的误差，导致测定和计算的结果与真值严重偏离。因此，通常情况下，林木叶片蒸腾速率和由此计算的蒸腾耗水量不能用以比较和说明林木的耗水特性。

4. 林木茎流量测定的研究

茎流指蒸腾作用在植物体内引起的上升液流。土壤液态水进入根系后，通过茎输导组织向上运送到达冠层，经由气孔蒸腾（包括角质层及皮孔蒸腾）转化为气态水扩散到大气中去。

有关研究人员一直在探索林木活体蒸腾耗水量的可靠的连续实测方法。20 世纪 90 年代，随着用热技术测定单木蒸腾耗水研究的日益完善，以及与生态学尺度转换方法的有机结合，热技术以其可以对林木活体的树干液流量连续自动监测、时间分辨率高、一般不会破坏植物的正常生理活动、野外操作方便等优点，在世界范围内广为应用。

热技术根据不同的原理可分为热脉冲法、热平衡法和热扩散法。国外许多研究者做了深入细致的研究探索，在方法技艺上取得了很大进展，从而为研究林木、林分及森林与水分之间的关系提供了先进的手段。他们不仅用此种方法进行测量林木液流量，还用不同的方法进行测定，比较不同方法之间的优缺点，为测定技术的完善和根据不同的情况选择适宜的方法提供了依据。

国内用热方法测林木的蒸腾耗水量还不多见。在我国，只有少数人使用热技术进行了林木液流的研究。在热技术中用的较多的是热脉冲技术。它不受环境条件、树冠结构及根系特性的影响，方法简单，可测定整株林木的蒸腾量，测量可在林地进行，同株林木可重复测定，一般可达几天或几周，同时不干扰林木的生长发育。此种方法为直接测定林分蒸腾耗水量提供了基础，同时该方法还克服了微气象方法对下垫面和气体稳定度要求严格的限制，以及传统森林水文法具有较大不确定性的缺点。在用热技术测定林木的耗水量时，能够精确的描绘和反映林木边材液流速率的时空变化规律，可以将其很方便的扩大到群体水平，求得林分的蒸腾耗水量，如果结合林地地表蒸发的同步测定，则可以实现对林分蒸散的精确测定。

三、耗水尺度扩展理论与方法的研究

林木耗水尺度扩展理论与方法的研究也是目前林木蒸腾耗水研究领域的热点问题。林木作为一个独立的个体，是林分或流域的基本单位，林分水平的耗水就是由单个林木组成的。对单木耗水量的研究，其最终目的是要估测一定地面面积的蒸腾量。

根据研究尺度的不同对林木耗水性研究分为枝叶水平、单木水平、林分水平和区域水平。不同尺度水平上要研究和说明解决的问题都是不同的，因此应用的方法也是不同的。

国外在 20 世纪 80 年代随着单木耗水研究的深化及数据采集的自动化，早已开始了有关研究。在耗水的尺度转换与耦合方面，前人做过很多尝试性工作。Stand Wullschleger 等人在对单木耗水的研究综述中很好的总结了国外有关学者对林木蒸腾耗水尺度扩大问题的研究过程和取得的成果，目前主要用两种方法对其进行研究。第 1 种是利用一个容易调查的纯量，然后根据标准木测定的结果的基础上求得林分等更大尺度的蒸腾量。但是这纯量不可能适合于任何立地条件，因为在尺度扩大的问题上不仅存在着空间尺度，还存在一个时间尺度。

现在常用的一个纯量是叶面积，但是叶面积只具有短期可靠性，它与土壤水分状况及年变化有很大的变化。这样只用一个时间段的叶面积来估测更大尺度的蒸腾耗水量就会造成误差。目前很多研究是针对空间尺度进行的，而对时间尺度的研究报道的很少。其原因就是对林木的蒸腾耗水研究是在一个较短的时间内进行的，而且没有系统的基础资料可以应用，这样就给时间尺度扩大的推测带来了很大的难度。因此，通过短期测得的结果并不能很好的应用于不同年龄的林分之间的蒸腾耗水的估测。1995 年，根据 Thomas J Hatton 等人的研究，木质部输导断面积、叶面积、胸径和基于生态地域理论的单木占地都是比较理想的空间推导纯量。根据 Hatton 的研究，边材面积与蒸腾之间、胸径与蒸腾之间均为线性关系。基于上述理论，为了解决这个问题，有关学者找到了一种不用依靠纯量的方法，Haydon 在这方面作了有益的尝试。国内对耗水尺度扩大的研究并不多见。20 世纪 90 年代以来，随着热脉冲技术的发展，国内开始对耗水尺度的问题进行研究。目前国内只见孙朋森和熊伟等人在这方面的报道。

综上所述，在过去的几十年中，随着蒸腾耗水理论和技术的发展，对于林木蒸腾耗水的研究不断深入。利用蒸渗仪法，大树气孔计法，空调室法，放射性同位素法，稳定性同位素法以及一系列的热量方法来解决林木的蒸腾耗水问题。测定蒸腾耗水技术的发展为林木生理学家研究林木水分运输和调节机制提供了独特的方法，可以利用这些技术方法去探究林木的气孔导度，叶水势，叶面积，边材面积和水力导度之间的相互关系，可以利用这些方法技术研究更大尺度的蒸腾耗水特性。热技术应用的意义是深远的，同时专家学者应当综合运用现有的方法，才能进一步了解林木在不同尺度的蒸腾耗水特性，为解决水资源利用的矛盾问题提供依据。

第四章

杨树的营养生理

第一节　杨树的营养元素

一、杨树必需营养元素

(一)必需营养元素的概念

根据植物分析，组成植物体的化学元素有 70 余种（表 4-1）。化学元素周期表中，除惰性气体、铀后面元素以外的化学元素，包括贵金属金和银，几乎都能在植物体内找到。其中不少化学元素对植物具有直接或间接的营养作用，但只有那些为植物的正常生命活动所必需，并同时符合下列条件的化学元素，才能称为植物的必需营养元素。

(1)这种化学元素对所有植物的生长发育是不可缺少的。缺少这种元素，植物就不能完成其生命周期，对高等植物来说，即由种子萌发到再结出种子的过程。

(2)缺乏这种元素后，植物会表现出特有的症状，而且其他任何一种化学元素都不能代替其作用，只有补充这种元素后症状才能减轻或消失。

表 4-1　植物体中元素含量

元素	占干重%	元素	占干重%	元素	占干重%	元素	占干重%
氧	70	钛	1×10^{-4}	铬	5×10^{-4}	砷	3×10^{-5}
氢	10	磷	7×10^{-2}	钒	1×10^{-4}	铯	$n \times 10^{-5}$
碳	18	氮	3×10^{-1}	铷	5×10^{-4}	钼	2×10^{-5}
硅	1.5×10^{-1}	锰	1×10^{-1}	锆	$< 10^{-4}$	硒	$n \times 10^{-7}$

（续）

元素	占干重%	元素	占干重%	元素	占干重%	元素	占干重%
铝	2×10^{-2}	硫	5×10^{-2}	镍	5×10^{-5}	镉	1×10^{-4}
钠	2×10^{-2}	氟	1×10^{-5}	铜	2×10^{-4}	碘	1×10^{-5}
铁	2×10^{-2}	氯	$n \times 10^{-2}$	锌	3×10^{-4}	汞	$n \times 10^{-7}$
钙	3×10^{-2}	锂	1×10^{-5}	钴	2×10^{-2}	镭	$n \times 10^{-14}$
镁	7×10^{-2}	钡	$n \times 10^{-4}$	硼	1×10^{-4}		
钾	3×10^{-1}	锶	$n \times 10^{-4}$	铅	$n \times 10^{-4}$		

（3）这种元素必须是直接参与植物的新陈代谢，对植物起直接的营养作用，而不是改善环境的间接作用。

凡是同时符合以上三个条件者，均为植物必需营养元素，反之为非必需营养元素。目前已证明为植物生长所必需的营养元素有 C、H、O、N、P、K、Ca、Mg、S、Si、Fe、Mn、B、Zn、Cu、Mo、Cl、Na、Ni共 19 种。在非必需营养元素中有一些元素，对特定植物的生长发育有益，或为某些种类植物所必需，如藜科植物需要钠，豆科植物需要钴，蕨类植物和茶树需要铝，硅藻和水稻都需要硅，紫云英需要硒等。只是限于目前的科学技术水平，尚未证实它们是否为高等植物普遍所必需，所以称这些元素为有益元素。

如前所述，杨树生长所需要的营养元素有大量元素和微量元素之分（表4-2）。

表4-2　植物的必需元素

元素	化学符号	植物利用的形式	原子量	在干物质中的浓度（%）	与钼相比较的相对原子数
微量元素					
钼	Mo	MoO_4^{2-}	95.95	0.00001	1
铜	Cu	Cu^{2+}，Cu^{2-}	63.54	0.00006	100
锌	Zn	Zn^{2+}	65.38	0.0020	300
锰	Mn	Mn^{2+}	54.94	0.0050	1 000

（续）

元素	化学符号	植物利用的形式	原子量	在干物质中的浓度（%）	与钼相比较的相对原子数
硼	B	H_3BO_3	10.82	0.002	2 000
铁	Fe	Fe^{2+}，Fe^{3+}	55.85	0.010	2 000
氯	Cl	Cl^-	35.46	0.010	3 000
大量元素					
硫	S	SO_4^{2-}	32.07	0.1	30 000
磷	P	$H_2PO_4^{2-}$，HPO_4^{2-}	30.98	0.2	60 000
镁	Mg	Mg^{2+}	24.32	0.2	80 000
钙	Ca	Ca^{2+}	40.08	0.5	125 000
钾	K	K^+	39.10	1.0	250 000
氮	N	NO_3^-，NH_4^+	14.01	1.5	1 000 000
氧	O	O_2，H_2O	16.00	45	30 000 000
碳	C	CO_2	12.01	45	35 000 000
氢	H	H_2O	1.01	6	60 000 000

（二）营养元素之间的相互关系

植物所必需的营养元素在植物体内彼此之间构成了复杂的相互关系，这些相互关系主要表现为同等重要和不可代替的关系。植物所必需的营养元素在植物体内不论数量多少都是同等重要，不可代替的，这就是所谓的"营养元素的同等重要律和不可代替律"。植物体内各种营养元素的含量差别可达十倍、千倍、甚至数百万倍，但它们在植物营养中的作用并没有重要和不重要之分。现以大量营养元素中的 N、P 为例来说明。植物体内氮素不足时，不仅蛋白质的合成受阻，而且也降低了叶绿素的含量。从外观上看，缺氮的植物生长缓慢，老叶黄化，严重时叶子全部变黄，甚至枯萎早衰，除施用氮素肥料外，施用其他任何元素的肥料都不能减轻这种症状。在植物供氮充足而缺乏 P 素时，由于核蛋白不能形成，细胞分裂和体内的糖代谢均受影响，茎、叶生长也受抑制，叶色由绿变暗或紫，只有施用磷肥，才能使植物生长发育正常。尽管植物对某些营养元素的需要量甚微，但缺少它时植物的生长发育也会受阻，严重时甚至死亡，这种情况同植物缺少某些大量元素所产生的不良后果完全相同。如玉米缺 Zn 时叶片失绿，出现"白苗病"，油菜缺 B 时呈现"花而不实"。这些都会严重的影响植物的生长发育，导致减产和降低品质。必需营养元素在植物体内的这种生理功能上的不可代替和同等重要关系，决定了在实际施肥中，只有按照杨树营养的要求，根据土壤提供养分的状况，考虑不同种类的肥料配合，才能避免某些营养元素的供需失调，以利杨树的正常生长。

(三)必需营养元素的生理作用

了解植物必需营养元素的生理作用，科学施肥，对杨树的优质高产具有十分重要的指导意义。

1. 氮

氮是构成蛋白质的主要成分，占蛋白质含量的 16%～18%，而细胞质、细胞核和酶都含有蛋白质，所以氮也是细胞质、细胞核和酶的组成成分。此外，核酸、磷脂、叶绿素等化合物都含有氮，某些植物激素(如吲哚乙酸和激动素)、维生素(如 B_1、B_2、B_6、PP 等)和生物碱等也含有氮素。由此可见，氮在植物生命活动中占有重要的地位，故又称为生命元素。

当氮供应充足时，叶大而鲜绿，光合作用旺盛，叶片功能期延长，分枝(分蘖)多，营养体健壮，花多，产量高。生产上常施用氮肥，加速植株生长。但氮素不能施用过多，否则叶色深绿，生长剧增，营养体徒长，成熟期延迟。氮素较多，细胞质丰富而壁薄，易受病虫侵害，抵抗不良环境能力差，同时茎部机械组织不发达，易倒伏。氮肥供应不足，则植株矮小，叶小色淡或发红，分枝(分蘖)少，花少，籽实不饱满，产量低(关于植物缺各种营养元素的缺素症状见表 4-3)。

2. 磷

磷存在于磷脂、核酸和核蛋白中，前者是细胞质和生物膜的主要成分，后两者是细胞质和细胞核的组成成分。磷也是核苷酸的组成成分。核苷酸的衍生物在新陈代谢中占有极其重要的地位，它们或是能量传递或贮藏的重要物质(如腺苷三磷酸 ATP)，或是生物氧化的电子传递体(如黄素单核苷酸 FMN)，或是氢传递体(如辅酶 I、辅酶 II)，另外，磷还直接参与发酵和呼吸过程，影响氮代谢及脂肪转变等。

表 4-3　必需元素缺乏的主要症状检索表

1. 较幼嫩组织先出现病症——不易或难以重复利用元素
   2. 生长点枯死
      3. 叶缺绿 ·· B
      3. 叶缺绿，皱缩，坏死；根系发育不良；果实极少或不能形成·············· Ca
   2. 生长点不枯死
      3. 叶缺绿
         4. 叶脉间缺绿以至坏死 ·· Mn
         4. 不坏死
            5. 叶淡绿至黄色；茎细小 ·· S
            5. 叶黄白色 ··· Fe
      3. 叶尖变白，叶细，扭曲，易萎缩·· Cu
1. 较老的组织先出现病症——易重复利用的元素
   2. 整个植株生长受抑制
      3. 较老叶片先缺绿 ··· N
      3. 叶暗绿色或红紫色 ·· P
   2. 失绿斑点或条纹以致坏死
      3. 脉间缺绿 ·· Mg
      3. 叶缘失绿或整个叶片上有失绿或坏死斑点
         4. 叶缘失绿以致坏死，有时叶片上也有失绿至坏死斑点 ·············· K
         4. 整个叶片有失绿至坏死斑点或条纹 ······································ Zn

缺磷时，植株体内累积硝态氮，蛋白质合成受阻，新的细胞质和细胞核形成较少，影响细胞分裂，植株幼芽和根部生长缓慢，叶小，分枝或分蘖减少，植株特别矮小，叶色暗绿。

3. 钾

钾是植物的主要营养元素之一。钾与氮、磷不同，不是植物体内有机化合物的成分。钾主要呈离子状态存在于植物枝叶中，或吸附在原生质胶粒的表面。由于钾是一种酶的活化剂，并具有高速度透过生物膜的特性，因而在植物生长和代谢中承担着重要的作用。

钾能促进光合作用。因为钾能提高光合作用中许多酶的活性，因而钾充足杨树就能更有效地进行碳素同化作用；钾有利于蛋白质的合成，可明显地提高杨树对氮的吸收和利用；钾能促进水分从低浓度的土壤溶液中向高浓度的根细胞移动，促进植物经济用水，所以供钾充足时，有利于杨树有效地利用土壤水分，并保持在体内，减少杨树水分蒸腾作用。

钾能促进碳水化合物的代谢并加速同化产物向贮藏器官输送。因为钾能活化淀粉合成酶，所以能促进单糖合成双糖(蔗糖)或多糖(淀粉)。缺钾时，杨树体内的蔗糖、淀粉就会水解为单糖。

此外，钾能增强植杨树对各种不良状况(如干旱、低温、盐碱、病害和倒伏)的忍受能力，增强杨树的抗逆性。

缺钾时，植株茎秆柔弱易倒伏，抗旱性和抗寒性均差。叶片细胞解体，叶绿素破坏，叶色变黄，逐渐坏死；或者叶缘枯焦，生长较慢，而叶中部生长较快，整片叶子形成杯状卷曲或皱缩起来。

4. 钙

钙对细胞壁有稳定作用。通常钙与果胶酸结合形成果胶酸钙存在于细胞壁中，是细胞壁中胶层的组成成分，钙在细胞壁的中胶层和质膜的外表面上起着调节膜透性以及增强细胞壁强度的作用。

钙对蛋白质的合成有一定影响。据研究，当改善植物的钙营养时，植物体内蛋白质及酰胺含量也随之增加，但氨基酸含量则相应减少。钙营养能促进根瘤的形成和共生固氮作用的增强。

钙是某些酶的活化剂，对植物的代谢作用十分重要。钙能降低细胞内原生质胶体的分散度，使原生质的黏性加强。与钾离子配合，能调节原生质处于正常的状态，使细胞的充水度、黏性、弹性以及渗透性等维持在适合杨树正常生长的水平，保证代谢作用顺利进行。

此外，钙对调节外部介质的生理作用有重要意义。如钙能消除铵离子(NH_4^+)过多产生的毒害，同时还能加速铵的转化。在酸性土上，钙能减少土壤中氢离子(H^+)和铝(Al^{3+})所造成的毒害。在碱性土上，钙能减少钠离子(Na^+)过多的毒害。

缺钙症状首先见于生长点和幼叶，缺钙时，植株矮小，细胞壁融化，组织变软，叶片下垂与黏化。严重时，叶子变形或失绿，叶片边缘出现坏死斑点，但老叶仍保持绿色。

5. 镁

镁是一切绿色植物不可缺少的元素，因为它是叶绿素的组成成分。叶绿素 a 和叶绿素 b 中均含有镁，可见，镁对杨树进行光合作用具有重要作用。

镁是许多酶的活化剂，能加强酶促反应，因此，对于促进碳水化合物的代谢和杨树体内呼吸作用均起着重要的作用。镁与杨树体内磷酸盐运转有密切关系。镁离子（Mg^{2+}）既能激发许多磷酸转移酶的活性，又可作为磷酸的载体促进磷酸盐在杨树体内运转，并以植酸盐的形式贮藏在种子内。镁参与氮的代谢作用和促进脂肪的合成，还能促进植物合成维生素 A 和维生素 C。

缺镁最明显的病症是叶片失绿，其特点是首先从下部叶片开始，往往叶肉变黄而叶脉仍保持绿色，这是与缺氮病症的主要区别。严重缺镁可引起叶片的早衰与脱落。

6. 硫

硫是构成蛋白质和酶不可缺少的成分，与呼吸作用和脂肪代谢有关，并对淀粉合成有一定影响。硫也是固氮酶系统的一个组成成分，豆科植物提高固氮效率，必须要有硫。硫还参与调节体内的氧化还原过程。促进叶绿素的合成，并增强杨树的抗寒性和抗旱性。

植物缺硫时，首先是幼芽黄花或嫩叶褪绿，随后黄化症状逐步向老叶扩展，以至全株。黄化后茎秆细弱，根细长而不分枝。

7. 铁

铁参与细胞内的氧化还原反应和电子传递，对于杨树体内硝酸还原作用十分重要；铁是一些与呼吸作用有关的酶的成分，参与细胞的呼吸作用；铁也是磷酸蔗糖合成酶最好的活化剂，杨树缺铁会导致体内蔗糖形成受阻；铁虽不是叶绿素的组成成分，但合成叶绿素时确实需要有铁存在。据推测，在叶绿素合成时，铁可能是一种或多种酶所需要的活化剂。

缺铁时，症状首先出现在幼叶上，而下部老叶常保持绿色。缺绿的叶片，在初期只是叶肉部分发黄，叶脉仍能保持绿色，尔后叶片变白，叶脉也逐渐变黄。如杨树植株缺铁十分严重，叶片上则会出现褐色斑点和坏死斑点，并导致叶片死亡、脱落。北方果树的黄叶病即是缺铁所致。

8. 硼

硼具有促进碳水化合物的运输，促进生殖器官的建成和发育，提高豆科植物根瘤菌固氮能力，促进植物生长素运输，稳定叶绿素结构等功能。

缺硼时顶部生长点生长不正常或生长停滞；幼嫩的叶片畸形、起皱、变脆。花和果实的形成受阻。如一些植物的"花而不实"与缺硼有密切关系。

9. 锰

锰在植物代谢过程中的作用是多方面的，包括直接参与光合作用，促进氮素代谢，调节植物体内氧化还原状况，活化硝酸还原酶，促进硝态氮还原成铵态氮，利于氨基酸和蛋白质的合成，参与光合作用，控制植物体内某些氧化还原系统等。锰对铁的有效性有明显的影响，锰过多易出现缺铁症状。

植株缺锰时，叶色失绿并出现杂色斑点，但叶脉仍保持绿色。缺锰的症状虽与缺镁相似，但缺锰的症状首先出现在幼嫩的叶片上。

10. 铜

铜是杨树体内许多氧化酶的成分，或是某些酶的活化剂。铜积极参与光合作用，不仅与叶绿素形成有关，而且具有提高叶绿素稳定性的能力。铜还参与氮素代谢作用，缺铜时，杨树体内蛋白质合成受阻，而可溶性氨基酸积累。铜可能是共生固氮过程中某种酶的成分，对共生固氮作用也有影响。

11. 锌

锌的主要生理功能是参与生长素(吲哚乙酸)的合成。缺锌时，将会导致生长素合成量锐减，尤其是在芽和茎中的含量明显减少，树木生长停滞，并出现叶片变小，节间缩短等"小叶病"和"簇叶病"症状。

锌是一些酶的组成成分或对不同类型的酶起激活作用，总与植物碳水化合物代谢和蛋白质合成相关联。锌与植物的光合作用有密切关系，缺锌会抑制杨树的光合作用。

植物缺锌时生长受抑制，幼叶叶片脉间失绿。失绿部位最早是浅绿色，尔后发展为黄色，甚至白色。果树缺锌既影响叶片的生长，又能使茎秆枝条的节间缩短，例如苹果树缺锌症是叶片狭小，丛生呈簇状，不仅叶片发育受影响，芽苞形成也很少，树皮显得粗糙易破。

12. 钼

钼是硝酸还原酶的金属成分，起着电子传递作用。钼又是固氮酶中钼铁蛋白的一种成分，在固氮过程中起作用。所以钼的生理功能突出表现在氮代谢方面。钼对花生、大豆等豆科植物的增产作用显著。另外钼对杨树的呼吸作用有一定影响，并能提高光合强度。

植物缺钼的共同特征是植株矮小，生长缓慢，叶片失绿。严重缺钼时，叶片枯萎，以致死亡，类似缺氮的症状，但两者是有区别的，缺氮症状首先出现在老叶上，而缺钼症状则最先出现在新生组织上。缺钼的叶片生长畸形，整个叶片布满斑点，螺旋扭曲，有"鞭尾现象"。

13. 氯

氯参与植物的光合作用；氯对叶片气孔的启开和关闭有调节作用。在植物体中大部分氯离子不参与生化反应，而起着调节细胞渗透压和维持生理平衡的作用；此外适量的氯有利于碳水化合物的合成和转化。施用含氯肥料对抑制某些病害有明显作用。

二、杨树对矿质营养的吸收

杨树生长发育与矿物质养分供应状况的关系十分密切。一般来说，植物生长率与养分供应量之间的效应曲线（既生长效应曲线）有三个明确区段（图4-1）。在第一个区段内，养分供应不足，生长率随养分供应的增加而上升，称之为养分缺乏区；在第二区段内，养分供应充足，生长率最大，再增加养分供应对植物生长量并无影响，称之为养分适宜区，在第三区段内，养分供应过剩，生长率随养分供应量的增加而明显下降，称此为养分中毒区。养分的这种作用称为养分效应，影响养分效应的因素主要有两方面：

（1）养分的平衡状况：一种养分的效应大小，不仅与植物体中该养分的含量有关，更主要是取决于各种养分间的平衡状况。当 N、P 养分供应过量时，可能会造成其他养分的缺乏或毒害而导致减产。例如大量供氮会破坏杨树体内激素的平衡，使杨树的生长受到严重影响；在锰中毒情况下，杨树往往是缺铁或缺钙。因此，在养分缺乏的土壤上，要想提高杨树生长量，不能仅仅只考虑一种养分的供应情况，而应考虑各种养分的平衡供应，这就要求平衡施肥或配方施肥。

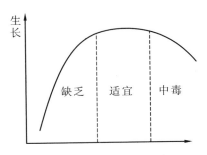

图4-1　养分供应与植物生长的关系

（2）产量和品质的要求：供应养分的效应不仅因收获营养器官和繁殖器官之间的差异而不同，而且也受人们对产量与品质的要求的影响。对杨树来讲，生长量和材质同等重要。一般，最好的材质和最快的生长量不一定同步，要求的养分供应也不一定相同。只有当二者同步时，要求的养分供应量才能一样，这就要求，在杨树栽培中要注意协调两者之间的关系，确保生长量和材质的最佳结合。

（一）杨树根系对矿质营养的吸收

1. 根系吸收矿质元素的特点

（1）对矿质元素和水分的相对吸收：植物对矿质元素的吸收和对水分的吸收不成正比例，二者之间既相关联，又各自独立。根本原因是二者的吸收机制不同。

（2）对离子的选择性吸收：植物根系吸收离子的数量与溶液中离子的数量不成比例。该现象的基础在于植物细胞吸收离子的选择性。

植物根系吸收离子的选择性主要表现在两个方面：①植物对同一溶液中的不同离子的吸收不同；②植物对同一种盐的正负离子的吸收不同。由此派生出三种类型的盐：生理酸性盐，如$(NH_4)_2SO_4$；生理碱性盐，如$NaNO_3$、$Ca(NO_3)_2$等；生理中性盐，如NH_4NO_3。

（3）单盐毒害和离子对抗：

①单盐毒害：植物在单盐溶液中不能正常生长甚至死亡的现象被称为单盐毒害。所谓单盐溶液，是指只含有一种盐分（或一种金属离子）的盐溶液。单盐毒害的特点是：单盐毒害以阳离子的毒害明显，阴离子的毒害不明显；单盐毒害与单盐溶液中盐分是否为植物所必需无关。

②离子对抗：在单盐溶液中加入少量含其他金属离子的盐类，单盐毒害现象就会减弱或消除。离子间的这种作用即被称作离子对抗或离子颉颃。

由多种盐分组成的对植物生长无毒害作用的溶液，即称为平衡溶液。在杨树栽培过程中的平衡施肥和合理灌溉就是要为杨树的生长提供最平衡的土壤溶液。

2. 吸收机理

（1）将离子吸附在根部细胞表面：主要通过交换吸附进行。所谓交换吸附是指根部细胞表面的正负离子（主要是细胞呼吸形成的 CO_2 和 H_2O 生成 H_2CO_3 再解离出的 H^+ 和 HCO_3^-）与土壤中的正负离子进行交换，从而将土壤中的离子吸附到根部细胞表面的过程。在根部细胞表面，这种吸附与解吸附的交换过程是不断在进行着的。具体又分成三种情形：

①土壤中的离子少部分存在于土壤溶液中，可迅速通过交换吸附被植物根部细胞表面吸附，该过程速度很快且与温度无关。根部细胞表面吸附层形成单分子层吸附即达极限。

②土壤中的大部分离子被土壤颗粒所吸附。根部细胞对这部分离子的交换吸附通过两种方式进行：一是通过土壤溶液间接进行。土壤溶液在此充当"媒介"作用；二是通过直接交换或接触交换进行。这种方式要求根部与土壤颗粒的距离小于根部及土壤颗粒各自所吸附离子振动空间的直径的总和。在这种情况下，植物根部所吸附的正负离子即可与土壤颗粒所吸附的正负离子进行直接交换。

③有些矿物质为难溶性盐类，植物主要通过根系分泌的有机酸或碳酸对其逐步溶解而达到吸附和吸收目的的。有些树木可以在岩石缝隙中生存就是这个道理。

（2）离子进入根部内部：

①通过质外体途径进入根部内部。离子经质外体运送至内皮层时，由于有凯氏带的存在，离子（和水分）最终必须经共质体途径才能到达根部内部或导管。这使得根系能够通过共质体的主动转运及对离子的选择性吸收控制离子的运转。

另外，在内皮层中还有一种通道细胞可作为离子和水分转运的途径之一。

②通过共质体途径进入根部内部。

共质体：植物体内细胞原生质体通过胞间连丝和内质网等膜系统相连而成的连续体。溶质经共质体的运输以主动运输为主。

（3）离子进入导管：离子经共质体途径最终从导管周围的薄壁细胞进入导管。其机理尚不甚明确。

3. 影响杨树根系吸收矿质元素的土壤因素

（1）土壤温度：土壤温度过高或过低，都会使根系吸收矿物质的速率下降。

高温（如超过 40℃）使酶钝化，影响根部代谢，也使细胞透性加大而引起矿物质被动外流；温度过低，代谢减弱，主动吸收慢，细胞质黏性也增大，离子进入困难。同时，土壤中离子扩散速率降低。

（2）土壤通气状况：根部吸收矿物质与呼吸作用密切有关。土壤通气好，增强呼吸作用和 ATP 的供应，促进根系对矿物质的吸收。

（3）土壤溶液的浓度：土壤溶液的浓度在一定范围内增大时，根部吸收离子的量也随之增加。但当土壤浓度高出此范围时，根部吸收离子的速率就不再与土壤浓度有密切关系。此乃根细胞膜上的传递蛋白数量有限所致。而且，土壤溶液浓度过高，土壤水势降低，还可能造成根系吸水困难。因此，杨树生产上，尤其杨树苗木培育上，不宜一次施用化肥过多，否则，不仅造成浪费，还会导致"烧苗"发生。了解这一点对于盐碱地土壤改良和盐碱地造林有重要意义。

（4）土壤溶液的 pH 值：

①直接影响根系的生长。大多数植物的根系在微酸性（pH 值 5.5～6.5）的环境中生长良好，也有些植物（如甘蔗、甜菜等）的根系适于在较为碱性的环境中生长。

②影响土壤微生物的活动而间接影响根系对矿质的吸收。当土壤偏酸（pH 值较低）时，根瘤菌会死亡，固氮菌失去固氮能力。当土壤偏碱（pH 值较高）时，反硝化细菌等对农业有害的细菌发育良好。这些都会对植物的氮素营养产生不利影响。

③影响土壤中矿质的可利用性。这方面的影响往往比前面两点的影响更大。土壤溶液中的 pH 值较低时有利于岩石的风化和 K^+、Mg^{2+}、Ca^{2+}、Mn^{2+} 等的释放，也有利于碳酸盐、磷酸盐、硫酸盐等的溶解，

从而有利于根系对这些矿物质的吸收。但 pH 值较低时，易引起磷、钾、钙、镁等的淋失；同时引起铝、铁、锰等的溶解度增大，而造成毒害。相反，当土壤溶液中 pH 值增高时，铁、磷、钙、镁、铜、锌等会形成不溶物，有效性降低。

④土壤水分含量　土壤中水分的多少影响土壤的通气状况、土壤温度、土壤 pH 值等，从而影响到根系对矿物质的吸收。

⑤土壤颗粒对离子的吸附　土壤颗粒表面一般都带有负电荷，易吸附阳离子。

⑥土壤微生物　菌根的形成可增强根系对矿物质和水的吸收。固氮菌、根瘤菌等有固氮能力。而反硝化细菌则引起硝态氮损失。

⑦土壤中离子间的相互作用　溶液中某一离子的存在会影响另一离子的吸收。例如，溴的存在会使氯的吸收减少；钾、铷和铯三者之间互相竞争。

施用大量化学肥料，尤其是氮肥，可以提高苗木生长量，但施用过多，会增加成本，浪费能源和资源，并污染环境。根据林木营养生理知识，提出生理指标，可用于选择和培育吸收、利用营养元素效率高的品种，最大限度地利用土壤里的可给性营养元素，有利于经济利用肥料，避免污染。在应用滴灌、喷灌时，在灌溉用水中加入化肥，可以减轻土壤固定作用，从而节约化肥用量。根据各地土壤特性，选用合宜肥料类型，例如在中国碱性土地区施用酸性化肥，可以减少氨的逃逸和磷的固定。在中国碱性土地区，施用生理酸性化肥如硫酸铵，可以增加土壤里的可给性磷，减少磷肥的用量。

(二)杨树叶片营养

根系是杨树吸收矿质营养的主要器官，但杨树的叶片也能吸收矿质离子。叶片营养，又称根外营养，指植物地上部分对矿质营养的吸收。

营养物质可以通过叶片气孔进入叶内，但主要还是从角质层透入叶内。角质层是多糖和角质(脂类化合物)的混合物，无结构、不易透水，但是角质层有裂缝，呈微细的孔道，可让溶液通过。溶液到达表皮细胞的细胞壁后，进一步经过细胞壁中的外连丝到达表皮细胞的质膜，营养物经共质体或非质体途径到达叶脉韧皮部并向上或向下运输。

影响叶片营养的内外因素：既有内部因素：叶龄；叶片生理状况

等，也有外部因素：大气温度；大气湿度；气流(风)等。内外因素都会影响叶片对营养元素的吸收量。因此，根外施肥的时间以傍晚或下午4时以后较为理想，阴天则例外。溶液的浓度宜在1.5%～2.0%以下，以免烧伤植物。

根外施肥的优点是：苗木在生育后期根部吸肥能力衰退时，或营养临界期时，可根外喷施尿素等以补充营养；某些矿质元素易被土壤固定，而根外喷施无此毛病；补充植物所缺乏的微量元素，效果快，用量省。

正是利用叶片营养机理在林业生产中发展出叶面施肥技术。例如在碱性土壤里，铁(Fe)、锰(Mn)以不可给态的形式存在，因而不能被根系吸收，植物就会出现严重的Fe、Mn缺素症。向土壤施入的Fe、Mn也会变成不可给态。但用Fe、Mn的稀溶液喷洒在叶面上，就可以恢复这些缺素植物的正常生长。在喷洒的稀盐溶液中加一些表面活性剂，以降低这种溶液与叶表皮之间的表面张力，可以显著地增加叶面的吸收。土壤条件不良如土温过低、淹水等妨碍根系的离子吸收时，也可以用叶面施肥来供应植物所需要的无机养分。在正常情况下，也可以用叶面施肥来避免营养元素在土壤中被稀释或固定，从而节约肥料。尿素、磷酸盐、镁盐和各种微量元素的叶面洒施已经成功地应用在林木上。

叶片是植物制造有机养料的器官，又是储藏由根运来的无机盐的临时仓库，其中营养元素的水平高于植物的其他部分。植物的生长速率与叶子里营养元素的实际浓度呈正相关。叶子里营养元素的浓度和暂时贮藏的数量可以作为植物"生长潜势"的指标。在植物的不同生长发育时期，对不同部位的叶片做化学分析，并根据生长测定的资料，可以确定一个营养元素的临界水平。

叶分析是确定植物营养状态的有效技术。在营养可给性低的土壤上，叶分析特别有用；在营养可给性较高的土壤上则不很灵敏。叶分析应用在杨树上比在一年生植物上容易确定临界水平。诱导硝酸还原酶活性的方法可用来诊断植物的缺氮情况。用硝酸根来诱导缺氮植物根部或叶片中硝酸还原酶后做酶活性比较，诱导后酶活性较内源酶活性增高愈多，则表明植物缺氮愈严重。缺磷的植物，组织中的酸性磷酸酶活性高，磷酸酶的活性也可用于判断磷的缺乏程度。

植物矿质营养的规律是施肥的理论基础。知道杨树所需的营养元素的种类和数量，判断哪些必需元素是限制因子，就可以有针对性地施肥。

植物喷施灵是山西农业大学林学院姚延梼教授研发的新一代叶面肥制剂，集植物生长素、微量元素和稀土等于一体。笔者曾研究过不同浓度的植物喷施灵处理对一年生新疆杨扦插苗矿质元素含量的影响。结果表明：植物喷施灵可以不同程度的促进或阻滞新疆杨对不同营养元素的吸收；而且植物喷施灵对新疆杨营养元素含量的影响在叶片中的表现要比其在根、茎中的表现效果明显；植物喷施灵可以明显提高新疆杨各部分的生物量。

三、杨树施肥的生理基础

1. 施肥的必要性

为了进一步提高杨树的单位产量和品质，除了选用适宜杨树立地条件的品种和配套栽培技术外，肥料及施肥技术日益受到人们的重视。我国大多数杨树适生区土壤贫瘠，缺乏养分，有机质含量在 0.5% 以下，使用同样的品种、栽培技术和经营管理措施，施肥与不施肥，结果有显著的差异。施肥能增加产量，改善品质，增强抗性，提高经济效益，尤其对于杨树速生丰产林这样的集约化、产业化生产，更需要配套的肥料和施肥技术作保障。

2. 施肥的基本原理

杨树速生丰产林、工业用材林、纸浆林使用什么肥料，施用多少肥料，怎样施肥，这些问题是生产第一线和经营管理者经常遇到的问题，它涉及气候、土壤、品种、生态、经营管理措施等方面。合理施肥，发挥最大肥效，争取最大的经济效益，应遵循养分归还学说、最小养分律、限制因子律、报酬递减律等基本原理。

养分归还学说是德国杰出的化学家李比希提出的，他认为人类在土地上种植并将产物拿走，就必然导致地力下降，土壤养分将会越来越少，因此要想恢复地力就必须归还土壤中带走的东西，即施肥，可以说这也是杨树速生丰产林施肥的原因和理论根据。

最小养分律是李比希提出的另一个定律，它的主要内容是：植物为了生长发育需要吸收各种养分，但决定植物产量的却是土壤中那个相对含量最小的养分因子，产量也在一定程度上随着这个因素的增减而相应地变化，如果无视这个限制因素的存在，即使继续增加其他营养成分也难以再提高产量。最小养分律告诉我们，杨树速生丰产林的施肥要有针对性，即缺什么养分，就施什么肥料，以满足杨树养分需要，增产节肥、提高肥料利用率。

限制因子律是最小养分律的延伸和发展，是美国布来克曼 1905 年将最小养分律扩大到养分以外的生态因子光照、温度、水分、养分和机械支持等，而提出限制因子律的。其主要内容是：增加一个因子的供应，可使植物生长增加，直到缺乏的因子得到补充，植物才能继续增长。限制因子律考虑到了植物与环境条件的统一，同样适合于杨树速生丰产林，在施肥实践中，不仅要注意养分中的最小养分因子，还要重视养分以外生态因子的影响，只有在综合考虑各生态因子的条件下，杨树施肥才能发挥最大增产潜力。

报酬递减律是一个经济上的定律：在一定土地上所得到的报酬，随着向该土地投入的劳动和资本量的增大而有所增加，但到了一定程度后，报酬随投入量增加而递减。报酬递减律也适合杨树速生丰产林的施肥及其管理。在施肥实践中，应综合、客观地权衡投入、产出量以及持续生产的时间，应避免盲目性，提高肥料的利用率，发挥肥料的最大经济效益。

3. 杨树对营养元素的需求

如前所述，植物必需的营养元素有 19 种，其中碳、氧、氢主要来自空气和水，其他 16 种营养元素主要依靠土壤供给。由于土壤上的产物作为收获，绝大部分都被人带走，没有返回到土壤里，表现为土壤有效养分低下，制约和限制了产量的提高。余常兵等在湖北省对幼龄杨树养分含量及其积累季节变化作了研究，结果表明：每生产 1t 干木材，就会带走营养元素氮 7 230g、磷 882g、钾 2 792g、钙 4 980g、镁 882g、铁 130g、锰 13g、铜 21g 和锌 18g，因此，必须通过施肥等方式将相当量的营养元素归还到林地土壤。

4. 施用肥料的种类、配比、用量及其效应

杨树速生丰产林的肥料种类有氮肥、磷肥、钾肥、复合肥、有机

肥、微生物肥料等，专用肥料已有人研制和开发。

杨树速生丰产林的最佳施肥方案，最终是以其材积生长量为经济效益目标的。多数研究表明：施氮肥有较好的效果，单施磷肥材积增加，氮磷肥配施效果更好，氮肥加有机肥也有较好的效果，钾肥效果则不明显。

不同地区、不同土壤类型，土壤的养分供应和对肥料的反应不同，施肥效应也不同，有时差异比较大。对于南方型杨树，何应同在江汉平原进行了氮、磷、钾不同施肥量和配比 5 年的施肥试验，结果表明：施用氮肥效应普遍显著，单独施用磷、钾肥效应欠佳；平原粘湿土壤还呈显著负效应，只宜单独施用氮肥；平原冲积土和湖区沉积土均以氮 + 磷混施效应最佳。优化施肥量为：平原粘湿土按 400kg N/hm^2，平原冲积土按 200kg N/hm^2 + 100kg P$_2$O$_5$/hm^2，湖区沉积土按 100kg N/hm^2 + 100kg P$_2$O$_5$/hm^2；如此的施肥方案，应用结果是：5 年提高杨树蓄积生长量 35% ~ 80%，增值额 0.7 万 ~ 1.1 万元/hm^2。

在中等立地条件下的 NL-80105、NL-80106 杨树施入相同价值不同种类的肥料，施肥对其单株材积、胸径、树高生长都有明显的促进作用，施肥效果依次为复合肥 > 尿素 > 磷酸二铵 > 过磷酸钙 > 硫酸钾。

从单株材积生长来看，尤其是早期施用复合肥、尿素、磷酸二铵获得显著的施肥效果。在鲁西粘壤质黄潮土上，刘寿坡等进行了长期系统的 I-214 杨施肥效应研究，指出：I-214 杨的最佳施肥处理为：150g N + 150g P$_2$O$_5$ + 50g K$_2$O + 10kg 绿肥。在此条件下，小区树高、胸径和蓄积分别增长 23%、41% 和 132%，纤维长度和宽度、纤维相对结晶度、α-纤维素含量均有所增加，而木材化学机械浆（CMP）制浆特性变化不大，总投入与总产出比为 1：5.6。

在鲁西南贫瘠沙土地区，不同的肥料配比对 I-69 杨的胸径、树高、材积以及经济效益都产生不同效果，其中每株施 0.25kg 尿素和 1.5kg 过磷酸钙效果最好，施肥 2 年后，单株材积生长量比对照提高 45.5%，经济效益较高。

在淮北低产地砂黑土上进行整地施肥，对 I-69 杨 8 年（近一个轮伐期）生长效应研究表明：肥料对林木的生长效应决定于土壤中养分丰缺和其有效性，以及林木对养分需求特点，与 Pritchett 的研究结果相符。

在沙地造林，孙时轩等人的研究结果表明，毛白杨施用氮、磷、钾的最佳施肥量为450kg/hm²，最佳配比氮∶磷∶钾为4∶3∶0（土壤含钾多故未施钾肥），立木蓄积量为41.781m³/hm²，毛白杨施肥的产值净增额是投入的2.79倍。

据山东、河南、河北、湖南、甘肃省研究报道，杨树的施肥量为N∶126kg/hm²，P_2O_5∶72kg/hm²，K_2O∶14kg/hm²。

陈玉娥等认为施肥效应与土壤本底密切相关，在富钾、少磷、氮素尤缺的土壤上，重施氮肥，适量施磷、不施钾肥协调了林木对土壤中氮、磷、钾三要素的供求关系，林木生长是土壤本底与土壤肥料共同作用的结果。相反，也有研究结果表明：在长期种植农作物、土壤肥力比较高的土地上，改种杨树后，施肥效果不明显，对于杨树施肥量不是越多效果越好。柴修武的研究认为大量施用氮肥会降低杨树的材性质量，因此，应适当控制氮肥的用量。对于钙元素，可根据土壤的酸碱性决定，酸性土壤施用石灰不但可以补充土壤钙的含量，还可以降低土壤铝的毒害。

有机肥含有比较丰富的杨树必需元素和有益成分，能改善土壤的理化性状，有条件的地方可以大量施用有机肥。

中量、微量元素的施用，应根据土壤养分状况和杨树发育不同时期施用，对杨树的材积生长量也有促进作用。苗圃喷施叶面微肥，对苗木生长有明显的促进作用。一些地区土壤缺铁，苗木叶片容易变黄，喷施铁肥（硫酸亚铁）可防治杨树苗木缺铁症。

5. 施肥时间和次数

杨树的生长发育分为4个时期：1~5年为幼林期，6~11年为速生期，12~15年为近成熟期，15~30年为成熟期，材积连年生长量最大值出现在第8年左右，主伐轮伐期为9~15年。各个时期的养分需求量不同：一般成熟时期不需要施肥，其他时期按照需求量施肥。具体为：幼苗时期需要施肥，以培育良种壮苗，在杨树栽植第1年不用施追肥，但常常施基肥，在第2~4年施肥效果显著，第5、6年进入速生期，应加强经营管理，施肥量可少量多次。

杨树的年生长周期，存在春季和秋季两个生长旺盛期，一般在这两个生长旺盛期前施肥，年生长效果最佳。王永福的研究结果表明：每年

4、6 月施肥两次与每年 4 月份施肥一次，杨树年平均胸径和年高生长量分别比各自的总的平均值增加 0.8 cm 和 1.12m。孙时轩等通过多年的施肥试验研究表明，毛白杨在年生长过程中，高、径生长各有两个速生期，径生长的第 1 个速生期从 4 月上旬到 5 月末，高峰期在 5 月中旬；第 2 个速生期从 6 月下旬到 8 月上旬，高峰期在 7 月上旬。高生长的第 1 个速生期从 4 月中旬到 5 月末，高峰期在 5 月下旬；第 2 个速生期从 7 月上旬到 8 月下旬，高峰期在 8 月中旬。径和高的生长量都以第 1 个速生期为最大，生长停止期在 9 月中旬，追速效肥时期应在径生长的高峰期之前 10 天左右开始。刘寿坡等的研究结果表明，毛白杨胸径生长高峰期为 5 月份，该月占全年生长量 40% ~ 60%，因此，毛白杨第 1 次追肥时间应在 4 ~ 5 月份。

马晖等研究表明：沙地施肥应采用少量多次的原则，分 2 ~ 3 次为宜，追肥应和灌水相结合，在灌水前 1 天施入或施完，并及时淌水最好，施入肥料与灌水间隔时间过长肥效会下降；追肥时间应在树种生物量增长高峰的前期和中期为好，这时需要的养分最多。

考虑到北方地区越冬问题，刘勇等对杨树苗木施肥研究后认为：年内第 1 次施肥应在生长高峰期以前，而第 2 次施肥应在秋后第 2 次高生长停止以后施肥，这样在达到理想的年生长量基础上，提高了苗木抗寒性，有利于苗木越冬。

6. 施肥方式和方法

杨树的施肥方式不像农作物一样，杨树一般少用种肥方式，而多采用基肥和追肥方式施肥。

追肥又分为撒施、条施、沟施、灌溉施肥和根外追肥等。具体施肥方法根据气候、土壤条件、林分生长发育时期等来确定。王永福等人认为杨树采用环状或放射状施肥具有相同效果。Driessche 的研究表明，杨树采用穴施比条施效果更好。刘寿坡在鲁西冠县毛白杨林场采用沟状施肥，施肥深度为 25 ~ 30cm，且逐年调换施肥位置，取得了较好的效果。孙时轩等采用环状施肥，沟宽 30 ~ 40cm，深 20 ~ 25cm，效果良好。余常兵认为对 2 ~ 3 年生的杨树，距根 40cm、深 25cm 穴施效果较好。考虑到各个地区的具体情况不同，应选择适合的发挥肥效的操作方式。在高温多雨地区，杨树根系生长迅速，可深层沟施或穴施，以防肥料流失；在土壤湿冷地区，根系生长缓慢，可采用放射状施肥，以扩大肥料与根系接触面积，提高利用率；大树根系较深，可适当深施，而小树可浅施。

对于杨树的不同生长发育时期，幼林期可使用机械工具施肥或人工施肥，但对于近成熟林，可结合灌水或下雨进行撒施和根外施肥，面积大、有条件的地区可考虑飞机施肥。

可以借鉴杉木的施肥方式：对于杉木中龄林施肥研究表明，N、P、K 肥沟施效果好于撒施。对杉木近熟林的施肥研究表明，N 肥沟施好于撒施，P、K 肥撒施好于沟施，但这种差异并不显著。

7. 建 议

杨树速生丰产用材林、工业用材林、造纸林基地建设是国家"六大工程"之一，是解决我国木材和林产品长期紧缺的重大举措。不同于其他五项生态工程，运作上以市场需求为导向，市场融资、市场资源配置，企业运营。鉴于此特点，提出以下建议：

（1）在国家速生丰产林区划范围内建立基地，主要选择在 400mm 等雨量线以东，国家优先安排 600 mm 等雨量线以东范围内自然条件优越、立地条件好（原则上立地指数在 14 以上）、地势较平缓、不易造成水土流失和对生态环境构成影响的，热带与南亚热带的粤桂琼闽地区、北亚热带的长江中下游地区、温带的黄河中下游地区（含淮河、海河流域）和寒温带的东北内蒙古地区。具体建设范围涉及河北、内蒙古、辽宁、吉林、黑龙江、江苏、浙江、安徽、福建、江西、山东、河南、湖南、湖北、广东、广西、海南、云南等 18 个省（区），以及其他适宜发展速生丰产林的地区；有些企业由于缺乏这方面的考虑，追求效益心情急迫，盲目上马，在规划范围以外营造杨树速生丰产林，存在很大的风险。

（2）在所选定的造林范围内，作土壤背景调查和分析，包括土壤的物理性质、化学性质和生物性质分析，尤其是土壤中氮、磷、钾等 13 种营养元素的含量测定，对于企业制定施肥等经营管理方案是必不可少的。

（3）建立杨树专用肥料厂，生产杨树速生丰产林所需的专用肥料。杨树速生丰产林的栽培不同于农作物，杨树所需要的营养不能完全用农作物的养分、用量和施用方式方法替代，杨树有其生理发育特点，有其相应的肥料配方和施用方法，建立杨树专用肥料厂，可供杨树速生丰产林基地施肥利用。

（4）施肥应与良种、改良土壤、病虫害防治、栽培技术等经营管理措施相结合，才能达到速生丰产之目标，相关技术有待于深入研究。

（5）施肥应注意环境保护和安全，防止环境污染。在追求杨树速生丰产林经济效益的同时，持续经营、永续利用。

第二节　杨树营养及施肥研究动态

一、杨树营养研究

（一）杨树的营养状况

氮是促进杨树生长最重要的元素，杨树的高生产力是通过消耗大量 N 元素营养来实现的。朱光权对 2 年生 I-69 杨（$P.\ deltoidscv.$ 'Lux'）的养分研究表明，每生产 1t 带皮木材吸收 N 3.369kg，P 0.593kg，K 0.017kg，Mg 0.004kg，可见其对 N 的吸收量最多。Heilman 也提出 N 元素是杨树生长最主要的限制因素，磷也是限制杨树生长的重要因素。Menetrier 提出，杂交杨在第 1 个生长季单施 P 肥优于单施 N 肥。Brown 和 R. van denDriessche 研究了毛果杨×辽杨（$P.\ deltoides \times P.\ balsamifera$）27 号杂交无性系和毛果杨×美洲黑杨（$P.\ deltoids \times P.\ petrowskyana$）794 号杂交无性系的养分关系，证明杨树树高和直径生长与叶片中 P 和 S 的含量有显著相关性。钾也是杨树生长所需的重要元素，但国内外大部分研究都表明大部分地区的土壤不缺 K，所以一般杨树生长不缺 K。

微量元素，例如稀土，从 20 世纪 70 年代开始应用于农用研究。沈应柏等用溶液培养，研究稀土对 I-69 杨生长和养分吸收的影响，结果表明施用稀土元素能增加杨树对 N、P、K、Mg、Fe、Mn 和 Zn 的吸收，同时增加叶片叶绿素的含量，提高净光合速率、光能利用效率等。

（二）杨树对营养元素的吸收和分配

杨树对营养元素的吸收量与林龄、生长条件和营养状况都有关。在苗圃中，杨树苗木除对石灰质消耗量很大以外，对营养元素的吸收量与谷物相似（如玉米）。J. Michael Kelly 利用 Cushman 养分吸收模型，Shufudong 等用 ^{15}N 同位素示踪法，对黑杨杂交无性系苗木养分吸收规律进行了研究，证明苗木对 N 素的吸收首先发生在前半个生长时期，生长主要依靠经常追施的 N 肥。聂立水等运用 ^{15}N 同位素示踪法研究毛白杨 87 号（P. tomentosaclone 87）苗木在相同 N 肥水平下不同形式 N 的吸收和分配，表明 $NO_3 - {}^{15}N$ 和 $NH_4 - {}^{15}N$ 的 N 素利用效率（NUE）存在显著差异，$NO_3 - {}^{15}N$ 的最大肥料利用效率达到 25.83%，约是 $NH_4 - {}^{15}N$（12.03%）的 2 倍。

营养元素在杨树体内的分配状况也是近年来国内外研究的重点。国外对 1 年生美洲黑杨（P. deltoides Bartr.）、意大利北部 30 年生"I-214"等苗木和林木都有这方面的相关报道，但由于不同杨树品种的分布区域不同，养分吸收和分配规律也不尽相同。国内刘启实、王世绩用 ^{15}N 同位素示踪法研究了 I-214 杨人工林的养分分配状况，表明进入植物体的外源氮大部分分布在叶中（75% ~ 78%），枝、茎和根系分布率很低。余常兵研究了 2 年生中公 1 号养分分配状况，表明全年平均养分浓度叶片最大，根系次之，茎和枝较小，全年平均养分积累 K: Ca: Mg: Fe: Mn: Cu: Zn 为 100: 13.1: 42.5: 72.4: 14.1: 1.86: 0.21: 0.29: 0.23，各部位积累总量叶 > 茎 > 根 > 枝。

（三）杨树养分竞争

一般杨树利用肥料的效率很低（小于 10%），30% ~ 60% 的氮肥因杂草竞争或淋失等原因而损失。杨树幼龄时，树冠未郁闭，N 肥会促进草本生长，引起养分竞争；树冠郁闭后，林下草本枯落分解，既释放足量的 N 供给林木，又减轻或消除杂草对杨树林木的养分竞争。Welham 等研究发现，速生草本是保持林木生长的氮源，并能将 N 肥淋溶降到最低。有研究发现杨树施肥肥效经常延迟一两年。

（四）林木营养诊断

合理施肥，需要对土壤和植物进行快速的营养诊断分析，提出并适时调整施肥方案。我国林木营养诊断主要包括土壤分析和植物分析，主要应用的植物分析方法有：综合营养诊断施肥法（DRIS）、临界浓度值法、矢量分析法和叶绿素仪快速测定法。现在 DRIS 法在林业上应用较多。

杨树各器官养分浓度差别很大，其中叶片养分浓度最高，对营养缺乏最敏感，因此树体下部的叶子成为最明显的缺 N 标志。陈道东等在砂质黑土上对 I-69 杨进行了施肥试验，通过研究叶片养分状况，用抛物线函数建立叶片最适养分状态函数，提出了模拟诊断方法。Van den Driessche 对 1 年生毛果杨×美洲黑杨(P. trichocarpa × P. deltoides)杂交无性系的施肥研究提出，叶片内最佳含 N 量在 23 ~ 25mg/g，同时在 2000 年提出叶片最佳含 P 量为 1.8 ~ 2.5g/kg。

树体营养水平高低通常以临界浓度作为衡量标准。J. Garbaye 有保留地提出 5 ~ 20 年生欧美杨[P. euramcricana(Dode) Guinier]各种营养元素的适宜浓度和缺素浓度。

二、杨树施肥效应研究

(一)杨树施肥效应

世界各国杨树施肥的方法和结果虽然不同，但总体趋势是明显的，主要包括 5 个方面：①N 肥是杨树生长最重要的肥料，但追肥维持时间较短；②在酸性土上，需施大量石灰；③只有在立地条件差，特别是栽植农作物的土壤中，施肥在经济上才适宜；④欧洲多数国家一般在造林时施 N，P，K 或 P，K 肥，生长季再在地表追施 N 肥；⑤美国一般到成林后才施肥。20 世纪 80 年代，我国开始研究杨树等主要速生树种的施肥效应。目前，杨树施肥研究从施肥效果逐渐向施肥机理拓展。樊巍等研究了施肥 4 年对中林 46、W115、I-72、I-69 人工林土壤养分的影响，得出最优处理为 100 kg N/hm^2 + 100 kg P$_2$O$_5$/hm^2，施肥可提高土壤有机质、全 N 和速效 N 的含量，土壤微生物总数比造林前提高 37.7%，增加土壤酶活性，促进林木生长。孔令刚等研究了有机肥、化肥和生物菌肥对 107 杨人工林土壤的影响，证明施肥显著提高土壤脲酶、碱性磷酸酶、过氧化氢酶和过氧化物酶活性，施用有机肥对土壤微生物和土壤酶根际效应值影响最明显。

(二)杨树施肥效应影响因素

1. 立地条件

立地条件包括质地、土壤、水分等，这都与施肥关系密切。土壤质地、容重等对杨树生长影响明显。刘明国研究了生长在辽西河滩地的北京杨和小青杨的生长效应，发现地下水位较高时，土壤质地愈细、土层愈厚，林木生长越差，而生长在砂质土上的杨树长势良好。土壤类型影响施肥效应的发挥，王少元、何应同等在不同立地上对南方型杨树（中石 2 号）进行施肥试验，得出优化施肥量分别为：平原粘湿土立地 400 kg N/hm²、平原冲积土立地 200kg N/hm² + 100kg P₂O₅/hm²、湖区沉积土立地 100kg N/hm² + 100kg P₂O₅/hm²。Annie DesRochers 等研究了 3 年生的香脂杨 × 小叶杨（*P. balsamifera × P. simonii*）杂交无性系、黑杨派（*P. deltoides × P. petrowskyana*）杂交无性系的施肥效应，结果表明：第 1 年施肥对林木生长起反作用，这可能与土壤 pH 在 7.7 ~ 8.1 和第 1 年土壤干旱有关。在一定的 pH 值范围内，一些元素易被固定在土壤中，不能被植物吸收利用，只有当 pH 接近中性（7.5）时，养分才被吸收。

水分与肥料之间的耦合作用对苗木和林木生长起着重要作用。Liu Z. J. 和 Dickman 研究了 2 种杂交杨无性系（暗叶杨 Tristis 和欧美杨 Euge-nei）的水分和 N 肥耦合关系，得出在土壤水分不断降低的条件下，施 N 肥加剧气孔关闭，Eugenei 无性系分别在最低土壤含水量和最高 N 肥水平上达到最高水分利用效率，而 Tristis 无性系则在中等土壤含水量和最高 N 肥水平上达到最高水分利用效率。王力等以 1 年生北京杨幼苗为研究对象，研究了水、氮、磷对杨树的耦合效应，表明水分对杨树生物量影响最大，水分和氮肥的交互作用大于氮肥和磷肥的交互作用。

养分的淋溶损失对肥料利用效率影响很大。林业上过量施肥也会引起淋溶，McLaughlin 等指出，在第 1 个生长季杂交杨施肥小区的 15cm 和 120cm 的土壤中硝酸盐都比未施肥的小区高。同时，重复施肥和施用高 N 的硝酸铵污泥肥料都容易引起淋溶。Lee 和 Jose 试验证明，每年重复施肥超过 56 kg/hm² 会导致 7 年后 65% ~ 95% 的肥料淋溶。

2. 林分条件

杨树栽培不仅要考虑立地土壤条件，也要综合考虑杨树品种和无性系、树龄、林分密度等因素的影响，制定不同的施肥方案。不同品种和无性系的年度生长规律有差异，要根据不同的生长节律进行合理施肥。于伯康进行"小青黑"和"小黑杨"2 个品种的密度和施肥量试验，得出在相同密度和施肥量条件下，小青黑杨的高和直径生长都大于小黑杨。

林分密度与施肥关系密切，在同一个生长季节里，密度大，高生长大；密度小，高生长小；而直径生长则相反。近些年，国内对不同杨树品种的扦插苗等苗木施肥和杨树人工林施肥研究很多，在整个生长发育过程中，杨树对养分的需求是不同的。部分研究认为在杨树栽植第 1 年不用施肥，第 2 至第 4 年施肥效果最好，第 5 和第 6 年肥料用量可减少。

（三）施肥技术

1. 肥料种类

肥料按来源与成分的主要性质可分为：化学肥料（氮、磷、钾肥，氮磷钾复合肥，微量元素肥料）、有机肥料、生物肥料和绿肥。现在国内外肥料仍以化肥为主，并向着高浓度、多元复合化、专用化、无公害化和缓释化发展。K. R. Brown 等研究了 2 种易溶的肥料与 4 种控释肥对毛果杨 × 美洲黑杨和毛果杨 × 辽杨（*P. trichocarpa × P. maximowiczii* A. Henry）无性系的施肥效应，表明 4 种控释肥对树干材积有显著影响。目前，国内已有杨树专用肥的研究。湖南省林科院等研究开发的杨树专用肥，可将氮的利用率由 20% 提高到 30%，磷、钾肥的利用率由 20% 提高到 40% 左右。

2. 施肥方式

主要分为基肥和追肥。磷肥不易溶解，移动性小，可用作基肥，施在根系集中分布的土层。吴林森等研究杨树幼林施用基肥（饼肥、鸡粪、磷肥）的生长效应表明：栽植初期，施用基肥对林木胸径和材积生长有显著影响，可提高胸径生长量 0.6cm，单株材积是对照的 2.2 倍；同时，施用基肥的苗木对病虫害有较强的抵抗能力。

追肥又分为撒施、沟施、穴施、随水施肥等。化肥养分浓度大，成分单一，肥效快、短，能够满足苗木和林木在不同生长时期的养分需求，故多用作追肥。铵态氮肥化学性质不稳定，挥发性强，深施盖土的方式效果明显，可减少养分损失。Rvanden Driessche 对 4 种 1 年生毛果杨 × 美洲黑杨杂交杨无性系进行穴施和条施的对比研究表明：穴施的平均苗高（182cm）明显高于条施的平均苗高（149cm）；与对照相比，$50kg/hm^2$ 的穴施可增加苗木材积 43%，$200kg/hm^2$ 的条施可增加苗木材积 24%；穴施条件下，每千克肥料的养分利用率比条施高 10%。

3. 施肥时期与次数

施肥时期由树木生长发育时期及气候和土壤条件等决定。在这些因素良好的条件下，早施比晚施效果好，一般在树木生长旺盛期，即春季和初夏施肥效果最好，有利于根系吸收。曹帮华等研究得出，三倍体毛白杨苗期施肥应集中在苗木速生期和硬化期。刘勇等研究得出，三倍体毛白杨苗木在秋季苗高生长结束后进行一次性施肥，可促进 N、P 的吸收，提高苗木的抗寒性。

苗木施肥次数应根据肥料种类和土壤质地确定，氮肥和钾肥（硫酸钾和氯化钾）溶解度高，易于流失，在砂质土壤中应少量多次施用。黏性土壤保肥性能良好，肥效持续期长，施肥间隔期延长。

4. 施肥量

施肥量主要根据土壤贫瘠程度和杨树营养特性来确定。不同地区、不同年龄、不同品种无性系杨树的施肥量不同。梁立兴总结了国外关于杨树施肥量的研究：日本须藤昭二拟定杨树类的施肥量为每株施氮肥 $24 \sim 40g$、磷肥 $15 \sim 28g$ 和钾肥 $12 \sim 34g$；法国杨树造林时每株施磷 $200g$（P_2O_5）和氮 $100g$，每年每公顷蓄积可增加 $3 \sim 5m^3$；意大利杨树造林前每公顷施氮肥 $300kg$、磷肥 $800kg$ 和钾肥 $200kg$。陈连东等对小美旱杨［*Populus simonii* × (*Populus pyramidalis* + *Salix matsudana*)'Poplaris'］1 年生苗木进行田间系统研究，提出了最佳施肥量：N $274kg/hm^2$，$P_2O_5 121kg/hm^2$；用反应曲面方程求得最大经济效益施肥量为 N $273.93kg/hm^2$、$P_2O_5 121.15kg/hm^2$。高椿翔等探索欧美杨 108（*P.* × *euramericanacv* Guariento）扦插苗在不同时期的合理施肥量，采用前重后轻式、前轻后重式、等量式 3 种施肥方式，得出最佳施肥方式是前重后轻式。Rvan denDriessche 研究了 N，NP，NPKS 肥料对 4 年生美洲黑杨 27 号和 794 号杂交无性系的生长效应，得出 27 号无性系 N、P 分别在 $200kg/hm^2$、$100kg/hm^2$ 时，每年增加材积 $1m^3/hm^2$，794 号无性系材积在不同肥料水平下没有显著差异。

近年来，随着计算机在林业中的应用，可以根据树种、土壤及气候条件等建立模型，利用试验所获数据通过计算机求出参数，建立回归方程即可确定最佳施肥量。

5. 肥料配比

不同苗木对氮磷钾肥料的需求不同，适宜的比例可以提高施肥效果。Jia 和 Ingestad 研究得出小叶杨苗木的最佳养分比例是 100N:13P:70K。陈连东等研究小美旱杨扦插苗的肥料比例为 N:P:K = 2:1:0，能明显促进苗木地径和高生长。J. Michael Kelly 研究辽杨×美洲黑杨杂交无性系 NM-6 的最大生长量养分比例是 100N:11P:37K。Lisa M. Zabek 对 3 个 1 年生毛果杨×美洲黑杨杂交无性系的稳态养分（植物体内稳定的养分比例）研究得出，稳态养分比例是 100N:14P:50K（49-177 号无性系）、100N:13P:49K（DTAC-7 无性系）和 100N:12P:60K（15-29 号无性系）。

（四）存在的问题

（1）由于林业生产周期长，杨树施肥后的肥料吸收利用过程，特别是淋溶、吸附解吸附等养分动力学方面的研究比较耗时且困难，不能忽视土壤系统的综合因子对肥料效应的影响，这对肥料的养分利用效率有重要影响。水肥耦合在林业上刚开始兴起，研究多为盆栽幼苗，而且仅停留在生长、生物量等表征上，缺乏对杨树生理、土壤养分动力方面的深入探讨，因此应该注重施肥机理，特别是水、肥耦合关系的研究。

（2）合理施肥量的确定，沿用 20 世纪 90 年代建立的反应曲面方程，建立多元方程进行复杂计算求得。随着计算机技术的迅速发展，杨树养分管理应该与水分管理中的自动灌溉系统一样，运用计算机软件编程，跟踪土壤养分动态变化，适时补充并随水施肥，补充杨树生长所需养分。

（3）目前，以叶片分析为基础的林木营养诊断技术发展迅速，但由于林木生产周期长、研究区域广、自然条件复杂、施肥定量困难和研究方法有局限性，现有的一些营养诊断标准只是一种局部结果。大部分研究都只是在某一地点、某一时期对单一品种的研究，或者仅是盆栽的研究，缺乏田间试验的验证，更没有形成统一、科学、合理、规范的杨树施肥体系。这需要对不同区域、不同土壤类型、不同品种无性系进行大量、全面、详细的研究，并根据研究结果建立规范化的杨树施肥体系。

（4）国内的杨树专用肥已经研发出来，杨树专用肥比常规肥料配比更合理，市场前景广阔，但目前杨树生产与杨树施肥科研仍然脱节，实际生产中仍以化肥为主。这需要科研机构与生产单位相互配合。科研机构大力开发适于各种品种的杨树专用肥，生产企业才会大量使用，才能形成互利互惠的双赢关系。

（5）与农业相比，林业投入大、见效慢，施肥经营方式落后。可以借鉴农业的配方施肥、平衡施肥。通过摸清杨树不同品种、无性系的需肥规律和不同土壤的养分状况，制定合理的肥料配方，缺多少补多少，建立杨树苗木、林木生长最佳的施肥技术体系，从而达到林业上的精准施肥。

（6）施肥是杨树栽培生长中的重要技术措施，但也需要和其他抚育管理措施相结合，比如良种、灌溉、病虫害和修枝等，这样才能使肥效达到最大，杨树生长又快又好。

施肥是速生丰产林建设的重要技术措施，只有搞清楚杨树与土壤之间的养分供求关系，掌握林业施肥理论与技术，才能提高林业施肥技术水平，促进杨树生长，维持土壤养分，减少环境污染，提高木材产量，从而收到最大的社会效益、经济效益和生态效益。

第三节   林木营养性状的研究动态

林木生长发育必须有一定的矿质养分，传统改土适植的观点是依靠改变土壤的养分条件来适应植物的生长，这不仅需要投入大量的资金和劳力，而且会带来环境污染、生态系统破坏、资源耗竭等一系列问题。而运用遗传学的方法提高植物对土壤逆境的适应性，既可降低生产成本，又可减少大量施用化肥所造成的环境污染，而且对动物和人类的营养有益。

近年来，农作物的营养遗传研究已经引起了人们的普遍重视，在高效营养基因型的选育、形态学、生理生化及遗传机制方面已有许多研究报道，特别是随着现代分子生物学技术的发展，对营养调控基因的克隆和营养性状的数量性状位点（QTLs）定位研究已成为可能。但在林木育种研究方面，较少注意营养性状的遗传差异，忽视了对耐土壤胁迫基因型的评价和筛选。在林业生产实践中，人工林抚育较少采取施肥措施，而且经常在贫瘠的土地上植树造林，因此，对高效营养基因型林木的选育便显得尤为重要。

为了更全面的了解杨树的营养生理，本节就营养性状的概念以及国内外有关林木营养差异和林木养分效率方面的研究现状，讨论有关林木营养差异的形态学和生理生化指标，并对今后的研究方向进行展望。

一、植物营养性状的概念

植物营养性状是指与土壤—植物营养问题有关的植物性状的总称，主要包括养分效率和植物对矿质元素毒害的抗性。根据研究重点的不同，养分效率分为吸收效率和利用效率。吸收效率又包括两个方面的含义：一是指生长介质中某养分有效浓度较低时，植物具有维持正常生长的能力，并获得与营养充足时相当或相近的生物学产量的能力；二是指随着生长介质中某种养分浓度的增加，植物对该养分反应的敏感性。前一种含义具有更广泛的实用意义，因为大多数营养元素在土壤中的有效浓度都较低。土壤中养分总量高，但能为植物所吸收利用的有效养分量却低于植物正常生长需要量的现象称之为"遗传学缺乏"，而土壤中某养分总量低于植物正常生长需要量的现象称为"土壤学缺乏"。一般情况下，遗传学缺乏较为普遍。例如，我国土壤中的全磷含量并不低，但是有效磷（可溶磷）的含量却只占全磷含量的一小部分，提高非有效磷（难溶磷）的生物有效性，选育可以将土壤中的难溶磷转化为有效磷的优良基因型，不仅可以节约资源、提高生产效率，而且能够保护资源和环境。

二、林木营养性状的遗传变异研究

由于基因型的差异，林木对营养元素的吸收存在着种、种源、家系和无性系之间的差异。Mullin 研究了 3 种 N 水平下，黑云杉 40 个全同胞家系基因型与 N 的互作效应，结果表明，在高 N 水平下，生长能力前 10% 的家系在其他 N 水平下的生长能力也高于平均值，进一步采用衰减法进行稳定性分析，认为家系与环境的互作效应更多是由于基因型的差异导致的；Abdul Karim 等研究发现，三代谱系美洲黑杨在世代间和每世代内对 N 的响应均存在差异，雄性 F1 代杂合体生长量和每单位 N、P 的生物量均最大，F2 代平均生长量最小，但是个别 F2 代无性系的生长量很大；Simon 等研究了北美柳树的 N、P、K 水平变化和 N 效率，发现树体内的营养浓度及其对营养的吸收量，不仅取决于不同的营养处理，而且还与树种和无性系有关，树种对营养浓度和营养吸收量的影响比无性系更大。张焕朝等研究了杨树无性系磷营养效率的差异，结果表明杨树无性系间存在明显差异，根据生物量的减少量，将受试的 8 个无性系分为 3 个等级，即 I 级高效性无性系、III 级低效性无性系和 IV 级极低效性无性系，但是没有发现磷营养效率为 II 级的无性系；周志春等对马尾松 P 营养方面的研究结果表明，在 5 个不同地区的典型受试种源中，广东信宜和福建武平 2 种源对磷肥反应不敏感，属于耐低磷或对磷肥不敏感种源。家系与 N、P 之间有可能存在着相互作用。Wanyan-cha 等调查了美洲落叶松家系在 3 种不同 P 水平和 3 种不同土壤下的基因差异，测定了各家系子代苗的高度、根直径、干重和 P 富集量。结果表明，其间的差异主要来自土壤类型、P 处理和家系的不同，家系×土壤的互作不明显，家系×P 互作有时是明显的，但量级相对较小。该结果与同样条件下家系×N 互作效应明显这一结果不同，说明 P 有可能不是生长限定因子，在树木×营养的互作关系中仅充当次要角色。

三、林木对营养元素的吸收和利用效率研究

一些研究者研究了吸收和利用效率对林木生长的贡献率。Bailian 等研究了 23 种火炬松 N 效率的基因型差异，结果表明在高 N 水平下，家系间在利用效率上的差异较大，而在低 N 水平下，家系间在吸收率和利用效率两方面均有差异；应选择在低 N 条件下表现好的基因型，因为这类基因型在吸收率和利用率方面对林木生长有相同的贡献率，且对 N 的利用效率更高。王新超等比较了 6 个茶树品种氮素效率的差异，结果显示在 4 种施氮条件下，茶树品种间在生物量增加值、新梢生长量、氮素吸收效率、氮素生理利用效率、氮素经济效率和总的氮素效率存在显著差异，并且在吸收率和利用率中，吸收率是影响不同品种茶树氮素效率差异的主要因素，这与 Bailian 等的结论一致。

在养分利用方面，一些学者认为应选择养分利用效率高的树种和无性系，这样可以减少因采伐木材而由土壤中移出的养分量，减轻土壤肥力退化的问题。理想的树种和无性系不但应具有高的产量，还应具有高的养分利用效率。Rytter 等研究了杂种杨不同无性系树干和树枝中养分

浓度的差异，认为可以在不牺牲收获量的前提下，选择营养利用率高的无性系，这样可以节省5%的养分，从长远看就能够有效节省生态系统中的养分；而 Heilman 等对短期轮作的毛果杨（*Populus trichocarpa* Torr. and Gray）及其杂种无性系有关营养方面的选择研究表明，高产量是与高营养需求和损耗相联系的，所以在短期内还是应该选择具有较高营养利用效率但产量不一定高的黑杨。在黑杨育种方面，应培育综合两方面优点的杂种无性系，即不但具有高产量，而且具有高营养利用效率的无性系。

叶营养浓度也可以作为衡量植物营养吸收和利用效率的指标。Sheppard 等认为，西加云杉和扭叶松中营养效率高的无性系具有以下特点：一是叶营养元素浓度低，二是树干干重占总干重的比例大，三是针叶保留时间长，有这些特点的无性系适宜在养分贫瘠的土地上生长。Heilman 发现，一些叶营养浓度低的毛果杨无性系木材产量却高，但其产量与叶营养浓度并不直接相关。

总之，养分效率分吸收效率和利用效率，从吸收效率来看，林木营养研究的目的是选育耐低养分条件和对养分增加敏感或对低养分不敏感的树种及无性系。在养分利用方面，应尽量选择对养分利用充分的基因型，这样可以减少因采伐而由土壤中移出的养分量，但养分利用效率与木材产量不一定严格相关。木材产量和营养利用效率均高的树种和无性系是最好的选择。

四、林木营养在形态学和生理生化方面的差异研究

林木营养研究的关键问题之一是确定与营养性状相关的形态和生理生化指标，除与养分效率有关的生长量和树枝、树干、树叶的营养浓度测定外，国内研究较多的是根系分泌物变化、离子吸收动力学参数和根系形态学特征。

（一）根系分泌物

植物在受到养分胁迫时，体内合成的代谢产物会通过根的主动分泌作用进入根际，活化土壤中的营养元素，缓解营养胁迫。对于林木，研究较多的是其分泌物对土壤中难溶磷的活化。魏勇等对杨树根际磷的研究表明，磷的富集量随林龄的增加而增大，根系对难溶无机 P 各组分

有明显的诱导活化作用；周志春等发现，根际土的有机质、全氮、水解氮和有效磷的含量一般显著高于非根际土；马尾松不同种源的根系分泌物对土壤中的磷均有活化和富集作用，尤其是耐低磷的广东信宜和福建武平 2 个种源，对土壤磷的活化和富集最为强烈。陈立新等发现，落叶松人工林在不同发育阶段，其根际土壤磷形态和磷酸酶活性变化存在明显规律，各年龄阶段除非根际土壤酸性、中性磷酸酶活性和 Al-P 含量的差异未达到显著水平外，其他根际与非根际土壤成分的差异均达到显著和极显著水平。

（二）离子吸收动力学参数

最大吸收速率（I_{max}）、$I_{max}/2$ 时介质的离子浓度（K_m）和吸收速率为 0 时的介质离子浓度（C_{min}）等，是表征养分离子浓度的重要参数，P 高效基因型甘蔗具有 I_{max} 大、K_m 和 C_{min} 均小的特点。谢钰容等对 5 个马尾松种源在 3 个 P 水平下的水培试验验证了田间试验结果，即低 P 水平下广东信宜和福建武平 2 种源具有相对较小的 K_m 和 C_{min} 及相对较大的 I_{max}，而且这 2 个种源对 P 增加的反应不敏感，证实是耐低磷种源。张焕朝等也做了杨树根系的 $H_2PO_4^-$ 离子吸收动力学试验，结果表明，高效型无性系具有较小的 K_m 和 C_{min}，缺磷胁迫下杨树根系对 $H_2PO_4^-$ 的亲和能力可增加 20% 以上，对低磷的耐受能力可增加 85% 以上，但是最大吸收速率对杨树无性系磷营养效率的作用尚不能确定。综上所述，在林木育种研究中应选育具有较高 I_{max} 和低 K_m 的品种，以改善其对养分的吸收效率，从而改善营养利用状况。

（三）根系形态

根系形态与植物的养分效率密切相关，根系形态影响土壤养分的有效性，通过筛选须根发达的杂交种，可以获得养分吸收量大的植物品种。在根形态测定方面已经开发了相应的分析软件，即将根系形态扫描入计算机，再利用与扫描仪配套的 WinRhizo（Version 4.0B）根系分析系统软件（Regent Instru-ment Inc. Canada）对根系总表面积、根总长、根总数、不定根总长、侧根总长度、侧根数量进行定性分析。曹爱琴等发明了一种特殊的营养袋纸培系统来原位研究菜豆的根构型变化。Theodor-ou C 等研究了 10 个辐射松家系在 2 种土壤条件下的生长状况、根形态和 N、P 吸收的差异，结果表明，根系生长好的基因型，其地上部分的生长更好。谢钰容等证实，根体积、侧根数、侧根总长、须根总数等可作为筛选马尾松耐低磷种源的有效指标。植物根系形态的变化是植物对养分胁迫的一种适应性机制，如根毛大量产生是植物对缺磷的一种适应性反应，白羽扇豆在缺磷条件下形成的特殊的簇生根——排根（proteoid roots），是植物缺磷最典型的适应性变化，簇生根的形成，提高了磷的有效性。另外，当氮的供给水平较低时，植物能将较多的光合产物分配到根部，从而提高根冠比，增加根长、根毛的数量，以适应缺氮环境。

植物遗传改良的最终效果要在生物产量上得以体现。由于生物产量具有数量遗传的性质，因此用分解的子性状来研究营养性状具有重要意义。严小龙等认为，可以利用养分效率的子性状分步挖掘养分效率的遗传潜力，然后通过适当的育种方法，将其集中到一个理想的基因型上，这是植物营养性状改良的有效途径。与农作物简单的收获籽粒不同，林木的生长周期长，与林木营养相关的筛选指标不易测定，这就造成了在林木营养方面缺乏系统研究的现状。建立完善的筛选指标可以有效地加快林木营养研究的进程。

五、问题与展望

我国自 20 世纪 50 年代开始有计划地开展林木育种研究以来，经过国家连续数期的科技攻关，在林木遗传改良研究方面取得了很大进展，不同规模的林木良种繁育基地可以为生产提供优良的家系、无性系和种源种子，但在林木营养遗传方面开展的研究一直很少。与农作物的研究相比，我国林木营养遗传研究起步很晚，基本是个空白。我国耕地土壤严重缺磷少氮，在造林工作中大量施用化肥显然是一种不经济也不现实的做法，因此林木营养遗传的研究显得格外重要。在这方面应多借鉴在农作物研究中的经验，就以下几个方面进行深入研究：

（1）筛选高营养效率的家系或无性系，建立指标主要有根系形态特征、根系分泌物变化、离子动力学参数、养分效率及与养分效率相关的生长量、营养浓度等。

（2）与营养性状有关的分子克隆。农作物方面已经克隆了数种与植物营养性状有关的基因。Anderson 等分别从拟南芥植株中克隆了植物钾通道基因 AKT1 和 KAT1，随后又通过 DNA 杂交、EST 技术和酵母突变体功能互补、PCR 及基因标签等方法，分别从拟南芥、小麦等植物中分离克隆出一些与钾吸收转运有关的基因。施卫明等通过基因枪导入法，将外源钾通道基因导入水稻基因中，获得了转基因株系，与对照相比，转基因株系的吸钾速率和对钾的累积能力均有明显提高，表明植物营养转基因技术和抗虫、抗病转基因技术一样，具有可行性。在林木上，利用模式生物从树木中克隆出与营养有关的基因，将是一个大胆的尝试。

（3）分子标记技术在林木营养遗传中的应用。植物营养性状大多表现为连续变异的数量性状，这类性状的一个主要特征是变异表现为连续的，在各个个体之间没有明确的差异，杂交后代的分离群体之间也不能明确分组，产生这种现象的原因是由于控制该性状的基因有 2 个或 2 个以上，而且往往表现为不完全的加性和显性效应；数量性状的另一个主要特点是易受环境的影响，这些均给研究工作带来了困难。分子标记技术的应用，为深入研究营养性状的遗传背景提供了有效的手段。在农作物方面，可使用的分子标记手段有限制性片段长度多肽性（RFLP）、随机扩增多肽性（RAPD）、扩增片段长度多肽性（AFLP）和单链构象多肽性 PCR（SSCP-PCR）等。方萍等对水稻根系氮吸收和利用率进行了 QTLs 定位；明风等建立了水稻 RFLP 标记遗传连锁图，利用此图谱对低磷胁迫下植株的总干重、根干重、冠干重及吸磷量和磷利用效率的控制基因位点进行了定位。在林木上，分子标记研究已经在遗传连锁图谱构建、数量性状位点定位、群体遗传结构分析、物种演化与亲缘关系探讨等方面取得了较大进展。借鉴农作物的做法，定位林木营养基因，深入研究营养基因的遗传控制机理，将是林木营养研究的方向。

综上所述，国外林木营养遗传方面的研究虽然开始较早，但迄今并没有形成一定的模式，研究内容比较分散，多属探索性的、缺乏可操作性的验证，而且近年来没有得到重视。国内在这方面的研究很少，也是在近几年才有探索，在许多方面尚是空白。但从研究的重要性、高效资源利用型基因选择的迫切性和现实性来看，该领域将成为未来林木育种研究中的一个方向。所以借鉴农作物方面的相关研究方法，将常规育种与现代分子生物学技术相结合，尽快推动我国林木营养研究工作，将是今后的研究重点。

第五章

杨树的非生物因素逆境生理

在自然界中，植物分布极其广泛，生长的环境十分复杂，变化无常，差异显著，即使在同一地区也会经常遇到环境条件的剧烈变化。当其变化幅度超出了植物正常生长发育所需的范围时，即成为不良环境因素。对植物生存与生长不利的不良环境因素统称为逆境（stress）。

逆境因素包括非生物因素和生物因素。非生物因素主要包括干旱、寒冷、高温、涝害、盐碱等；生物因素有病虫害、杂草和环境污染等。

在地球上比较适合于栽培植物的土地不足 10%，其余为干旱、半干旱、冷土、盐土和碱土。植物对不良环境有不同的反应，有的能生存，有的死亡，能生存的是对不良环境适应的结果。植物对逆境的抵抗和忍耐能力叫植物抗逆性，简称抗性（hardiness）。抗性是植物对不良环境的一种适应性反应。研究不良环境条件对植物生长发育的影响称逆境生理（stress physiology）。

植物对逆境的抵抗方式有两种：①逆境逃避（逃避性）（stress escape）：植物通过种种方式摒拒逆境对植物组织施加的影响，不需在代谢上产生相应的反应，这种抵抗方式叫逆境逃避，如有些植物通过生育期避开某一季节的不利因素，沙漠上的仙人掌通过在体内贮存大量水分、降低蒸腾作用来避免干旱影响，有的植物则靠厚角质层、茸毛和叶片在阳光下的卷缩摒拒干旱的影响。②逆境忍耐（耐性）（stress tolerance）：植物通过代谢反应来阻止、降低或者修复由逆境造成的伤害，使其保持正常的生理活动，这种抵抗方式叫逆境忍耐，如苔藓植物能忍耐极度干旱的环境，能在岩石上生长；有些细菌和藻类能生活在 70 ~ 80℃的温泉中。这两种抗性有时并不能截然划分，一般抗性实际上是两种抗性的混称。植物对逆境抵抗往往具有双重性，某一逆境范围植物表现逃避性抵抗，超出某一范围时又表现出忍耐性抵抗。

杨树所遇到的逆境概括起来有四方面原因：

（1）由于气候造成逆境，如干旱、炎热、冷害和冻害等。

（2）由于地理位置造成逆境，如土壤中盐分过多或缺水、光强度过高、海拔过高以及高山逆境等。

（3）由于生物因素造成逆境，如病害、虫害、杂草等。

（4）由于化学因素造成逆境，如盐类、离子、气体、除草剂等，特别是人为的环境污染造成的逆境。

第一节　杨树抗旱生理

一、旱害与抗旱性的概念及干旱类型

旱害是干旱和半干旱地区杨树造林的主要障碍之一，已成为这些地区林业发展的重大问题。旱害（drought）是指由于土壤水分缺乏或者大气相对湿度过低对植物造成的危害。植物对旱害的抵抗能力叫抗旱性（drought resistance）。

（一）环境干旱

包括土壤干旱和大气干旱，土壤干旱危害较严重些。

（1）土壤干旱是指土壤中缺乏植物可利用的水分。如果土壤冬季贮水全部耗尽，春夏季降雨又很少，那么在夏秋季就会出现土壤干旱，干旱的土壤不能供给植物水分，植物就会出现萎蔫现象。

（2）大气干旱是指气温高，空气相对湿度小（<20%），植物因过度蒸腾而破坏体内水分平衡。大气干旱常表现为干热风，干热风在我国华北、西北及淮河流域、四川省的金沙江流域、安宁河干热河谷等地区经常发生。

（二）生理干旱

由于土壤通气不良，盐分过多或土温过低等原因，使根系不能从土壤中吸收到足够的水分，植物出现水分亏缺，这种干旱称为生理干旱。

二、干旱对杨树的危害

(一)干旱对杨树外部形态的影响

杨树生长过程对缺水最为敏感，轻微的水分胁迫就能使生长缓慢或停止。受干旱危害的杨树外形明显矮小，茎生长受抑制，降低了茎和根之间正常生长比例，根冠比增大。在干旱条件下，常常用相对生长速率、干物质积累速率、出叶数、叶面积的差异来评定品种间抗旱性差异。一些研究结果表明株型紧凑的品种较株型松散的品种更为抗旱。发达的根系会使杨树吸水效率提高，旱情减缓，Hudson 对 1 550 个品种进行鉴定，结果表明发达的根系与抗旱力呈正相关。干旱也影响了杨树叶片的正常生长，抗旱性不同的杨树在叶片茸毛、蜡质、角质层厚度、气孔数目和开度以及栅栏细胞的排列上都存在着差异。叶形、叶色与取向亦与抗旱性有关，淡绿和黄绿色叶比深绿色叶可以反射更多的光，维持较低的叶温而减少水分散失。

(二)干旱对杨树生理生化的影响

1. 对光合作用的影响

干旱胁迫下，杨树的光合作用迅速下降，抗旱性较强的品种能维持相对较高的光合速率，在奇特树种上也证实了这个结论。水是光合作用的原料，当叶片接近水分饱和时，光合作用最适宜；当叶面缺水达植株正常含水量的 10% ~ 12% 时，光合作用降低；当缺水达 20% 时，光合作用显著被抑制。由于参加植株光合作用过程中水分仅是体内的一小部分，所以水分对光合作用的影响在很多情况下不是直接的，而是间接的，也就是缺水首先影响原生质的胶体状况、呼吸作用、气孔的正常开放、同化物的运输与转化等方面。

水分亏缺之所以使杨树叶片光合速率降低，其主要原因有：

(1)气孔阻力增大：气孔阻力是指气孔开度减少或关闭时对光合作用中 CO_2 吸收形成的阻力。气孔阻力增大，空气中 CO_2 从叶面通过气孔扩散到叶内气室及细胞间隙受阻，同化 CO_2 的速率降低。干旱虽然不影响气孔长度，但气孔宽度因缺水而显著下降。单位面积气孔密度增加。一些人认为，干旱条件下，叶片光合速率受抑制的主要因素是气孔关闭，从而使气孔扩散阻力急剧增大。Grzesiak 等进一步指出，干旱使气孔关闭，引起光合速率下降以老叶更甚。干旱条件下气孔关闭是降低水分散失、维持生长所需要的膨压，也是保护细胞器的一种重要适应反应。

(2)CO_2同化受阻：气孔阻力增加与细胞内阻力增加都可能使CO_2同化受阻。细胞内阻力包括叶肉阻力和羧化阻力。前者是指CO_2在细胞间隙及细胞壁中的溶解以及传导至 RuBP 羧化酶反应部位的阻力；后者则是指对羧化反应的阻力，它反映了 RuBP 羧化酶固定CO_2的能力。Keck 等发现，干旱危害的原因之一是降低 PSⅡ的效率，从而使CO_2同化受阻。

(3)叶绿素合成受阻：叶绿体内参与光合作用的叶绿素合成受到许多外界因素的影响，其中水分为重要制约因素之一。叶组织在水分缺乏时，叶绿素形成受抑制，而且原有的叶绿素遭破坏，这与蛋白质合成有关。因为缺水会影响核糖体的形成，使蛋白质合成受阻，而叶绿素在活体内是与蛋白质相结合的。其直接证据是干旱条件下，特别是长期严重干旱下，茎叶发黄，叶绿素含量降低。

2. 对呼吸作用的影响

干旱对呼吸作用的影响比较复杂，大多数杨树受到严重干旱胁迫时，呼吸强度下降，不抗旱无性系比抗旱无性系下降更多，可用呼吸强度来区分品种间抗旱性差异。但也发现有些植物在干旱时呼吸强度增高，如洋长春藤增加34% ~ 67%，小麦增加6%等。出现这种相反现象有人认为是线粒体膜受到破坏，阻碍了呼吸链电子传递过程，破坏了呼吸链与氧化磷酸化的偶联，或者说是由于抑制了有氧呼吸，因巴斯德效应而增加了无氧呼吸的结果。这时呼吸所产生的能量，并不是都用在植物生长、生物合成和维持原生质正常状态上，呼吸链和氧化磷酸化的破坏，使 ATP 的形成受抑制，P/O 比值下降，呼吸产生的能量被浪费，细胞代谢和生长发育受到阻碍。

3. 对渗透调节能力的影响

渗透调节能力是指植物在干旱胁迫下，细胞除失水浓缩外，还能通过代谢活动增加细胞内的溶质浓度，降低渗透势，从而使细胞保持一定的膨压以维持正常的生命活动。有人用两个 Ψs 不同的大麦作比较，Ψs 较低者无论在干旱或是适宜条件下生长量和产量均低于 Ψs 较高的品种，但也有人发现大豆上较高的渗透能力与抗旱性不相关；不同抗旱性的水稻品种其渗透调节能力差异不大。

4. 对质膜透性的影响

杨树在干旱胁迫下的膜伤害与质膜透性的增加是干旱伤害的本质之一。杨树在干旱条件下所积累的生物自由基及其所诱导的过氧化氢等有毒物质，直接或间接启动膜脂的过氧化作用，导致膜的损伤，电解质大量外渗，质膜透性增加。质膜透性变化实际上反映了杨树的避旱性和耐旱性，是一种较综合而准确的抗旱鉴定指标。

5. 蛋白质分解—脯氨酸积累

这方面与寒害有类似的情况，随着干旱杨树发生脱水，细胞内蛋白质合成减弱而分解作用加强，使杨树体内蛋白氮减少而游离的氨基酸增多。一方面是由于蛋白质合成代谢降低，合成代谢降低除与酶的状态及活性大小有关系外，与有效的自由能供应也有直接关系。正如上述，干旱时光合与呼吸作用减弱，二者所提供的用于合成的能量（ATP）必然减少。所以杨树经干旱后，在灌溉与降雨时适当增施氮肥有利于蛋白质的合成，补偿干旱造成的损失。在干旱胁迫下，杨树迅速积累脯氨酸，肯布尔（Kemble）与麦克弗森（Macpherson，1954）最早发现，萎蔫的多年生黑麦草蛋白质降解的氨基酸、酰胺或多肽在数量上都少于蛋白质原有的含量，唯有脯氨酸含量大大超过了原有含量。李铭等在新疆农垦科学院以 6 种杨树的扦插苗为试材，通过脯氨酸、丙二醛等 6 种生理生化指标测试，研究了不同品种杨树抗旱能力。结果表明，在相同立地条件下，不同品种的 6 个指标均表现出显著性差异水平，经模糊数学隶属度公式对其抗旱性综合评价，得出抗旱能力由强到弱排序为：银×新、北美速生 1 号、北美速生 2 号、84K 杨、辽育 2 号杨、健杨 94。

在干旱下脯氨酸的积累可能是以下三个原因所致：①蛋白质分解产物；②脯氨酸合成酶活性增加；③脯氨酸氧化作用减弱。脯氨酸增多是这三方面生化反应的共同结果。Harson 等用与 Sing 同样的大麦品种进行试验，发现在同样的叶片水势下，不抗旱品种比抗旱品种积累更多的脯氨酸，故认为干旱胁迫下脯氨酸积累是干旱伤害的结果，不能用作抗旱指标。Harson 的观点得到了一系列研究者的支持，有些植物如菠菜、莴苣等在干旱下并无这种生化反应。所以脯氨酸积累的生理意义至今仍不能肯定，脯氨酸能否作为抗旱指标仍争执不下。看来，在把脯氨酸含量作为抗旱性鉴定指标之前，需进一步弄清脯氨酸与抗旱性的关系。

6. 激素变化

杨树遇到干旱后，会对其内源激素产生影响，总的规律是促进生长的激素减少而抑制生长的激素增多，其中最明显的是脱落酸（ABA）含量增加。Jones 建议应该采用在自然状况下 ABA 含量低，在干旱下 ABA 迅速积累的品种，这种品种具有较强的抗旱性。但是，干旱却能抑制根内细胞分裂素（CTK）的合成，因此受旱的杨树叶片内细胞分裂素减少，这也可能是受旱植株蛋白质合成减少的原因之一。干旱时主要是改变了体内 CTK/ABA 之间的平衡，降低了其比值，提高了 RNA 酶活性，改变了质膜的结构与透性，降低了合成代谢物（主要是蛋白质、核酸）活性。

7. 酶活力的影响

干旱胁迫可以影响杨树体内多种酶的活性。抗旱性强的杨树在干旱条件下有较低的核糖核酸酶和磷酯酶的活性，抗旱性弱的杨树正好相反。过氧化物酶活性与杨树抗旱呈负相关，超氧化物歧化酶（SOD）对杨树的抗旱性影响很大，杨树幼苗 SOD 活性与抗旱性呈正相关，所以 SOD 活性可以作为杨树抗旱指标。

三、干旱伤害杨树的机理

（一）机械损伤假说

主要观点是使植物死亡的并不是失水本身，而是由失水与再吸水时所造成的机械损伤。杨树细胞失水时，细胞壁和原生质体都收缩。对于细胞壁较厚而硬的细胞，其细胞壁收缩性差，当细胞收缩到一定程度时，胞壁停止收缩，而原生质体继续收缩，原生质体就会被拉破。对于细胞壁薄而软的细胞，细胞壁会与原生质体一起向内收缩，整个细胞折叠得像手风琴一样，原生质体会受到机械损伤而死亡。由此可见，凡是具有下列性质的细胞，都有较强的抗旱性：细胞渗透势低，使细胞折叠程度低；细胞小，细胞形状不会显著变化；原生质体弹性大，能抵抗机械损伤。

（二）巯基假说

植物细胞失水，会使细胞质的蛋白质凝聚，原生质由溶胶转变成凝胶。蛋白质分子因失水而相互靠近，相邻两条肽链的巯基(-SH)氧化形成二硫键，蛋白质空间构象破坏，蛋白质发生变性，使它的还原能力降低。实验证明，抗旱性与巯基含量相关，萎蔫叶片还原能力降低。甘蓝叶片脱水试验证明，脱水时分子间二硫键增多与细胞受伤害程度成正比，分子间二硫键的增多是引起细胞伤害的原因，包括膜蛋白也会发生变性。

四、杨树抗旱性及提高抗旱性的途径

(一)杨树的抗旱性

杨树抗旱性是杨树的一种适应性反应，是指杨树具有忍受干旱而受害最小的一种特性。适应干旱条件的形态结构是：根系发达而深扎，根/冠比大(能有效利用土壤水分，特别是土壤深处水分，并能保持水分平衡)；叶片细胞小(可减少细胞收缩产生的机械损伤)；叶脉致密，单位面积气孔数目多(加强蒸腾，有利吸水)等。适应干旱条件的生理特征是：细胞液的渗透势低(抗过度脱水)，缺水条件下气孔关闭较晚，光合作用不立即停止和酶的活性仍占优势(仍保持一定水平的生理活性，合成大于分解)。例如，不同抗旱性植物的根/冠比(以干重表示，根的单位是 mg，地上部的单位是 g)是不同的，根/冠越大，越抗旱。利用这个特征，可以选择出不同抗旱性的杨树品种作为抗旱育种的亲本，加快抗旱育种步骤。

杨树在我国分布广泛，是重要的造林绿化速生树种，但在干旱和半干旱地区，其生长潜力尚未得到充分发挥。

为提高杨树在水分逆境下的生产力，选育抗旱品种是提高杨树抗旱性的基本措施。陈绍光等对杨树无性系 I-214、健杨、中东杨和群众杨1 年生插条苗进行盆栽试验，发现它们对空气和土壤干旱的耐性存在很大差异。其中中东杨对空气干旱的耐性最强，对土壤水湿的耐性最弱；I-214 和健杨对土壤干旱反应敏感，当田间持水量(FFC)降至 40% 时，净光合速率(P_n)已显著降低，严重干旱时，苗木下部 1/4 叶片脱落，同时，上部叶面积生长受到很大抑制；群众杨和中东杨虽在干旱初期P_n下降显著，但 7 天后 P_n 不同程度回升，并且受旱期间叶面积生长受到的影响较小，即显示出对土壤干旱的耐性。因此，杨树无性系对土壤干旱耐性依次为群众杨 > 中东杨 > 健杨 > I-214。

(二)提高杨树抗旱性的途径

选育抗旱品种是提高杨树抗旱性的基本措施，这里着重讨论提高杨树抗旱性的生理措施。

1. 抗旱锻炼

抗性锻炼就是使植物处于一定的不良环境中，经过一定时间后，使植物增加对这种不良环境的抵抗能力。抗旱锻炼就是使植物处于适当的缺水条件下，经过一定时间，使之适应干旱环境的方法。在农业生产上已提出许多抗旱锻炼方法，如"蹲苗"、"搁苗"、"饿苗"及"双芽法"等，都是有效的方法。在苗期适当控制水分，抑制生长，以锻炼其适应干旱的能力，这叫"蹲苗"；蔬菜移栽前拔起让其适当萎蔫一段时间后再栽，这叫"搁苗"；红薯剪下的藤苗很少立即扦插，一般要在阴凉处放置 1～3 天甚至更长的时间，这叫"饿苗"。在杨树幼苗抗旱锻炼时，采用蹲苗的方法。试验证明，经锻炼的苗，根系发达，植株保水力强，叶绿素含量高，以后遇干旱时，代谢比较稳定，尤其表现蛋白氮含量高，干物质积累多。

"双芽法"是播前的种子锻炼，1934 年金杰里等人在这方面进行了大量研究，他们认为，种子经过干旱锻炼能够提高杨树抗旱增产能力。其方法是，让种子吸收一定量的水分，在 10～25℃ 保持湿润通风若干小时，最后将种子晒干至原重，除有些品种处理一次外，一般品种处理 2～3 次效果最好。

2. 矿质营养

氮、磷、钾在调节杨树体内各种代谢活动中起相当重要的作用。营养元素能促进杨树早期营养生长，增加根系重量、长度、密度，增强了根系向土壤深层扩展的能力，有利于杨树更有效利用土壤深层储水，而使杨树植株保持良好的水分状态。并且，由于营养元素改善了杨树体内生理活动，促进了杨树的生长、光合作用、同化物运输等，使干物质量和产量猛增，从而提高了杨树的水分利用效率。氮、磷、钾三种营养元素对植株叶片气孔导度的影响，普遍有以下规律：供水充足或轻度干旱时，高营养水平植株叶片气孔导度较小。一些学者认为，低营养水平植株遇到干旱后，叶片气孔不能够完全关闭是产生这种现象的原因。磷的主要功能是增加有机磷化物的合成，促进蛋白质的合成，是提高原生质胶体的水合能力，增加抗旱性。钾能改善杨树的糖代谢，增加细胞的渗透浓度，保持气孔保卫细胞紧张度，有利于气孔张开，有利于光合作用。微量元素中硼与铜也有助于杨树的抗旱作用，硼的作用与钾相似，铜能显著地改善糖与蛋白质代谢，在土壤缺水时效果更明显。

3. 生长延缓剂及抗蒸腾剂的使用

生长延缓剂目前在农业生产上应用比较多的是矮壮素（CCC），它可促进气孔关闭，减少蒸腾失水，具有明显提高植物抗旱性的作用。虽然脱落酸也具有这种生理功能，但价格高缺乏实际应用价值，脱落酸既是一种生长延缓剂又是一种抗蒸腾剂。一般旱地植物在干旱来临前喷施CCC对抗旱增产是有利的。但生长延缓剂提高植物抗旱性的机理并不是降低蒸腾作用，很多实验发现，用CCC喷施植物后需水量反而增高（每产生1g干物质所消耗的水分克数），但经处理的植株在干旱条件下能够残存下来，而且产量有所提高，其产量增加的原因是增加了细胞的保水能力，能防止细胞因脱水而受到损伤，为其后的代谢提供了适宜的水分环境。关于抗蒸腾剂的使用在前面杨树的水分生理部分已介绍。

4. 化学诱导

实验证明，种子播前进行干旱锻炼时采用一些化学药物浸种也能提高植物抗旱性。如用0.25 mol/L $CaCl_2$溶液浸种20h或用硼酸浸种，或用0.05% $ZnSO_4$喷洒叶面都能提高幼苗的抗旱性和抗热性。这些化学物质的诱导机理目前还不清楚，但从理论上说，这些化学物质只要能诱导蛋白质与RNA的生物合成，就能够提高植物的抗旱性和抗热性。

五、林业生产中的抗旱措施

（一）种苗生产及苗圃抗旱管理

春季是多数树种开花、播种和苗木开始新一轮生长周期的关键时期，过度干旱会对树木或苗木的正常生理过程和花芽分化以及播种后种子的顺利出土成苗造成不利影响，进而导致林木种子、苗木的产量和质量下降，影响林业生产顺利发展。根据天气旱情、土壤墒情，结合林情、种情进行科学分析，采取有效的措施，可大大缓减特大干旱带来的危害，使损失减低到最低程度。尤其近几年来，我国北方地区冬春旱情持续加重，给林业生产带来严峻考验，所以采取有效可行的抗旱措施尤为重要。

1. 种子生产抗旱管理

（1）良种基地管理：根据土壤墒情，应对种子园和采穗圃进行及时科学地灌溉，以促进树木正常生长，但在花芽分化时不能灌水。灌溉时应尽量采用节水灌溉方式，如喷灌比地面灌溉大约节水30%～50%。以树木的耗水生理为基础，根据不同地区气温变化的规律，制定喷灌的供水细则，是良种基地灌溉科学用水的理论依据。没有灌溉条件的母树林，应采用覆盖的方法减少土壤水分蒸发。此外，对林地应进行适时除草，切断土壤毛细管，降低土壤水分蒸发量。

（2）种子储备与预测：虽然采取措施对促进林木开花结实能起到积极作用，但仍有可能导致种子质量和产量的降低，因此，应注意做好种子的储备、今年种子产量的预测和明年用种的预购工作。

2. 苗木生产的抗旱管理

一般在建立苗圃时，都会选择水源充足，灌溉有保障的地方，但在遭遇特大干旱时，应根据天气和土壤墒情及时灌溉。在水源缺乏的情况下，苗圃生产应采用抗旱育苗措施，以确保苗木正常生长，提高苗木质量和产量。

（1）抗旱播种育苗：

耕作方式：在干旱严重情况下，播种前应进行深耕细耙，采用低床育苗有利于土壤保墒。

种子催芽：在缺乏水源和土壤墒情较差的情况下，种子不宜进行催芽。

土壤处理：为防止干旱而引起的病虫危害，应加强对土壤消毒处理，如用2%～3%硫酸亚铁药液喷洒土壤进行消毒。

种子处理：为预防幼苗发生病害，如猝倒病，应用0.5%高锰酸钾等药液进行浸泡消毒处理，浸泡后用清水冲洗。注意种胚已经突破种皮的种子，不要用高锰酸钾消毒。

播种方法：在干旱和水源不足的情况下，在整好的苗床上先开沟，然后在沟内先灌足底水，等水渗入土壤后，将处理过的种子播种于沟内，用潮湿的土壤覆盖，镇压要实，使种子与土壤密接，然后覆膜，以保持土壤水分，待幼苗出齐后揭去薄膜。

（2）抗旱硬枝扦插育苗：进行扦插育苗时，应先灌水，待土壤湿度适宜时再采用覆膜扦插育苗，具体做法：

做垄：以窄垄为宜，垄高不宜超过 15cm。做好垄后，把顶部和两侧拍实，使土壤密结，有利于毛管水上升。

插穗催根处理：将剪好的插穗进行浸水处理或采用 ABT 生根粉、吲哚乙酸、萘乙酸等溶液处理，以促进扦插生根。

覆膜扦插：扦插前应先覆膜，然后再扦插。扦插时先用与插穗粗细相近的木棒打孔，插入插穗后将孔口用湿土盖严，然后从侧方将土壤压实，这种方法地膜紧贴地面，既有利于保墒，也可防止杂草丛生，提高扦插成活率。

（3）接种菌根菌：菌根可大大提高苗木的抗旱性，在播种育苗时可用 Pt 菌根等菌剂接种。

（4）起苗和移植育苗：由于土壤严重干旱，气温增高，所以起苗和移植要选择无风的阴天或早晚时间。土壤过于干燥，起苗时根系的须根会受到严重损伤，因此应在起苗前一周先灌水，一般当土壤含水量为其饱和含水量的 60%（即土不粘锹）时即可起苗或进行移植。

（5）苗木保护：起苗后，应边起边拣苗，并在背风阴凉地方，按照苗木质量标准进行苗木分级。如果苗木不能立即运输，应进行临时假植（用湿润土壤将苗木根系覆盖），以保护苗木根系不失水。如果长途运输，为保持苗木水分平衡，延长苗木活力，可将苗木根系蘸泥浆、浸水、蘸吸水剂等。运输材料可采用保湿性好的材料，如塑料袋等。运输过程中要适时检查，如发现苗木干燥要随时喷水。

3. 苗圃的抗旱管理

对苗圃现有苗木的管理，主要是水分管理。

灌溉次数：对于喜湿树种，如杨树、柳树、泡桐、桤木等幼苗，由于生长细弱，根系生长发育慢，则应少量多次进行灌溉；对刺槐、白蜡、臭椿、马尾松、油松等幼苗，由于比较耐旱，对土壤水分要求不高，灌溉的次数可适当少些。

在出苗期和幼苗期，苗木对水分要求虽不多，但比较敏感，应及时少量灌溉；在速生期需水量较大，应少次多量，每次灌透；在苗木硬化期应禁止灌水。

在气候干旱、土壤水分缺乏严重时，灌溉次数应多些，灌溉量可大些；沙土保水力差，可以多次少灌；粘壤土保水力强，则应少次多量。总之，每次灌溉量能保证苗木根系分布层处于湿润状态即可。

灌溉时间，以早晨或傍晚为好，这样不仅可以减少水分蒸发，而且不会因土壤温度发生急剧变化而影响苗木的生长。

（二）幼林、新造林抗旱管理

1. 干旱受害调查技术

受害特征与等级划分：幼林和新造林地的旱情调查，一是要根据幼苗幼树的枝、干、叶的颜色、硬度、可弯曲程度、弹性和手感等变化，判定其受害程度，确定旱死株和受害部位，对于地上部分确定为基本枯死者，调查根系是否枯死，为采取相应的救护措施提供依据；二是要对旱灾原因进行调查分析，是否存在造林技术不当，是否做到"适地适树"，造林时间、造林整地、栽植深度是否合理等。

2. 干旱受害救护技术

清理和保留幼树的确定：对已确定整株枯死、主干低位枯死且不能利用根系恢复的幼苗、幼树，顶芽损坏的松类树种，及时进行清理，保持林地卫生状况良好。对保留的幼苗、幼树可采取培土、修剪、平茬等措施予以救护。

修剪枝条：轻度受旱的幼苗、幼树，可及时剪除芽叶焦灼、叶部萎蔫但未受害的枝条，以及受旱致死已丧失发芽能力的枝条，减少水分散失，避免旱情加重。

平茬：对于地上部分旱害严重，但是树干基部及根系仍然良好，且萌蘖能力强的树种，可采取平茬措施。平茬高度一般控制在距地表面10cm 左右。

培土：对于因栽植深度不够，根系吸收空间不足造成旱害的，以及旱情严重的阔叶树种，可在幼苗幼树周围采取培土措施。

松土除草：对于土壤比较黏重而杂草灌木比较多的新造林地和幼林地，通过松土除草清除灌木杂草，减少土壤水分的损失；沙质土壤且杂草灌木比较少的新造林地和幼林地，可不进行松土除草。

覆盖：可根据实际情况分别采用多种材料覆盖地表，一是就地取材，把松土除草清理下的灌草铺于幼苗幼树周围；二是用塑料薄膜覆盖于幼苗幼树周围或整个行间；三是石块覆盖，适用于山地造林的幼苗幼树。

集水保墒：山坡造林地通过抚育措施增加集水面，例如，在一般鱼鳞坑两侧开挖集水沟槽，形成翼式鱼鳞坑；在带状整地的幼林地上方，清除植被，夯实土壤，增强集水效果。

灌溉补水：有灌溉条件的幼林和新造林地，特别是工业人工林新造林地和幼林地，尽快采取灌溉措施；旱情严重且价值较大的幼苗、幼树应采取人工浇水措施。

补植或重造：对于因苗木旱死而未能达到合理造林密度的幼林地，应在具备造林条件时及时补植；受灾严重的幼林地和新造林地应重新造林；对于因造林树种（含品种、无性系）选择不当而造成旱死的，需更换树种重新造林。在补植或重造时，要选用适当的树种，调整树种组成，形成合理的混交林。同时，保证造林密度在合理范围内。补植补造和重造的苗木一般采用容器苗。

（三）春季抗旱造林

1. 集水造林技术

集水造林是北方采用的最普通的抗旱造林技术。集水造林的关键是如何最大限度地收集有限降水。技术要点是整地方法和集水面的处理。整地方法除了传统的鱼鳞坑、水平阶、水平沟、反坡梯田外，集水效果较好的整地方法还有单坡式、双坡式、扇形、漏斗形、V字形等，不同造林地区可根据降水特点和造林树种选择应用。集水面最简单的方法是夯实拍光集水面，特殊地段的造林还可铺设塑料薄膜，以提高集水能力。

2. 容器苗造林技术

容器苗根系完整，抗旱性强，无缓苗期，造林成活率高。在远离水源和交通不便的干瘠立地，容器苗造林效果更佳。目前造林的主要容器苗类型有塑料薄膜容器苗和网袋容器苗。塑料薄膜容器苗造林时要注意脱掉容器或撕掉容器底部，脱掉的塑料薄膜要回收，防止污染环境。道路绿化和城市绿化可采用大规格容器苗造林，可快速提高造林效果。

3. 浸根蘸根造林技术

浸根造林是指在造林前对裸根苗木根系进行浸水处理（一般浸水

24h），提高苗木含水量，增强苗木活力，提高造林成活率的一种措施。蘸根造林是指造林时对裸根苗木根系进行蘸泥浆处理的一种方法，如果泥浆中加入适量菌根制剂或生根粉，造林效果更佳。

4. 截干造林技术

萌芽能力强的树种，如杨、柳、刺槐、火炬树、沙棘、元宝枫等，造林时可采用截干造林，栽植后培土成堆（高 20cm 左右），以提高造林成活率。一般主干保留 15cm 左右为宜。有灌溉条件，栽植后浇水，然后培土，效果更好。

5. 深埋造林技术

干旱立地和风沙区，营造油松、樟子松、落叶松等针叶树种，可将苗木地上部分三分之二左右埋在土沙中，成活后再去除沙土。一些阔叶树种可将苗干压弯，用土压埋，当发芽放叶时再去除埋土，扶正苗木。

6. 覆盖造林技术

植苗造林时，采用农用塑料薄膜、秸秆、枯枝落叶、石片等材料，以苗木为中心，覆盖根系上部表层土，可有效减少蒸发，提高蓄水保墒能力。在干旱区可将薄膜覆盖做成漏斗状，以提高集水能力。直播造林也可采用覆膜点播，提高成苗率。

7. 壁植造林技术

油松、樟子松、落叶松等针叶树种植苗造林时，一般苗木紧贴坑壁直立栽植，阴坡一般苗木靠上壁，阳坡靠下壁。壁植造林的主要目的是创造遮荫条件，减少蒸腾，提高造林成活率。

8. 生长调节剂造林技术

采用 ABT 生根粉、绿色植物生长调节剂（GGR）、萘乙酸、吲哚乙酸等生长调节剂处理苗木根系，可增强苗木活力和抗逆能力，提高造林成活率。处理浓度可按照相关产品说明书配置。

9. 吸水剂造林技术

吸水剂是一种高分子树脂材料，具有非常强的吸水能力，但吸水剂本身没有水分。吸水剂造林有三种方法：一是水凝胶蘸根造林，具体是将吸水剂加水稀释到 0.1% ~ 1%，然后蘸根处理进行造林；二是混剂泥土蘸根造林，具体为先将吸水剂与土壤混合（0.1% ~ 1%），用水调成稠泥，然后蘸根包裹根系；三是将吸水剂直接施入造林穴中，具体为先将吸水剂与土壤拌匀，然后填入植树穴苗根周围。目前国内吸水剂种类比较多，可根据造林树种选择适宜的吸水剂品种。

10. 固体水造林技术

固体水是一种采用高新技术将普通水固化成型成为固态，并且物理性质发生了巨大变化的一种水。固体水的特点是产品本身具有水分。固体水可显著提高造林成活率，但成本比较高，一般适合在缺乏水源的荒山沙地造林应用，特殊地段的造林也可采用，如城市绿化、公路绿化等。固体水提高成活率的机理是苗木根系接触固体水后，固体水被生物降解，然后缓慢释放水分供苗木根系吸收利用。

11. 截根深栽造林技术

截根深栽造林主要应用在杨树造林中，适宜于地下水位 1~2 m 的沿河滩地和阶地。截根造林应采用优质壮苗，一般生产中截根造林的苗木多采用留根育苗方法进行培育。

12. 带土坨造林技术

大规格苗木春季造林时，根系带土坨造林可显著提高成活率。带土坨造林的关键是起苗时应尽可能地保护好苗木根系部分的土壤，用草包或蒲包将根系包扎成球状，防止根系土坨散落。大树移栽最好是带土坨定植，土坨大小一般应是树木胸径的 8~10 倍左右，土坨一般用草绳捆扎为好。

13. 树干保护造林技术

早春干旱季节，造林时可采用农用薄膜、牛皮纸、报纸等材料，将地上苗干缠绕或包裹起来，可有效防止苗木失水，提高造林成活率。当发芽或放叶后，可适时去掉苗干保护材料。

六、杨树抗旱研究动态

笔者目前正在开展山西省林业厅《杨树抗寒抗旱机理研究》（2009031112）项目，该项目由山西农业大学林学院姚延梼教授主持，收集了国内具有自主知识产权的 10 个杨树品种，主要针对晋西北地区气候，从形态、生理和生物化学各个方面将杨树的抗寒抗旱两种抗性同时进行研究，以期对杨树的抗寒抗旱性机理有更深的探究，并为晋西北地区筛选出适宜推广栽培的杨树树种。现就国内外杨树的抗旱研究进展从以下几方面做一详细介绍。

（一）干旱对杨树生长性状影响

1. 生物量的积累与分配

水分胁迫可显著减小杨树的高度生长、比叶面积及最大叶面积，同时也减少叶面积的生长率、叶片数量及生物产量。水分条件还影响生物量的分配，水分胁迫下生物量向根部的分配增加，功能根的数量和长度增加。在干旱处理的早期阶段，抗旱的杨树无性系有更多的干物质优先向根和茎部分配，而干旱敏感的无性系在水分亏缺条件下缺乏这种分配的可塑性。在适度干旱环境下，抗旱与干旱敏感的无性系相比，根系密度及根密度与材积比提高，从而提高抗旱性（在适度干旱条件下表现出较高的材积生长率）和从土壤中吸取水分的能力。但严重水分胁迫下，由于碳向地下组织的分配受到限制，因而根和枝条的生长都受到限制。另外，干旱可提高根生物量/叶冠面积比、叶冠面积/茎横截面积比，降低生物量、高度和比叶面积，这在桉树上已被证明。

Kaufmann 等研究发现，耐高蒸腾量的树种在单位边材面积有较大的叶面积（和重量），因为单位叶面积上有较低的水分散失速率。叶冠质量（总叶面积、叶干重）与边材基部面积比和根茎比均与水分胁迫相适应。但这些指标在杨树上未见报道。

2. 解剖结构

干旱过程中，虽然植物可通过叶片脱落或产生小而厚的叶片以减少蒸腾，但为适应干旱叶片结构也发生一些改变。在水分亏缺下，植物叶脉较厚，表皮细胞较小，有较多的叶毛和较厚的角质层。叶片表皮气孔控制着植物与大气间的水分和气体交换。光合作用中 CO_2 进入、O_2 释放及蒸腾作用的水分耗散等均经过气孔通道，因而气孔实质上是植物与大气间物质交换的主要"闸门"，在植物生命活动中起着重要作用。当保卫细胞吸水所产生的膨压大于表皮细胞膨压时，气孔处于开放状态，反之气孔关闭。在气孔开闭现象的背后，存在着一系列复杂的调控机制。与此同时，植物体内的各种生理代谢过程、离子吸收、特定基因的表达等都将受到气孔调节的影响。

在水分胁迫下，耐旱和不耐旱杨树气孔保卫细胞的反应存在明显差异。耐旱杨树的气孔对水分亏缺的反应灵敏，保卫细胞中的离子含量随不同胁迫强度而表现出明显的变化；而不耐旱杨树气孔对水分亏缺的反应较迟钝，在不同胁迫强度下保卫细胞中的离子含量没有明显的改变。此外，导管的特征也影响杨树的抗旱性。研究表明，抗旱性强的杨树无性系其导管直径比对干旱敏感的大，可能导管的大小对干旱诱导的气穴现象有一定的抗性作用。扫描电镜下观察到抗旱性的杨树与对干旱敏感的杨树相比较，其导管凹陷膜的伤害程度较小，膜的强度大。

（二）干旱条件下杨树生理指标研究

1. 气体交换

杨树的生理生态特性与生长（如高生长和单株材积）有着密切关系，通径分析表明，对单株材积起决定作用的是蒸腾速率和净光合速率。侯风莲等测定了小青杨树冠不同方向气体交换的变化，发现树冠不同方向水分状况不同，饱和亏缺大者，水势较小，蒸腾强度也小。水分胁迫下，杨树净光合与呼吸速率降低，这与气孔及叶肉对叶片导度的影响相关。

2. 光合作用

在水分胁迫（田间持水量的45%）下，杨树的净光合速率显著下降（49.03%）。陈少良等研究了水分胁迫对4种杨树无性系苗木光合作用的影响，发现对土壤干旱敏感的杨树受旱后净光合速率（P_n）剧烈下降，主要是由于非气孔因素的影响：即RUBP羧化酶（Rubisco）的活性降低；耐旱性强的杨树，P_n下降的幅度小，气孔因素和非气孔因素都是影响光合作用的因子。

3. 蒸腾作用

杨建伟等比较3种土壤含水量（最大田间持水量的70%、55%和40%）条件下杨树的蒸腾速率，发现在土壤含水量为最大田间持水量的55%时，蒸腾速率最高。周海燕等研究了降雨前后土壤含水量及空气湿度变化对青杨的蒸腾特性、叶片水势、气孔导度及水分利用效率的影响，发现雨前青杨蒸腾速率主要由气孔导度和近叶面空气相对湿度进行调控，雨后蒸腾主要受空气相对湿度和土壤水的影响，气孔调节不明显。

4. 用水效率

用水效率作为评价抗旱性的指标，可用一个生长季干物质的积累与水分消耗的比值(B/W)表示，即长期用水效率；或者一秒或一分钟的光合作用与蒸腾作用的比值(A/E)，即瞬时用水效率。在水分供应受限的情况下，根据其起源地自然环境水分胁迫的程度，植物已发展为两种不同的用水策略——节水型和耗水型。节水策略适用于孤立的个体，而且所受干旱胁迫时间较长。节水策略经常是与品种的抗旱性、较高的用水效率及较慢的内在生长速率有关。耗水策略适用于短期适度的干旱胁迫，及植物都争相迅速消耗可利用的水分，直到土壤可利用水分被消耗完的竞争环境，因此该策略应归因于高的气孔导度及快的生长速率。

关于杨树的水分利用，在单个叶片水平上及在人为控制条件下杨树对干旱在形态和生理上的适应，已有大量报道；在植株及林分水平上，研究相对较少。随着测定植株或枝条液流技术的发展，使研究林分或植株蒸腾与水分关系成为可能，由测定液流结合水势可描述环境对植物水势（包括流体阻力的改变）的影响。杨树在干旱胁迫下，水流总阻力的微小提高，与由木质部水势的逐步降低所诱导的气穴现象有关，气穴现象指木质部导管被气泡或栓塞所阻塞，从而使水力导度和生产力降低。近年来，液流研究表明，尽管光辐射与蒸汽压差在改变，但在中午前后相当长的时间内树木的蒸腾作用相对稳定，这说明气孔对蒸腾作用的强烈的控制作用。研究表明，干旱处理下杨树的用水效率低于良好水分条件，杨建伟等用光合速率与蒸腾速率计算的杨树的用水效率（WUE）为：70% θ_f（适宜水分）> 55% θ_f（适度水分亏缺）> 40% θ_f（严重水分亏缺）（θ_f 为土壤最大持水量），说明杨树在适宜水分下生物量最高；但就整个生长季的 WUE 而言，则以适度水分胁迫下最高。近年来，碳同位素（$\delta^{13}C$ 或 Δ）已经发展为测定用水效率的有用工具。植物组织碳同位素比值提供了一种综合的测定内部植物生理和碳固定一定时期内影响光合气体交换的外部环境特征的方法。$\delta^{13}C$（或 Δ）与传统测定的用水效率有很强的相关关系，已作为一种工具被应用于研究植物叶片水分利用过程。

5. 渗透调节

植物在低水势下能够存活的耐脱水机制有以下几种方法：维持较低的基本的渗透势，有效的溶质积累（也就是降低其渗透势）和原生质抗性。渗透调节和维持膨压能力是植物在低水势状态下抗干旱的一种重要方式。水分胁迫下，植物细胞中主动积累溶质，渗透势降低，并从外界水势降低的介质中继续吸水，保持一定膨压，维持较正常的代谢活动，称为渗透调节。渗透调节主要积累的溶质主要有糖、氨基酸和无机离子等。渗透调节对水分胁迫的反应，是能使植物忍耐水分亏缺的一种重要的生理机制，叶片可通过细胞溶质的净积累来减小细胞的渗透势，从而提高抗脱水的能力。

在人为控制环境下，盆栽杨树的渗透调节主要是由于糖和无机离子的积累；尽管基本氨基酸含量也有所上升，但只占总溶质的极小部分。大田条件下，尽管杨树的渗透调节可由溶质浓度的提高来解释，但无性系间完全膨压时的叶片渗透势的不同不能完全由此来解释，由于所表现的渗透调节的程度很小，其他的抗旱机制归因于无性系在田间表现的不同。

压力—容积曲线（P-V 曲线）是研究植物渗透调节能力的重要方法之一，在研究杨树水分关系及抗旱性中已得到广泛应用。通过 PV 技术可获得多项水分参数，充分膨胀时的渗透势（Ψ_π^{100}）和膨压力为 0 时的渗透势（Ψ_π^0）是反映植物调节能力的重要指标，Ψ_π^{100} 的大小说明了树木保持最大膨压的能力，而 Ψ_π^0 的大小则说明树木维持最低膨压的极限渗透势，Ψ_π^0 值越低表明树木维持膨压的能力越强。膨压为 0 时的相对含水量（RWC0）和相对渗透含水量（ROWC0）也是判断植物耐旱性的重要指标，一般认为 RWC0 和 ROWC0 值越低，表明植物组织在很低的含水量下才发生质壁分离，因此可以在一定程度上反映植物组织细胞忍耐脱水的能力。细胞弹性模量（ε）反映了细胞膨压随体积而变化的速率，由于 ε 不是一个常数，因此一般在分析中以最大体积弹性模量 ε_{max} 来表示细胞壁的物理性质。ε_{max} 值越高表示细胞壁越坚硬，弹性越小，当组织含水量和叶水势下降时，其维持膨压能力越小。通过对这些水分参数的综合分析，可了解植物的渗透调节和维持膨压能力，并进一步对植物抗旱性做出评价。在不同土壤干旱胁迫下，杨树无性系膨压与叶水势均呈极显著直线相关关系（$\Psi_p = a + b\Psi_w$），a 表示树木充分膨胀时叶片细胞所能达到的最大膨压，b 表示随叶水势下降膨压下降的速度，b 值越小，表明膨压下降速度越慢，因此，可用其反映植物渗透调节能力的大小。

6. 脱落酸浓度

脱落酸(ABA)是调控植物几种随时间变化的主要生理过程的激素，特别是植物对水分胁迫的适应。木质部 ABA 浓度与土壤水分贮蓄有关，而且气孔导度和叶片生长与木质部 ABA 浓度呈负相关。种内 ABA 浓度的不同可能与该种特异性的用水效率有关。外源 ABA 也可降低枝条的水力导度，但其下降幅度远远小于气孔导度、叶水势及最大净光合速率的下降幅度，因此外源 ABA 主要是直接影响气孔，但对枝条水力导度的改变可能是 ABA 作用的重要机制。在干旱条件下，不同杨树基因型的气孔反应不同，不同无性系叶片 ABA 积累也不同。杨树根部对土壤水分含量变化敏感性因不同的无性系而异，水分胁迫下枝条 ABA 浓度在短时间内的迅速积累有助于对干旱的抗性。

7. 电导率及木质部汁液 pH 值

植物生理学的广泛研究发现，生物膜透性在反映植物抗逆性的差异上比较敏感，在冻、寒、旱、盐、热、涝等许多方面都表现出膜透性的破坏，结果造成了大量电解质(离子)向组织外渗漏。

由于外渗电解质的变化可以通过测定溶液的电导值来计算，因此，人们首先提出了电导法。大量研究表明，利用电导法来预测和判断植物的抗逆性具有很高的灵敏度，抗逆性不同的植物在逆境下的电解质透出率的变化差异很大。电导法在果树、作物上等都得到应用。在杨树上研究发现抗旱性强的杨树其电导率比对干旱敏感的大。

此外，还有一些研究表明，随着土壤的干旱，植物的生长速率下降，木质部汁液 pH 值上升。干旱条件下，在枝条的水分状况未受影响之前，木质部汁液 pH 值的上升可作为土壤可被叶片利用水分下降的早期信号，它在木质部 ABA 浓度上升之前可作为土壤脱水的信号。

(三)干旱条件下杨树生化指标研究

1. 膜脂过氧化与保护性酶

关于植物在干旱逆境中受损伤机理的研究，前人的大量工作都证明了干旱造成植物细胞膜系统的破坏。干旱胁迫造成植物伤害的重要原因之一，就是细胞内活性氧的产生与清除的失衡。超氧化物歧化酶(SOD)是膜脂过氧化防御系统的主要保护酶，它能催化活性氧发生歧化反应产生无毒分子氧和过氧化氢，从而避免植物遭受伤害。较高的 SOD 活性是植物抵抗逆境胁迫的生理基础。膜脂过氧化防御系统中保护酶，还有过氧化氢酶（CAT）和过氧化物酶（POD），可除去生理系统中的 H_2O_2。

关于渗透胁迫致使植物细胞伤害机理方面的研究，孙昌祖等报道青杨叶片的 O_2^- 产生速率随胁迫程度的加大而增加，MDA 含量的变化趋势与 O_2^- 产生速率的变化趋势相似；在一定胁强范围内，SOD 和 CAT 的活性水平亦与 O_2^- 的变化相一致；细胞质膜透性的增大和叶水势的降低与 MDA 含量的增加呈明显的正相关，说明青杨叶片的渗透胁迫损伤，是由 O_2^- 引发的膜脂过氧化，致使 MDA 含量增高，破坏了细胞膜系统所致。

2. 硝酸还原酶

硝酸还原酶（NR）是植物体中普通存在且具有显著诱导作用的酶之一，其活性易受内外因素调节，植物吸收硝态氮后必须首先经过 NR 等一系列酶的还原和同化，才能用于生长和发育。杨树是一个对氮肥反应十分敏感的树种，高红兵等发现，小青杨幼叶中硝酸还原酶活力最低，成熟叶中最高。在 pH 值 7.5 时，硝酸还原酶活力最高。在生长季中，硝酸还原酶活力与生长速率有密切关系。叶片 NR 与植物同化 $NO_3 - N$ 的能力和速度有着直接关系，而叶片相对质膜透性（RPP）是衡量细胞质膜受破坏程度高低的重要指标，多数植物在胁迫条件下叶片 RPP 会明显升高，但不同植物之间存在差异，这种差异的存在为抗胁迫物种的选择提供了可能。在淹水胁迫条件下杨树无性系生物量累积受到明显抑制，冠根比降低，叶片硝酸还原酶（NR）活性显著下降，叶片 RPP 明显升高，叶绿素含量以及叶片含水量（RWC）降低，无性系之间的各性状表现有所差异，统计分析显示，NR 活性和 RPP 两个指标与生物量之间存在显著相关关系。

（四）分子生物学及基因工程在杨树干旱研究中的应用

随着分子生物学方法和手段的快速发展，功能基因的克隆和转基因技术已应用到植物抗旱性的研究领域，由于杨树生长速度快，易繁殖，核基因组及染色体数目（$2n = 38$）相对较小，易于通过农杆菌转化，使得杨树成为研究树木分子生物学、林业生物技术及树木基因组的模式植物。

关于杨树抗性方面的研究，主要集中在提高杨树抗病虫胁迫及除草剂的能力，在抗旱方面，以色列 Hebrew 大学曾做过大量研究，在茎尖培养的白杨中发现适应逐步水分胁迫的热稳定蛋白质 BspA。并对 BspA 的特性进行了研究，在水分胁迫进行时该蛋白质积累，再水合的程度降低；BspA 是在白杨中检测到的唯一的主要响应水分胁迫的热稳定蛋白。另外，还研究了白杨根及茎尖部位的其他水分胁迫响应蛋白 DSP16（dedydrin）、胞质甘油醛-3-磷酸脱氢酶及蔗糖合成酶。

为描述杨树不同基因型对水分胁迫的不同反映，研究了温室生长的两个杨树无性系的 BspA 的积累及与水分胁迫相关的蛋白质 dedyrindsp-16 和蔗糖合成酶，发现杨树无性系对水分胁迫的忍耐力与水分胁迫相关蛋白质和蔗糖合成酶的积累呈正相关。而且，白杨 BspA 基因的特征描述与克隆已取得成功。离子渗漏试验及蛋白质印迹，进一步表明了该蛋白质的可能功能与结构。

随着生物技术的发展，转基因树木已成为研究树木及植物生理的工具，植物在环境胁迫下生活，细胞内会产生活性氧（activity oxygen species，AOS），AOS 可直接被自由基清除剂（如抗坏血酸盐、还原态谷胱甘肽 GSH、类胡萝卜素、维生素 E）解毒或经 SOD、CAT 或 POD 等酶解。转基因杨树通过控制 GSH 的合成或与 AOS 解毒相关酶的表达，可提高杨树抗胁迫的能力。关于 γ-ECS、谷胱甘肽还原酶（GR）及 Fe-SOD 在转基因杨树中的过量表达均有报道，但对提高其抗逆性的作用不一。另外，还有对保护性酶 POD 的研究，Osakabe 等从杨树（*Populus kitakamiensis*）的基因库中筛选了带负电的 POD。

迄今为止，国内外对木本植物的抗旱性研究主要集中于生理方面的测定，没有把生态、生理以及基因调控作为一个有机整体加以考虑。因此，在将来杨树的抗旱性研究中，应该结合最新的分子生物学手段，阐明在不同程度水分胁迫下生物量积累与分配、气体交换、用水效率、脱落酸含量以及其他形态、生理与生化等变化之间的互相关系，以及这些特征和有关抗旱基因表达间的内在联系，加强杨树在水分胁迫下信号识别与传导、逆境蛋白的诱导及相关基因的调控等研究。相信随着技术的发展及相关研究的深入，分子生物学技术在杨树抗旱方面将发挥更大的作用，进一步深化杨树的抗旱性研究，揭示杨树在干旱环境下的用水机制，选择、培育出抗旱能力强的新品种。

第二节 杨树抗寒生理

温度是杨树生长的必需条件，也是杨树自然地理分布的主要限制因素。杨树只有在一定的温度范围内才能正常生长和繁育。根据低温的程度和杨树受害情况，可将杨树的低温逆境分为冷害和冻害。

一、冻害生理

由 0℃以下的低温引起植物的伤害，称为冻害。冻害常引起植物组织结冰，因而使植物受伤甚至死亡。

（一）冻害对植物的影响

1. 植株含水量下降

当秋末冬初，温度下降，杨树的生长速度逐渐减慢，根系对水分吸收减少，含水量逐渐下降。随着抗寒锻炼的进行，细胞内亲水性胶体增加，束缚水含量相对增加，自由水含量则相对减少，因为束缚水含量相对增多，有利于杨树抗冻性的加强。含水量极低的植物组织、器官或有机体，如种子、休眠芽，能忍受极低的温度，可见，植物组织忍耐冻害的程度与其含水量密切相关。

2. 呼吸作用的变化

大多数植物的呼吸作用随温度的下降逐渐减弱，一般减少到正常呼吸作用的 1/200，并且抗冻越强的植物，其呼吸作用下降程度越显著。细胞呼吸微弱，消耗糖分少，有利于糖分保存；细胞呼吸微弱，代谢活动低，有利于对不良环境条件的抵抗。受过低温锻炼的黄瓜根系，低温下呼吸稍有增加，没有经过锻炼的根系在低温下呼吸猛然升高，这种猛然升高是新陈代谢破坏的标志。经测定，没有经过低温锻炼的黄瓜植株内酸溶性有机物含量下降显著，证明呼吸效率的主要指标——氧化磷酸化反应受到破坏。Graham 等指出，原产于较寒冷气候下的植物，在所给定低温下，一般都有较高的呼吸速率。植物的抗寒性与其低温下的呼吸强度之间是否存在着相关性，还需要更深入研究。

3. 脱落酸等物质含量增多

杨树等多年生树木的叶片，随着秋季日照变短、气温降低，逐渐形成较多的脱落酸，运到生长点(芽)，抑制茎的生长，并开始形成休眠芽，叶片脱落，植株进入休眠阶段，以提高抗寒性。Wilding 研究了苜蓿游离氨基酸与抗寒性的关系，发现抗寒品种的根部从 8 月份到 12 月份期间游离氨基酸增加 21%，而非氨基氮增加 13%。处于零度低温的大麦植株内，其亮氨酸、色氨酸、蛋氨酸和丙氨酸的含量增加，而谷氨酸的含量却降低，抗寒品种在零度低温下的植株这些氨基酸含量的提高要比不抗寒品种明显。对于抗冻植物来说，精氨酸和脯氨酸的积累被认为是正常情况。游离脯氨酸能促进蛋白质水合作用，由于亲水、疏水表面的相互作用，蛋白质胶体亲水面积增大，能使可溶性蛋白(清蛋白类)沉淀。因此，在植物处于低温胁迫时，它使植物具有一定的抗冻性和保护作用，它能维持细胞结构、细胞运输和调节渗透压等。实验证明，杨树的抗寒性与脯氨酸的含量存在相关性，但是，也有相反的报道。

4. 保持物质增多

在温度下降的时候，淀粉水解加强，可溶性糖(主要是葡萄糖和蔗糖)含量增多。除少数例外，可溶性糖的含量与杨树抗寒性之间呈正相关，抗寒性强的杨树树种，在低温时其可溶性糖含量比抗寒性弱的树种高。在杨树抗寒锻炼过程中，可溶性蛋白质、核酸、磷脂和不饱和脂肪酸等都不同程度增加。HeBer 指出，植物抗寒的原因主要依赖于比较稳定的可溶性蛋白的增加，抗寒锻炼期间可溶性蛋白含量的增加，既可能有新的合成，也可能从膜上或其他结合形式中降解释放。在核酸中，DNA 不随低温锻炼而变化，而 RNA 在抗寒品种中随着温度的下降而增加。在秋末和冬初的低温锻炼中，杨树和刺槐皮层细胞膜磷脂的增加与抗寒力的提高成平行相关。

(二)冻害机理

1. 结冰伤害

冻害对植物的影响，主要是由于结冰而引起的，结冰伤害的类型有两种：

(1)细胞间结冰伤害。通常温度慢慢下降的时候，细胞间隙中的细胞壁附近的水分结成冰，即所谓胞间结冰。细胞间隙水分结冰会减少细胞间隙的蒸气压，周围细胞的水蒸气便向细胞间隙的冰晶体凝聚，逐渐加大水晶体的体积。失水的细胞又从周围的细胞内吸取水分，这样，不仅邻近间隙的细胞失水，离冰晶体较远的细胞也都失水。细胞间结冰伤害的主要原因是原生质过度脱水，破坏蛋白质分子，原生质凝固变性。其次是冰晶膨大对细胞所造成的机械压力，细胞变形。再者，当温度骤然回升冰晶融化时，细胞壁易恢复原状，而原生质尚来不及吸水膨胀，原生质有可能被撕裂损伤。胞间结冰不一定造成植物死亡，大多数经抗寒锻炼的植物或者说一般越冬植物都能忍耐胞间结冰。

（2）细胞内结冰伤害。当温度迅速下降时，除了在细胞间隙结冰以外，细胞内的水分也结冰，一般是先在原生质内结冰，后在液泡内结冰。细胞内的冰晶体数目众多，体积一般比胞间结冰的小。细胞内结冰伤害的原因主要是机械损害，原生质体内形成的冰晶体体积比蛋白质等分子体积大得多，冰晶体就会破坏生物膜、细胞器和衬质的结构。原生质体具有高度结构，一切生命活动都是有秩序地进行，胞内冰晶体破坏原生质结构，就使亚细胞结构的隔离被破坏，组织分离，酶活动无秩序，影响代谢。据观察，结冰和解冻后，DNA、蛋白质降解，细胞质黏性降低。以小球藻为材料的试验表明，结冰的解冻能影响它的光合放氧，如反复多次结冰和解冻，小球藻就完全不放氧，叶绿体的类囊体膜被破坏。细胞内结冰对细胞的伤害较严重，一般在显微镜下看到胞内结冰的细胞，大多数是受伤甚至死亡。

2. 巯基假说

这个假说是 1962 年莱维特（Levitt）提出的。他认为植物对结冰的忍受程度与细胞的巯基（-SH）含量有关，凡是植株匀浆的巯基含量高的，该植物的结冰忍受程度（抗寒性）就大，它们之间成正比关系。他提出了结冰破坏蛋白质的过程：①细胞质逐渐结冰脱水，蛋白质分子逐渐相互接近；②蛋白质分子接近时，通过相邻肽链外部的 -SH 彼此接近，两个 -SH 经氧化形成二硫键，也可以通过一个分子外部的 -SH 与另一个分子内部的 -S-S- 基作用，形成分子间的二硫键。

3. 膜损伤

胞内结冰首先表现是膜损伤。马克西莫夫早年研究指出，抗寒性保护物质主要影响原生质表面，减少表面的伤害。近年实验证明，膜对结冰最敏感，如柑橘的细胞膜在 -4.4～6.7℃ 时所有膜（质膜、液泡膜、叶绿体与线粒体膜)都被破坏,小麦分生细胞结冰后线粒体膜发生显著损伤。

膜损伤的主要表现是:①胞内结冰后细胞膜失去了选择透性或透性增加,用电导法测定很多植物的抗寒性也确实发现冰冻处理的植物组织内电解质的外渗增加。②膜脂相变使得一部分与膜结合的酶游离而失去了活性。有些实验发现,结冰温度主要是促使了组成膜的脂类与蛋白质结构变化,如具有不饱和脂肪酸的磷脂水解,脂类的过氧化作用等都可破坏单位膜内脂质双分子层的排列,使膜失去半流动的镶嵌状态,甚至使膜出现大的裂缝,从而破坏膜与酶的结合,失去对溶质的控制能力。

(三)提高杨树抗冻性的途径

1. 抗冻锻炼

进入秋季后随气温降低,植物体内会发生一系列适应低温的生理生化变化,通过体内变化提高抗冻能力,这种逐步形成抗冻能力的过程叫抗冻锻炼。当然,植物抗冻的本领是受其原有习性所决定的,水稻无论如何锻炼也不可能像冬小麦那样抗冻,但即使是抗冻性强的冬小麦如不经锻炼突然降温,也会遭受冻害。针叶树的抗冻性很强,在冬季可以忍耐 $-40 \sim -30℃$ 的严寒,而夏季如人为地给以 $-8℃$ 低温即可冻死。

初冬早寒流或早春的寒流对杨树危害较严重,其原因即是初冬杨树尚未完成抗冻锻炼,而早春则随杨树发育进程其抗冻性弱。越冬杨树抗冻锻炼要求有两个阶段,一是光周期阶段;二是低温阶段。如北方冬至是严冬信号,越冬杨树和其他一些落叶树木经过一些短日影响后,就开始形成休眠芽进入休眠状态,同时,也提高了抗冻能力,如果人为地改短日为长日处理就会影响抗冻锻炼,降低抗冻能力。所以,生长在路灯下的杨树容易被冻死就是这个道理。在一些果树上的研究发现,其低温锻炼分两次完成,先是在 $0 \sim 6℃$ 下约经数天,然后再在 $-3 \sim 5℃$ 锻炼,它们就可能忍受很低温度而不被冻死,可见初秋短日条件与初冬的低温是提高植物抗冻性的诱导因素。经抗冻锻炼的杨树其抗冻性增强,其主要原因有:①降低了细胞含水量,减少了胞内胞间结冰伤害,组织含水量越少其抗冻性越强。②积累大量保护物质,主要是体内可溶性糖含量增加,其次是脂肪、蛋白质以及核酸的含量也增加。③经抗冻锻炼的植物体内脱落酸含量增加,而吲哚乙酸和赤霉酸减少,由于激素调节,杨树进入深沉的休眠，降低了代谢作用，有利于保护物质的积累。

2. 化学控制

此法主要通过喷施一些化学药物来控制生长和提高抗冻能力。通过天然激素和生长延缓剂与抗冻关系的研究发现，有些植物用长日条件处理会降低抗冻能力，主要原因是长日诱导产生赤霉酸。赤霉酸可以降低抗冻性，如对叶槭树在短日下施用赤霉酸处理可降低它们的抗冻性，如果用生长延缓剂 AMo – 1618 和 B_9 处理，即可消除赤霉酸对抗冻的抑制作用而提高抗冻能力，这主要是生长延缓剂能抑制赤霉酸的合成。

脱落酸也能提高杨树抗冻性。脱落酸须在短日诱导下才能形成。抗冻锻炼要求短日照的机理可能是有利于脱落酸的生物合成，如喷施 20 mg/L 脱落酸可保护苗不受冻害。

细胞分裂素对很多植物都有增高抗冻性的作用，在冬季用苄基腺嘌呤 2×10^{-5} mol/L 浓度喷施叶面能显著地提高越冬植物的抗冻性，低温与细胞分裂素的相互作用有助于抗冻性的提高。

3. 综合农艺措施

杨树抗冻性的形成是对各种环境条件的综合反应，因此环境条件如日照多少、雨水丰欠、温度变幅等都可决定杨树抗冻性强弱。如果秋季日照不足，秋雨连绵，干物质积累不足，体质纤弱，或者土壤过湿导致根系发育不良，或温度忽高忽低，变幅过剧，或氮素过多，苗木徒长等都会影响杨树抗冻锻炼。

因此林业生产上应该改善杨树生育的状况，加强田间管理，防止冻害发生。主要措施有：①及时扦插、培土、控肥、通气，促进幼苗健壮，防止徒长，增强素质，提高抗冻能力。②寒流霜冻来临前进行冬灌，以抵御寒流袭击。③合理施肥，提高钾肥比例，增施厩肥和采用绿肥压青，这些措施都能提高越冬杨树和早春杨树抵御严寒的能力。

二、冷害生理

冷害是指喜温植物受 0℃ 以上低温的危害。亚热带和热带植物常常遭受冷害。植物对 0℃ 以上低温的适应称为抗冷性。在我国冷害经常发生在早春和晚秋。很多树木（尤其是果树）春季开花时遇到倒春寒，花芽分化遭破坏，引起结实率降低。

(一)冷害对植物的伤害

1. 细胞膜结构破坏、原生质透性增大

低温使膜中的脂类固体化，使膜的流动性降低，膜收缩而出现裂缝或通道，因而使膜的透性增大，电解质会有不同程度的外渗，以至于电导率会有不同程度的增大。据测定，受冷害的玉米根释放出的离子，比正常的根释放的离子多得多。目前常常用质膜透性来判断植物受冷程度，抗寒性较强的细胞或受害轻者不仅透性增大的程度较小，并且透性的变化可以逆转，易于恢复正常，抗寒性弱的细胞，不仅透性大为增加，并且不可逆转，不能恢复正常，以至造成伤害甚至死亡。此外，对冷害敏感植物的叶柄表皮毛，在 10℃ 下 1～2min 后原生质流动很缓或完全停止；而对冷害不敏感的植物，在 0℃ 仍有原生质流动。

2. 水分代谢失调

植物经过零上低温危害后，吸水能力和蒸腾速率都比对照显著下降。从水分平衡来看，对照的吸水大于蒸腾，体内水分积存较多，生长正常；而受害的植株，根部活力被破坏较大，根压微弱，可是蒸腾仍保持一定速率，蒸腾显著大于吸水，使体内水分平衡遭到破坏，造成生理干旱，因而出现芽枯、顶枯、茎枯和落叶等现象。抗寒性强的品种，失水较少；抗寒性弱的品种，失水较多。

3. 光合速率降低

低温影响叶绿素的生物合成和光合速率，如果加上光照不足(寒潮来临时往往带来阴雨)，影响更是严重。试验证明，随着低温天数的增加，苗木叶绿素含量逐渐降低，不耐寒品种更是明显。叶绿素被破坏，低温又影响酶的活性，因而光合速率下降。冷害时间越长，光合速率下降幅度越大，耐寒树种比较好一些。

4. 呼吸作用大起大落

受低温的影响，许多材料在冷害初期，呼吸速率就升高；随着低温的加剧或者时间延长，至病症出现的时候，呼吸速率更高。以后呼吸速率又迅速下降，同时无氧呼吸比例增大，造成一些有毒物质(乙醇、乙醛等)的积累。

5. 有机物分解占优势

植物受冷害以后，分解蛋白质的酶活性显著增加，蛋白质分解大于

合成。随零上低温天数的延长，蛋白氮逐渐减少，可溶性氮逐渐增多，游离氨基酸的数量和种类都增加。

(二)冷害的机理

冷害的病症有变褐、干枯、表面凹陷和坏死等，但这些病症因植物组织和伤害程度而异，而且反应表现迟缓。目前对冷害的本质了解得还不多，一般认为冷害是整个代谢过程遭受干扰破坏，趋于紊乱，产生毒物所致。对于受冷害的植株，往往利用组织的透性判断其冷害程度，因为，透性大小可以反应细胞膜的结构状况。并且，膜系统的损伤是受害的第一步，第二步是由于膜损伤而引起代谢紊乱，导致死亡。脂类是构成膜的主要成分之一，构成脂类的脂肪酸有饱和与不饱和脂肪酸两大类。分析抗寒性强弱不同的杨树和不同品种的细胞膜系统或细胞中两类脂肪酸含量的比值，发现抗寒性强的杨树或品种比抗寒性弱的不饱和脂肪酸含量高。不饱和脂肪酸含量增加，膜的液化程度增大，从而使其收缩性和膨胀性增大，在低温下不易破裂损坏。相反，细胞膜系统的不饱和脂肪酸含量少，膜的液化程度低，伸缩性小，同时在冷害时，膜易从液晶态转变为凝胶态，膜收缩出现裂缝或通道，一方面使透性剧增，另一方面使结合在膜上的酶系统受到破坏，酶活性下降，氧化磷酸化解偶联，而不在膜上的酶却活跃起来，由于结合在膜上的酶系统与在膜外游离的酶系统之间失去固有平衡，破坏原有的协调进程，于是积累一些有毒物质(乙醇、乙醛、丙酮等)，时间过长会使植物中毒。

(三)提高植物抗冷性途径

1. 低温锻炼

低温锻炼是一个很有效的途径，杨树对低温的抵抗完全是一个适应锻炼过程。很多植物如预先给予适当的低温锻炼，即可经受更低温度的影响，不致受害。否则，如突然遇到低温就会受到灾害性影响。例如，玉米幼苗从最适温度直到0℃低温逐渐降低，而后再从低温再升高到最适温度，这样处理后玉米抗冷性明显地提高。经锻炼的植物细胞学研究证明，膜的不饱和脂肪酸含量增加，相变温度降低，透性稳定，细胞内 $NADPH/NADP^+$ 比值增高，ATP 含量增高，可见低温锻炼对细胞代谢影响很大。

2. 化学诱导

使用化学药物诱导植物提高抗冷性已有不少报道，所用化学药物有 2，4-D、KCl、$NH_4NO_3 + H_2BO_4$ 等。细胞分裂素、脱落酸等激素也能提高植物抗冷性，激素的效应可能是影响其他生理过程而产生间接作用，如脱落酸很可能是改变细胞水分平衡使低温不出现生理干旱。

3. 调节氮磷钾的比例

增高钾肥比重能明显地提高植物抗冷的作用，在杨树生产上很有实际效应。目前生产上为了提高杨树的抗寒性，采用的措施是"稳氮补磷增钾"。

三、杨树抗寒育种研究进展

在我国北方地区，低温是杨树在生长过程中经常会遇到的一种非生物胁迫，尤其是在晚秋及早春时期，气温的骤然下降对树木产生极大伤害，造成巨大损失。现有的速生丰产无性系又多不耐低温，虽然通过施肥、树干涂白等措施在一定程度上可以提高杨树的抗寒能力，但是费时费力，难以推广。培育抗寒品种是一条减少低温寒害造成损失的根本途径，也受到林木研究者的普遍关注。目前培育抗寒品种的主要途径包括引种、天然杂种选择、人工杂交育种和基因工程育种。

1. 天然杂种选择

国外最著名的例子是意大利卡扎莱·孟菲拉托杨树研究所从欧洲黑杨和美洲黑杨的天然杂种——欧美杨中选育出的 I-214 和 I-154 等，其抗冻性较强。在我国通过天然杂种选育抗寒品种也有不少成功的例子。1961 年内蒙昭盟林科所最早开始杨树抗冻性天然杂种的选育工作，他们从小叶杨和钻天杨的天然杂种中选育出赤峰杨 3 个优良无性系（34 号、36 号和 17 号），在年平均气温 6.5℃ 和极端低温 −31.4℃ 条件下，小苗和大树均无枯梢等冻害现象，可以正常越冬，表现出良好的速生性和抗寒性。同年，吉林白城林科所也从小叶杨和钻天杨的天然杂种中选育出白城杨，既速生、耐寒又耐旱、耐盐碱。至今被选育出来的杨树抗冻天然杂种还有麻皮二白杨、山海关杨和锦县小钻杨等，这些品种的选育使得杨树的抗冻性得到一定程度的改良。

2. 人工杂交育种

杨树杂交育种始于 1921 年，由英国学者 Henry 首先用棱枝杨和毛果杨进行人工杂交选育出速生且适应性较强的格氏杨。此后，杨树的抗冻性杂交育种在世界上许多国家逐渐开展起来。美国从 1924 年起开始对杨树抗冻杂交育种进行了系统的研究，以毛果杨和不同种源的美洲黑杨杂交，选育出 NE-311、NE-296 和 NE-200 等速生、抗寒杂种无性系。前苏联在杨树抗寒育种方面取得了显著的成绩，从 1933 年开始，先后从欧洲山杨×银白杨、香脂杨×中东杨、银白杨×新疆杨、加杨×西伯利亚杨、加杨×香脂杨等中选育出抗寒速生品种。另外加拿大、法国、意大利等国在杨树抗冻性杂交方法也取得一定的成果。

在我国，叶培忠先生最早开始了杨树的杂交育种工作，他于 1946 年首次进行了河北杨与山杨、河北杨与毛白杨的杂交试验。此后，以提高杨树抗冻性为育种目标的杂交育种工作陆续开展，并取得了显著的成绩。徐纬英、黄东森进行了白杨派及青杨派与黑杨派的有性杂交，获得适应性较强的中美杨×加杨；1956 年又以钻天杨为父本、青杨为母本进行杂交，选育出抗冻性表现突出的北京杨 3 号、0567 号和 8000 号；1957 年徐纬英、董永昌等以小叶杨作母本，钻天杨和旱柳混合花粉为父本，选育出优良品种群众杨系列；中国林业科学研究院从小叶杨×钻天杨杂交种中选育出耐寒、耐旱的合作杨；黄东森以陕西武功的小叶杨为母本，前苏联乌法的欧洲黑杨为父本，得到抗寒、抗旱、耐瘠薄能力均较强的人工杂交群体；后来又在欧美杨改良上取得进展，选育出中林46 等适应华北、黄海地区生长的无性系；1964 年鹿学程等用赤峰杨为母本，欧美杨、钻天杨和青杨的混合花粉为父本，选育出抗寒速生品种昭林 6 号；同年金志明等用白城杨与欧洲黑杨（来自阿尔泰）杂交，选育出"白城 1 号"；张永诚等从 1972 年开始进行杨树人工杂交，共作了238 个组合，经过多年培育观察，选育出小×美 73-16、小×美 73-9 和钻×青 74-2 抗寒无性系；符毓秦、刘玉媛（1984、1990）等人通过大关杨×钻天杨、日本白杨×北京杨、I-69 杨×美洲黑杨、I-69 杨×青杨（长安）杂交分别选育出陕林 1 号、2 号、3 号、4 号杨；刘榕以箭杆杨×麻皮二白杨杂交，选育出"箭二白杨"；1986 年又以箭杆杨为母本，胡杨和毛白杨的混合花粉为父本，选育出"箭胡毛杨"；王绍琰（1985）以银白杨为母本，新疆杨为父本选育出银新杨 1 号和 2 号；沈清越（1985）等以山杨为母本，新疆杨为父本，选育出速生、抗寒、抗旱的山新杨；金志明（1990）从银白杨（来自阿尔泰）№2×新疆杨杂交组合中选出银新杨 75-49 无性系；凌朝文 1992 以山海关杨为母本，小美旱为父本，选育出杂种 7501；刘培林（1993）用小黑×波、小黑×黑小和小青黑×黑，分别选育出了黑林 1 号、2 号、3 号杨；1992 年~1993 年董雁以辽河杨×鞍杂杨、辽河杨×荷兰 3930 杨、辽宁杨×D189 杨为组合，通过大树人工授粉选育出辽育 1 号、2 号、3 号，各无性系在抗寒、速生、材性方面均好于当地主栽品种。

杨树抗冻性杂交育种的研究中青杨派和黑杨派的抗冻杂交育种较多，其杂交方式也从简单到复杂经历了由单交到三交或多交的过程。白杨派杂交育种相对进展缓慢，可能是因为其杂交和繁殖困难等原因所致；选用的亲本有银白杨、新疆杨和山杨，杂交方式以单交为主。

3. 基因工程育种

传统的育种方法在改良杨树抗冻性方面发挥了一定作用，选育出不少抗冻性较强的新品种，产生了巨大的经济效益和社会效益。但是常规育种也存在着一定的局限性如育种周期长，速度缓慢；难以突破种与种之间的遗传屏障，使得植物的遗传背景越来越窄；容易受季节、气候、地域等外界环境条件的限制等，所以培育杨树抗寒品种除了继续依靠传统育种技术之外还必须另辟蹊径。随着植物分子生物学的发展和植物基因工程技术在林木育种中的应用，人们完全有可能培育出丰产、优质的杨树新品种。

杨树的转基因研究始于 1986 年，几十年来杨树转基因技术迅猛发展，一些重要的目的基因包括抗虫基因、抗病基因、抗盐基因、抗除草剂基因和降低木质素基因等已被转入杨树，而关于杨树抗寒基因工程的研究还相对较少。1998 年 Arisi 等将拟南芥的 Fe-SOD 基因导入杨树，增加了转基因杨树的抗氧化能力和耐冻性。法国 INRA 的 Lise Jouanin 实验室将查尔酮合成酶（CHS）基因导入杨树，降低了转基因植株对低温的敏感性。2003 年李春霞从胡萝卜中克隆出抗冻蛋白（AFP）基因并对山杨进行了遗传转化，获得 4 株卡那霉素抗性苗，经 PCR 检测分析，其中一株呈阳性，初步表明 AFP 基因已经整合到山杨基因组中。

目前对杨树抗冻基因工程的研究还相对滞后，虽然已成功导入一些抗性基因，但多为单一的功能基因，而杨树的抗冻性是多基因控制的数量性状，通过导入这些功能基因对提高杨树的抗、耐冻性的效果可能还不够理想。1998 年 CBF 转录因子的发现为利用基因工程手段培育抗寒品种提供了一条有效的途径。CBF 转录因子能够激活大量抗逆功能基因的表达，从而提高植物的抗冻、耐旱和耐盐特性。因此，通过导入单个 CBF 基因就有可能同时表达一组抗性基因，从而提高植物的抗冻性。CBF 转录因子已从多种植物中被分离克隆出来，导入 CBF 转录因子必将在杨树抗冻基因工程中展现广阔的应用前景。

4. 存在问题及展望

杨树的抗寒育种在常规育种方面取得了较大的成就，选育的杨树良种已在生产中发挥出巨大的经济、生态和社会效益。但是常规育种策略和方法简单，没有长期的计划，缺乏连续性；利于改良杨树抗寒性的外源基因来源匮乏，育种资源引进、收集的力度等问题已不能完全满足现代林业对品种更新换代的需求。基因工程技术育种可以打破物种之间的界限，缩短育种周期，目的性强，具有常规育种无法比拟的优势。但是目前用于杨树抗寒遗传转化的外源基因甚少，还有必要对其他林木中的抗寒相关基因进行克隆、分离，为杨树抗寒基因工程育种提供基因储备。在今后的育种工作中应当加强对国外优良杨树资源的引进力度，制定长期的育种计划，采用三交、双杂交或更复杂的杂交方式，最大限度地提高改良的程度。将常规育种与生物技术育种相结合，杨树的抗寒育种必将取得新的突破，这对广泛发挥杨树优良特性、扩大杨树的栽培地域具有重要意义。

第三节　杨树其他抗性

一、抗涝性

（一）湿害和涝害

1. 湿　害

湿害指土壤过湿，水分处于饱和状态，土壤含水量超过了田间最大持水量，根系完全生长在沼泽化泥浆中，称这种涝害为湿害。湿害能使杨树生育不良，原因是：第一，土壤全部空隙充满水分，根部呼吸困难，导致根系吸水吸肥都受到抑制。第二，由于土壤缺乏氧气，使土壤中的好气性细菌（如氨化细菌、硝化细菌和硫细菌等）的正常活动受阻，影响矿质的供应；另一方面嫌气性细菌（如丁酸细菌等）特别活跃，使土壤溶液的酸度增加，影响杨树对矿质的吸收。与此同时，还产生一些有毒的还原产物，如硫化氢和氨等，能直接毒害根部。湿害虽不是典型的涝害，但实际上也是涝害的一种类型。

2. 涝　害

典型的涝害是指地面积水，淹没植株的全部或一部分。低洼、沼泽地带、河边，在发生洪水或暴雨之后，常有涝害发生，涝害会使杨树生长不良，甚至死亡。我国几乎每年都有局部的涝灾现象，6~9月是出现涝灾的时期，给林业生产带来很大损失。

（二）涝害对杨树的影响

水分过多对植物影响的核心是液相代替了气相，使植物生长在缺氧的环境，产生的不利影响主要表现在：

1. 对植物形态与生长的损害

水涝缺氧可降低植物的生长量，例如两种 C_4 植物（玉米和苋菜）生长在仅 $4\% O_2$ 的环境中，24 天后干物质生产降低分别为 57% 和 32%~47%，受涝的植物生长矮小，叶片黄化，叶柄偏上生长，根系变得又浅又细，根毛显著减少。土壤和积水会使杨树根系停止生长，然后逐渐变黑、腐烂发臭、很快整个植株都会枯死。淹水对种子萌发的抑制现象最为明显，水稻种子淹没水中会使其发生不正常萌发现象，芽鞘伸长，叶片黄化，不长根，有时仅有芽鞘伸长而其他器官不发生，必须通气后才会长出根。

此外，缺氧对细胞亚显微结构也会产生很大影响，线粒体必须在通气条件下才能正常发育，而在缺氧下，线粒体数目及其内部结构都出现异常，如嵴的数目和排列都出现异常。不同器官的细胞对缺氧反应不同，如水稻胚芽鞘在无氧条件下，线粒体发育基本上是正常的，而根细胞在缺氧时线粒体发育不良，这说明根对氧比较敏感。

2. 对代谢的损害

根据瓦布格效应，氧气是光合作用的抑制剂，可是在淹水情况下，缺氧反而对光合作用产生抑制作用。缺氧对光合作用的抑制可能是水影

响了 CO_2 扩散或间接限制 CO_2 扩散，大豆在土壤淹水条件下，光合作用本身并无改变，但同化物向外输出受阻，因光合产物积累而降低了光合速率。

缺氧对呼吸作用的影响主要是抑制有氧呼吸，促进无氧呼吸，如菜豆淹水 20h 就发现有大量无氧呼吸的产物，如丙酮酸、乙醇、乳酸等产生。小麦与黑麦在淹水时同样发现酵解作用加强，无氧呼吸产物积累。很多植物被淹时，苹果酸脱氢酶（有氧呼吸）活性降低而乙醇脱氢酶和乳酸脱氢酶（无氧呼吸）活性成倍增加，所以有人认为乳酸脱氢酶可作为品种涝害指标，乙醇脱氢酶可作为根系的涝害指标。此外，还发现在水中生长的水稻胚芽鞘，过氧化物酶活性降低。

3. 营养失调

水淹的植株常发生营养失调，主要有两方面原因，一方面是由于缺氧和嫌气性微生物活动产生大量 CO_2 和还原性有毒物质，从而降低了土壤氧化—还原势，使得土壤内形成大量有害的还原性物质如 H_2S、Fe^{2+}、Mn^{2+} 以及醋酸、丁酸等，影响根系对矿质离子的吸收。生长在淹水土壤中的水稻，植株中氮、磷、钾、钙与铁的含量就高于生长在田间持水量适中的植株；另一方面是由于淹水改变了土壤理化性质，如酸度增加，当 pH 值降为 4.5 时，就会妨碍硝化作用，引起氨的损失，同时大量的锰、锌、铁等被还原后可溶性增加容易被流失，引起植株营养亏缺；施用 KNO_3 和尿素可减轻涝害，也是基于对营养的补充。

（三）抗涝性

不同植物抗涝性不同，同一植物不同生育时期抗涝程度不同。植物抗涝性的强弱取决于以下因素：

1. 发达的通气系统

很多植物可以通过胞间空隙系统把地上部吸收的 O_2 输入到根或者缺氧的部位，水生植物抗淹水的机理主要是依靠发达的胞间空隙系统，据推算水生植物的胞间空隙约占地上部总体积的 70%，而陆生植物细胞间隙体积占 20%。通常陆生植物如水稻、小麦、番茄、蚕豆等也具有这种性能，而水稻由于长期对沼泽化土壤的适应，它的胞间隙系统比小麦等发达，由地上部向地下部送 O_2 能力较强，一般三叶期水稻地上部所吸收的 O_2 有 30%~70% 下运到根系，水培的小麦与豌豆幼苗分别为 30% 和 20%。由于水稻向下输 O_2 能力强，所以根际氧化势高，降低了根际还原物质如 Fe^{2+}、Mn^{2+} 等的积累，并能保持根的细胞色素氧化酶与氧化磷酸化活性，有利于根的生长，所以水稻较小麦等旱生植物耐涝。由此可以推断，凡是细胞间隙发达的植物抗涝性均较高。

2. 耐缺氧能力

以上所述的耐缺氧的机理并非真正忍耐缺 O_2，而是通过一种方式补偿体内 O_2 不足，真正耐缺氧的植物或器官，应该是根生长在缺氧条件下比通气良好条件下更加有效。如有一种耐涝的千里光属的植物，根在缺 O_2 下呼吸略受抑制，但地上部干重反而增加，这类植物生长在通气良好条件下则是无益的。

（四）抗御水涝措施

1. 提高抗涝性途径

（1）增施矿肥：从理论上讲，水涝通过缺氧和淋溶而使某些矿质元素亏缺，因此，施入矿质肥料可以预防和补偿上述损失，田间试验也证明这是一种有效的措施。

（2）培育抗涝品种：利用常规育种、遗传工程等方法培育抗涝品种是最有效的途径之一。国外报道已培育出不少抗涝植物品种。

（3）防涝种植方式：如高垄种植、台田栽培等。

2. 防涝

防涝根本措施是封山育林，植树种草，滞渗径流，保持水土，防治山洪，严禁坡地开荒，维持生态平衡，减少泥石流。其次是加固危险地段，提高抗洪能力；修筑水库拦蓄洪水，整治江河，利用洼地承泄排水；挖沟拦截水流，分段治理。

3. 治　涝

水涝已经发生，治涝是首要问题。要加速排水，以免杨树窒息死亡，并且耙松土壤，增大土壤透气性，尽快恢复杨树正常生长。

二、抗盐性

我国长江以北以及沿海许多地区，土壤中盐碱含量往往过高，对植物造成危害。这种由于土壤盐碱含量过高对植物造成的危害称为盐害。根据许多研究报道，土壤含盐量超过 0.2% ~ 0.25% 时就会造成危害。

当土壤中盐类以碳酸钠(Na_2CO_3)和碳酸氢钠($NaHCO_3$)为主要成分时，称碱土；若以氯化钠($NaCl$)和硫酸钠(Na_2SO_4)等为主要成分时，则称盐土。因盐土和碱土常混合在一起，盐土中常有一定量的碱，不能绝对划分，故习惯上把盐分过多的土壤统称为盐碱土。

世界上盐碱土面积很大，估计占灌溉农田的1/3，约4×10^7 hm^2，而且随着灌溉农业的发展，盐碱面积将继续扩大。我国盐碱土主要分布于西北、华北、东北和海滨地区，盐碱土总面积约$0.2 \times 10^8 \sim 0.7 \times 10^8$ hm^2，而且这些地区都属平原，盐地土层深厚，因此研究主要造林树种尤其是杨树的抗盐性及其在盐渍土上生理过程的特征有着十分重要的意义。

（一）土壤盐分过多对杨树的危害

1. 渗透胁迫

土壤中可溶性盐类过多，由于渗透势增高而使土壤水势降低，根据水从高水势向低水势流动的原理，根细胞的水势必须低于周围介质的水势才能吸水，所以土壤盐分愈多根吸水愈困难，甚至植株体内水分有外渗的危险。因而盐害的通常表现实际上是旱害，尤其在大气相对湿度低的情况下，随蒸腾作用加强，盐害更为严重，一般杨树在湿季耐盐性增强。生长是植物对盐渍最敏感的生理过程。土壤盐分对杨树生长的影响主要表现在盐分的含量和盐分的组成上。特别是当土壤中含有碳酸钠时，影响尤为显著。

2. 离子毒害和营养缺乏

在盐分过多的土壤中植物生长不良的原因，不完全是生理干旱或吸水困难，还可能是由于吸收某种盐类过多而排斥了对另一些营养元素的吸收，产生了类似单盐毒害的作用。例如生长在$NaCl$含量高的介质中的植物往往出现缺K^+症，因此加入钾盐后可克服盐害的影响，Na^+对K^+的抑制主要是Na^+/K^+交换使得体内K^+流失。植物吸收Na^+多时也可降低对Ca^{2+}的吸收，Ca^{2+}减少则膜的透性降低。对耐盐植物而言，当土壤中Na^+增加时，伴随而产生的是对Mg^{2+}、K^+吸收减少。Cl^-与SO_4^{2-}吸收过多，也可降低对HPO_4^{2-}吸收，类似这种不平衡吸收，不仅造成营养失调，抑制了生长，同时产生类似单盐毒害作用。单盐的毒害作用可以通过离子拮抗而消除。

通过对群众杨、214 杨和胡杨 3 种杨树为期 30 天的 NaCl 处理，来研究盐胁迫对杨树组织和细胞营养状况的影响，结果发现：NaCl 降低了群众杨和 214 杨根和茎组织中的 Ca^{2+}、Mg^{2+} 水平，而对叶片营养元素的水平基本没有影响；与群众杨和 214 杨比较，胡杨组织的营养水平受 NaCl 的影响最小；根皮层细胞 X-射线微区分析的结果显示，NaCl 降低了群众杨和 214 杨细胞壁和液泡中 K^+、Mg^{2+} 的水平，但对于胡杨细胞营养元素水平的影响较小。得出结论，胡杨在盐胁迫条件下能保持对营养元素的吸收，维持较好的营养状况，这是其抗盐性强的原因之一；214 杨和群众杨的抗盐性弱，与其胁迫条件下营养状况的恶化有关。

3. 破坏正常代谢

盐分过多对杨树光合作用、呼吸作用、蒸腾作用和蛋白质代谢影响很大。盐分过多会抑制叶绿素生物合成和各种酶的产生，尤其是影响叶绿素—蛋白复合体的形成。例如，受盐害的杨树植株叶绿素容易提取。电镜细胞化学研究揭示，受盐胁迫后胡杨根尖细胞质膜和液泡膜 ATPase 活性明显升高。盐分过多还会使 PEP 羧化酶与 PuBP 羧化酶活性降低，使光呼吸加强。生长在盐分过多的土壤中的植物，其净光合速率一般低于淡土的植物，不过盐分过多对光合作用的影响是初期明显降低，而后又逐渐恢复，这似乎是一种适应性变化。盐分过多对呼吸的影响，多数情况下表现为呼吸作用降低，也有些植物增加盐分具有提高呼吸的效应。呼吸增高是由于 Na^+ 活化了离子转移系统，尤其是对质膜上的 Na^+、K^+ 与 ATP 活化，刺激了呼吸作用。盐分过多对杨树的光合与呼吸的影响尽管不一致，但总的趋势是呼吸消耗增多，净光合速度降低，不利于生长。在盐渍条件下杨树的蒸腾作用一般是降低。

(二)杨树的抗盐性及提高途径

植物对盐害的适应能力叫抗盐性。根据植物的抗盐性可将植物分为盐生植物和淡土植物。栽培植物中没有真正的盐生植物，都属淡土植物，它们对盐碱有一定的适应能力。

植物对盐渍环境的适应或抵抗有避盐和耐盐两种方式，通常每种植物都不同程度的同时存在着这两种机制。

1. 避　盐

（1）泌盐：泌盐指有些植物吸收了盐分并不在体内存积而又主动地

排泄到茎叶表面，然后冲刷脱落。这是盐生植物避盐的普遍方式，如柽柳、匙叶草等，主要通过盐腺大量分泌盐，防止体内 Na^+、K^+、Cl^- 等离子的积存。泌盐的机理目前还不很清楚，是随蒸腾液流带出组织还是细胞通过离子泵作用，主动将盐分排出组织有待研究，有人认为盐腺表面就是一个依靠 ATP 供能的离子泵。有些林木也具有这种与盐生植物类似，通过泌盐提高抗盐的能力，这可能也是通过 ATP 酶活化的 Na^+/K^+ 离子泵，主动排除多余的 Na^+。

（2）稀盐：有些植物并不分泌盐，而是把吸进的盐类进行稀释。稀释的方式是通过吸水与加快生长速率，冲淡细胞内盐分浓度。近年来采用植物激素促进植物生长，植物就能更好地抗盐。肉质化的植物是靠细胞内大量贮水而冲淡了盐的浓度。

（3）拒盐：通过细胞质的调节"拒绝"一部分离子进入细胞，如用 125mmol/L 或 250mmol/L NaCl 处理大麦的一些品种，发现抗盐的品种积累 Na^+、Cl^- 要比不抗盐的品种少得多，这种差异在穗中表现尤为明显，其他的植物也具有类似现象。

植物拒盐的机理主要是根细胞对某些离子的透性降低，尤其是在周围介质盐类浓度增高时，它能稳定地保持对离子的选择透性，而选择透性的产生是靠一价阳离子（K^+、Na^+）与二价阳离子（Ca^{2+}）的平衡来维持的，比例大约是 10:1。当一价阳离子过多破坏了平衡时，透性增加引起伤害，所以杨树要避免盐分过多的危害就必须降低对 Na^+ 的透性，相反的，则要增加对 Ca^{2+} 的透性，使膜上吸附较多的 Ca^{2+}。盐生植物与淡土植物在离子透性方面恰恰相反，前者是对 Na^+ 的透性小于对 Ca^{2+} 的透性，而后者是对 Na^+ 的吸收强。

2. 耐　盐

避盐是通过降低体内盐类积累来避免盐类的危害，而耐盐则是通过生理上或代谢上的适应，忍受已进入细胞的盐类。耐盐的常见方式是通过细胞的渗透调节来适应因盐渍而产生的水分逆境。研究发现胡杨在盐胁迫下，质子转运活性随盐胁迫程度的提高而增强。多肉的植物即使在中等盐渍下（-1.6×10^4 Pa）其地上部分细胞内水势也可达 -6.5×10^4 Pa，足以保持强大的吸水能力。在渗透调节中主要活跃的是 K^+ 的主动吸收，以 K^+ 来调节细胞的渗透势。有些植物是通过积累有机物来调节渗透势，如耐盐的绿藻在低浓度的 NaCl 下主要合成糖、氨基酸等，而在高浓度的 NaCl 下则 90% 光合产物都为乙二醇，通过乙二醇含量的增高来调节细胞的渗透势。其他植物被发现蔗糖、脯氨酸等在高盐下也具有渗透调节作用，通过这些无毒的有机物积累调节渗透势对植物更为有利。

3. 提高杨树抗盐性的途径

1）盐分处理

杨树产生对盐分的忍受耐力必须要经过一个适应锻炼过程，对逐渐上升的盐分易适应，对突然遭遇高盐环境就不能适应。郭朝辰等研究了杨树抗盐性及其在盐渍土上的生理过程，为了提高银白杨种子的抗盐性，分别用 0.3% 的 $CaCl_2$ 溶液将银白杨种子浸 18h，用 0.1% 的 Na_2SO_4 溶液浸 24h，用 0.3%、0.6% 和 1.2% 的浓缩 NaCl 溶液分别浸种 12h，处理的种子于 5 月 28 日在容器中播种，每种盐处理的种子设有在非盐渍土的对照。结果：用 $CaCl_2$ 和 Na_2SO_4 处理种子并没有获得良好的结果，其生长和干物质的积累比对照（播种在盐渍土上未加处理的种子）差；用浓缩的 NaCl 溶液处理种子，对苗木的发育有着良好的影响，其生长超过对照的 11.4%，而干物质的积累增加 62.4%，根的干重较对照提高 64.6%。用盐溶液处理种子，随后将处理的种子播在非盐渍土中，同对照（未处理的种子播种在非盐渍土上）相比，用 $CaCl_2$ 处理的种子幼苗干物质的积累降低 18.4%，而用 NaCl 处理的种子幼苗干物质的积累降低 15.4%。根据研究可以得出，在盐渍处理下，银白杨苗木的光合作用强度，较对照有提高，而蒸腾作用的强度有所降低。应当指出，光合作用的强度与苗木的生长和干物质的积累是不相符合的。盐渍土上提高了单位叶面积的光合作用强度，但叶片发育受到抑制，同时植物盐的物质交换也受到抑制，在盐渍土上光合作用的产物并不比对照高。

2）筛选抗盐品种

不同杨树品种、无性系的耐盐性差异很大。可以根据土壤盐分轻重不同，选育抗盐性不同的品种。抗盐性最普通的生理指标是原生质对盐的透性，抗盐性强的植物的原生质膜具有很低的透性，在同样盐渍条件下，吸收的盐类少于抗盐性弱的品种。所以利用生理生化的指标鉴定，选育抗盐性较强的杨树或品种，是提高杨树抗盐性的主要途径。

现将不同杨树品种、无性系的耐盐性差异分述如下：

（1）毛白杨：在鲁西黄泛区冲积平原盐潮上，0～80cm 的土层内，当土壤含盐量为 0.18%～0.21% 时，毛白杨生长健壮，无病株，年平均高生长达 1.33m。当造林地土壤含盐量为 0.3% 时，成活率为 73%，年平均高生长量 0.66m。由此可见，毛白杨有一定的抗盐性，可以在轻度盐渍土上造林。

（2）银白杨：在 0～20cm 土层内，总盐量在 0.4% 以下时，对银白杨插穗的成活与生长无影响，总盐量在 0.6% 以上时，则不能成活。新疆阿克苏地区，当土壤含盐量为 0.74% 时，银白杨生长势中等；当含盐量为 0.74%～0.86% 时，生长较差；超过 0.86% 时，基本不能生长。据沃伊诺夫研究，土壤中 NaCl 含量为 0.2% 时，银白杨发育良好，含盐量升至 0.4% 时，银白杨亦能生存。

（3）箭杆杨：当土层中 Na_2SO_4 含量为 0.30%～0.41%、NaCl 含量为 0.1% 以下时，箭杆杨生长良好。当 Na_2SO_4 含量为 1%，NaCl 含量为 0.165% 时，则生长不良。据研究，根系层土壤含盐量与箭杆杨成活率的关系是：土壤总盐量在 0.40%～0.44%，成活率在 80% 以上；总盐量在 0.95%～2.02% 成活率小于 60%，且生长变差。

（4）新疆杨：在西北干旱地区能生长在含盐量为 0.6% 以下的盐碱地，土壤含盐量在 0.6% 以上时，则生长不良，且病虫害严重，寿命变短。

（5）小叶杨：能适应弱度、中度盐渍化土壤。当土壤中 NaCl 小于 0.2% 时，对发芽无影响，大于 0.3% 时，发芽率则下降。

（6）胡杨：胡杨树干木材细胞间隙聚集的水分中，含 0.8% 的盐分，侧根灰分含盐量达 2.531%，树叶灰分含盐量达 5.31%。由于它的各部组织中含有多量的盐分，相对的提高了细胞液的浓度和渗透压，特别是根系细胞的渗透压，增强了根系对土壤中高浓度溶液的吸收，从而加强了它的耐盐能力。据新疆生产建设兵团农一师的分析结果：土壤内平均含盐量为 0.19%～0.76% 时，胡杨生长良好，但当含盐量大于 0.8% 时，生长则不良。据新疆兵团农二师的分析材料，苗木在土壤含盐量 0.6% 以下时，幼树在土壤含盐量为 0.86% 时，生长均正常，成年树在土壤含盐量为 1% 时，仍能生长。

（7）美杨：当土壤含盐量为 0.08% ~ 0.17% 时，美杨生长略受影响，含盐量为 0.55% ~ 0.76% 时，生长则受到严重抑制，并有死亡现象。

（8）小美杨：小美杨为小叶杨和美杨的自然杂交种和人工杂交种的统称。抗盐性较强的有八里庄杨和大官杨等。群众杨、沙兰杨、加杨、健杨、I-214、I-69、I-63、I-72、北京杨等均系耐盐性较弱的树种。

按这些杨树无性系耐盐强弱程度，可以分为以下四种：

①强耐盐杨树：胡杨、灰杨，能耐 0.6% ~ 0.8% 的含盐量。

②中等耐盐杨树：银白杨、新疆杨、箭杆杨，小叶杨、小美杨类（大官杨、八里庄杨）、小黑杨、群众杨等，能耐 0.2% ~ 0.6% 的含盐量。

③弱度耐盐杨树：毛白杨、关杨，能耐 0.1% ~ 0.2% 的含盐量。

④不耐盐杨树：欧美杨类的沙兰杨、加杨，I-214 杨、健杨、I-72 杨、I-69 杨、大青杨、香杨、甜杨等，仅能耐 0.1% 以下的含盐量。

在盐分组成中，Na^+ 对杨树有不利的影响，Mg^{2+} 影响不明显，Ca^{2+} 有促进作用，CO_3^{2-} 有强烈的抑制作用，Cl^-、HCO_3^- 影响稍次。

第四节　病原微生物对杨树的影响

许多微生物包括真菌、细菌、病毒以及菌质都可以寄生在植物体内，对植物产生有害影响，称病害。使植物致病的微生物叫病原菌。植物对病原微生物侵染的抵抗力称植物的抗病性。由于病原微生物分布广泛，传播途径很多，从空气到土壤，由残枝落叶到昆虫的躯体都有病原菌，因而植物不可避免地要受到病原菌的侵染，完全无病的植株是很少的。每年由于病害给杨树造成的损失相当大，所以如何提高杨树抗病能力几乎是决定林业生产的关键因素。病原同旱、涝、热、冷、盐碱等物理或化学因素不同，它们是有生命的活体，它们同寄主之间有相互影响、相互制约的过程，究竟能否产生病害，病害的轻重决定于两者的对抗结果。根据病原与寄主对抗的情况将植物分为三种类型：

（1）抗病型：抵抗病菌侵入或者侵入后能限制病菌繁殖，消除病原菌所产生的有害影响，这叫抗病型。

（2）敏感型：不具备抵抗能力，对病原菌很易感染，这叫感染型。而感染型中又有轻重程度不同，有高感染的，也有感染轻微的。

（3）耐病型：对病原菌产生的有毒物质不敏感，有毒物质对寄主不起破坏作用，不会造成灾害性的影响。

一、病害对杨树的影响

（一）细胞透性改变

用细胞透性变化可鉴别寄主与病原体之间是亲和（敏感）或者是不亲和（抗病），细胞透性的增加有利于水分与营养物质向病菌供应，而促进了病菌的生长；反之，透性降低则将限制病菌生长。透性改变的机理是由于病原体产生了两种水解酶——蛋白酶与酯酶，这两种酶可分解膜蛋白和膜的脂类物质，因而改变寄主细胞膜的原有透性，膜的透性增加或降低以这两种酶的活性而定。这种解释并未得到足够的实验证明，不过病原体侵入可以改变寄主的细胞透性是比较肯定的。

（二）水分平衡的失调

杨树感病后，首先表现出水分平衡失调，许多杨树病害常常以萎蔫或枯萎为特征。水分平衡失调的原因有三种：第一种原因是有些病原微生物破坏根部，根系吸水能力下降。第二种原因是维管束被堵塞，水分向上运输中断。有些是细菌或真菌本身堵塞茎部，有些是微生物或杨树产生胶质或黏液沉积在导管内，有些是导管形成胼胝质而使导管阻塞。第三种原因是蒸腾作用加强，感染各种锈病、粉霉病等的病株，由于气孔病态的开张，或者角质层蒸腾加强，常表现为蒸腾速率增高。由于以上各种原因，所以病株一般表现抗旱性较弱，水分利用效率降低。

（三）呼吸作用加强

杨树感染病菌后，呼吸加强是常见的现象，感病组织比健康组织呼吸可高10倍以上。呼吸加强的原因，一方面是病原微生物本身具有强烈的呼吸作用；另一方面是寄主呼吸速率加快。呼吸的增高部分是由于呼吸底物如糖等可溶性物质大量运入感病组织，部分原因是由于病菌破坏细胞内酶与底物的分隔，扰乱了细胞内分室反应活动的规律。

病菌对呼吸的影响是多方面的，首先是破坏了呼吸与氧化磷酸化的偶联，呼吸所释放的能量以热能形式放出而不产生 ATP，因此感病组织温度升高。这种现象与施用解偶联剂——二硝基酚(DNP)的效果类似，感染锈病的杨树叶片内 ADP/ATP 比率增高，产生解偶联的机理仍不清楚，有人认为是病菌毒素破坏了线粒体膜结构而造成的。第二是改变了呼吸途径，很多感病的植物，磷酸戊糖途径加强。第三是改变了末端氧化酶系统，大多数植物的主要氧化酶是细胞色素氧化酶、多酚氧化酶、抗坏血酸氧化酶与乙醇酸氧化酶，很早就发现感病组织多酚氧化酶活性增高，即以含铜的氧化酶代替了含铁的氧化酶，此外，抗氰呼吸途径也增强。总之，病菌对寄主呼吸的影响是多方面的，但这些变化的生理意义目前还不完全清楚，呼吸变化总的趋势是寄主的适应反应，通过这些变化提高对氧的吸收与氧化能力，从而有利于氧化分解病菌分泌的毒素，增强寄主的防卫系统。多酚氧化酶活性与杨树抗病的关系，在近年来已引起了重视。

(四)光合作用下降

同呼吸作用相反，杨树感病组织光合作用降低，一般感病后几小时到几十小时后，光合作用已开始下降，同时与病菌密度有关，侵入的菌体数量愈大对光合作用的抑制愈严重，但也发现有感病后光合作用反而有增高的趋势，或者初期降低，以后又升高。病菌对杨树光合作用的影响有两方面：一方面是直接影响，如破坏叶绿素生物合成、叶绿体结构等，如感锈病和霉病的寄主叶绿素含量的降低同光合作用的下降是平行的。另一方面是间接影响，如病菌增加了叶绿体膜的透性，加速了膜上磷酸丙糖的穿梭活动，或者是菌体对糖的需求增加，促进了光合产物的转化，间接地影响了光合作用。病菌对光呼吸的刺激作用，也会调节光合作用强弱，因而病菌对光合作用的影响不论在理论或者研究技术上都是困难的，不可能是完全一致的。

(五)同化物运输改变

用 ^{14}C 示踪实验比较可靠的证明，感病后同化产物比较多的向病区集中，病组织呼吸增高同糖的输入增多是完全一致的。调节同化物运输的机理是复杂的，比较重视的是激素的控制，尤其是短距离运输受激动素的影响。因此，杨树抗病的表现之一就是受病菌侵染后不改变同化物运输的形式。

二、寄主与病原菌的关系

1. 遗传控制

病原菌能否侵入致病首先受遗传信息的控制，杨树可受到各种病原的侵害，但是每种杨树——病原体系只受一种基因控制，由这种基因控制的这种体系决定是感病或者抗病。有人发现杨树感染叶锈病时可形成一种蛋白质(酶)，只有这种蛋白质的出现才能建立起寄主与病原的体系，使寄主感病，而在未感染的组织或病菌单纯培养中都不形成这种蛋白质。这种蛋白质的形成是寄主与病原交换 DNA 片段组成了新的遗传信息，而后再转录为新的 MRNA。Flor 提出了"基因对基因"假说，他发现亚麻具有一些抗锈病的显性基因，而这些基因是一系列等位序列，锈病具有类似的非等位序列的致病隐性基因。因而他假定寄主与病原的基因是互补的，一个亚麻的抗病基因(R1)只有在具有相应的等位隐性的致病基因(v1)的锈病存在时才能表现出来，当不存在 R1 时，无论病原菌致病基因是显性或隐性，这种寄主都是感病品种。这种假说为解释抗病的生理小种提供了理论依据。遗传控制是进一步研究病菌侵入的生理生化过程的重要基础。

2. 代谢控制

代谢控制应该发生在寄主与病原体两个方面，通过代谢调节有利于病原体即可致病。代谢控制是多种多样的，以寄主与病毒代谢变化为例，在病毒与寄主的关系中发现，每克烟叶鲜重中烟草花叶病毒(TMV)的含量可达 5mg，假定病毒蛋白占 94%，那么实际上寄主供给病毒的氨基酸每克鲜重可达 2.5mg，这种每小时每克寄主组织提供给病原的氨基酸为 $0.7\mu mol/L$。烟草能否为病毒提供大量氨基酸就成为致病与抗病的关键因素，发现对 TMV 敏感的植株通过蛋白质转化向病毒大量供给氨基酸，加速了 TMV 的合成，甚至一些酶蛋白如 RuBP 羧化酶都进行分解，为病毒所利用。健壮的植株则不受病毒的影响，仍能控制自身蛋白质的合成与积累，这就限制了 TMV 的发生。

3. 环境控制

关于环境因子与寄主及病原菌关系的影响，在早期的病害生理学中已作过很多讨论。植物能否感病，感病后发病程度除了受遗传代谢控制外，与环境因素也有密切关系，高温多湿、高肥缺光的条件常常是病害滋生蔓延的最好环境。由于环境因素的控制往往包含有直接与间接两方面的效应，所以显得特别复杂。

在杨树病害中许多病毒病都与施用氮肥过多有关。施氮过多的直接影响是为病原体提供了大量的氮素营养，间接的影响是植株徒长田间郁蔽，角质层较薄，厚壁组织不发达，组织柔嫩多汁，便于病菌的侵入蔓延。高温多湿有利于真菌、细菌的生长与感染，其他如干旱或水涝，高温与低温都可对两者的关系产生直接和间接的影响。

三、杨树抗病免疫的生理基础

（一）增强氧化酶活性

当病原微生物侵入杨树体时，该部分组织的氧化酶活性加强，以抵抗病原微生物。其原因是：

1. 分解毒素

病原体侵入物体后，会产生一些毒素，杨树患黄萎病会产生多酚物质，患枯萎病时产生镰刀菌酸，把细胞毒死。杨树通过旺盛的呼吸作用就是把这些毒素氧化分解为 CO_2 和水或转化为无毒物质。

2. 促进伤口愈合

有的病菌侵入杨树体后，植株表面可能出现伤口，呼吸有促进伤口附近的木栓层形成的作用，伤口愈合快，把健康组织和受害部分隔开，不让其发展。

3. 抑制病原菌水解酶活性

病原菌靠本身水解酶的作用，把寄主的有机物分解，供它本身生活需要。寄主呼吸旺盛，就抑制了病原菌水解酶活性，因而防止寄主体内有机物分解，病原菌得不到足够的营养，病情扩展受到限制。

（二）产生抑制物质

1. 原有的有毒物质

植物本身含有一些物质对病菌有抑制作用，使病菌无法在寄主中生长。很早就已发现酚类化合物与抗病有明显的相关，例如原儿茶酸与儿茶酚对炭疽病菌的抑制，绿原酸对疮痂病、晚疫病和黄萎病的抑制等，都取得比较可靠证明。凡是含这种酚类化合物多的杨树抗病性强，其作用机理不详，但是酚类化合物的含量与多酚氧化酶活性是平衡的，通过多酚氧化酶的氧化，酚被氧化为褐醌，褐醌对病菌有毒，或者醌类物质积聚在组织内形成了一层化学屏障，限制了病菌的生长。

2. 植保素

它是寄主被病菌侵入后产生的一类对病菌有毒的物质。最早发现的植保素是用非致病真菌接种后，在离体豆荚的内果皮组织中分离出来的，命名为豌豆素。不久又从四季豆中分离出一种具有杀菌能力的物质叫菜豆素，后来又从兰科植物中分离出一种具有杀菌作用的植保素叫兰酚。但是否杨树体内存在的所有能抑制病菌生长的物质都属植保素范畴，尚有不同的理解。狭义的含义认为植保素仅限于因病原菌侵害寄主细胞所产生的具有抑制病菌生长的物质，而广义的含义认为应包括所有与抗病有关的化学物质。

（三）促进组织坏死

有些病原菌只能寄生在活的细胞里，死细胞里就不能生存。抗病的杨树细胞与这类病原菌接触时，很迅速地受侵染使细胞或组织坏死，病原菌没有适宜的生长环境而死亡，病害就局限于某个范围而不能发展，因此，组织坏死实际上是一种保护性反应。

第五节　环境污染对杨树的危害

一、大气污染对杨树的危害

（一）大气污染物

大气中的污染物有各种气体、尘埃颗粒、农药、放射性物质等。据统计，工业废气中所含的有害物质有 400 多种，其中常见的约有 20 ～ 30 种，按污染物的危害机理，可分为以下几类物质：

（1）氧化物质：如臭氧、过氧乙酰硝酸酯类、二氧化氮、氯气等。

（2）还原物质：如二氧化硫、硫化氢、甲醛、一氧化碳等。

（3）酸性物质：如氟化氢、氯化氢、氰化氢、三氧化硫、四氯化硅等。

（4）碱性物质：如氨等。

（5）有机物质：如乙烯等。

（6）无机物质：如镉、汞、铅和粉尘等。

在上述污染物中，以二氧化硫（SO_2）、氟化物、臭氧（O_3）、氮化物与硝酸过氧化乙酰（PAN）等危害比较普遍。

（二）大气污染对杨树生理的影响

1. 对光合作用与干物质积累的影响

现已证明，主要的污染物可以改变杨树气孔的活动，破坏叶绿体的类囊体膜，从而妨碍了光合作用的电子传递系统以及 CO_2 固定效率等。因此用一定剂量的污染物（如 SO_2、NO_2 等）作短期处理，即可使光合作用迅速降低。Tanaka 等研究了用 SO_2 熏蒸植物后光合酶的失活现象，在 3×10^{-3} 与 3×10^{-2} mol/L 的磺酸盐的溶液中，RuBP 羧化酶活性分别抑制 59% ~ 85%，各种污染物对光合抑制的效应顺序是：HF $> O_3 > SO_2 > NO_2$

2. 呼吸作用的变化

杨树受大气污染影响后一般表现呼吸强度增高。SO_2、HF 等不仅可促使暗呼吸增高，而且也有提高光呼吸的作用。但也发现污染物有降低呼吸作用的效应，这主要取决于对氧化过程的破坏程度，试验也证明 O_3 能抑制线粒体的氧化磷酸化和呼吸作用。

3. 过氧化物酶与乙烯的变化

过氧化物酶是一种对各种逆境反应灵敏的氧化还原酶类，李振国等（1981）用 SO_2 熏气试验证明，小麦经 SO_2 熏气处理后，不论哪层叶片其过氧化物酶活性都有增高而且同功酶活性增加并有新的酶带产生，特别值得注意的是，过氧化物酶活性与伤害的产生有一定的相关性。例如小麦孕期用 3.1 mg/L SO_2 熏气 4 h，用剪刀将每张叶片剪成前后两半，分别检查伤害叶片所占百分比并测定其过氧化物酶活性，发现不论是旗叶还是旗叶下一叶，前半叶受害所占百分数都较后半叶大，过氧化物酶活性也表现出同样趋势。

（三）大气污染的危害症状及机理

1. 二氧化硫

SO_2 是我国当前最主要的大气污染物，排放量大，对植物的危害也比较严重。SO_2 是含硫的石油和煤燃烧时的产物之一，发电厂、有色金属冶炼厂、石油加工厂、硫酸厂等散发较多的 SO_2。$0.05 \sim 10mg/L$ 的 SO_2 浓度就能危害植物，SO_2 危害症状是：开始时叶片略微失去膨压，有暗绿色斑点。据研究发现，敏感植物在 SO_2 含量为 $0.05 \sim 0.5mg/L$ 时，经 8h 即受害；SO_2 含量为 $1 \sim 4mg/L$ 时，经过 3h 即受害。不敏感的植物，则在 $2mg/L$ 时，经过 8h 受害；$10mg/L$ 时，经 30min 后受害。不同植物对 SO_2 的敏感性相差很大。总的说来草本植物比木本植物敏感，木本植物中针叶树比阔叶树敏感，阔叶树中落叶的比常绿的抗性弱。

2. 氟化物

氟化物有氟化氢（HF）、四氟化硅（SiF_4）、硅氟酸（H_2SiF_6）及氟气（F_2）等，其中排放量最大、毒性最强的是 HF。当 HF 的含量为 $1 \sim 5\mu g/L$ 时，较长时间接触即可使植物受害。大气氟污染的主要来源是炼铝厂和磷肥厂，因为氧化铝电解时所用的融剂冰晶石（$3NaF \cdot AlF_3$）含氟 54%；制造磷肥的原料磷矿石，如 $3Ca_3(PO_4)_2 \cdot CaF_2$ 中含氟 $3\% \sim 4\%$，所以在生产过程中排放大量氟化氢。此外，由于釉子、陶土、萤石（CaF_2）和氟硅酸钠（$NaSiF_6$）中含氟，利用这些物质作原料的陶瓷、搪瓷和玻璃厂都排放含氟废气。在使用含氟量高的铁矿石时，钢铁厂也会造成大面积的氟污染。

植物受氟化物气体危害时，出现的症状与受 SO_2 危害的症状相似，叶尖、叶缘出现红棕色至黄褐色的坏死斑，受害叶组织与正常组织之间常形成一条暗色的带。未成熟叶片易受损害，枝梢常枯死。

3. 氯 气

化工厂、农药厂、冶炼厂等在偶然情况下，会逸出大量氯气。氯气进入叶片后很快破坏叶绿素，产生褐色伤斑，严重时全叶漂白，枯卷甚至脱落。氯气对植物的毒性要比 SO_2 大，在同样浓度下，氯气对植物危害程度大约是 SO_2 的 $3 \sim 5$ 倍。不同植物对氯气的相对敏感性是不同的。

在含氯气的环境中，植物叶片能吸收一部分氯气而使叶片中含氯量增加。但是，各种植物吸收氯气的能力是不同的，女贞、美人蕉、大叶黄杨等吸收能力强，叶中含氯量高达 0.8%（占叶干重）以上，仍未出现受伤症状；而龙柏、海桐等吸氯能力差，叶中含氯量达干重的 0.2%

左右，即产生严重伤害。植物对氯气的抵抗能力和吸收能力并不一致，例如，龙柏对氯气的抗性强，而吸收能力差；美人蕉叶对氯气的抗性不太强，而吸收能力强。

4. 光化学烟雾

石油化工企业和汽车所排出的废气，是一种以一氧化氮和烯烃类为主的气体混合物。这些物质升到高空，在阳光（紫外线）的作用下，发生各种化学反应，形成臭氧（O_3）、二氧化氮（NO_2）、醛类（RCHO）、硝酸过氧化乙酰（PAN）等气态的有害物质，再与大气中的粒状污染物（如硫酸液滴、硝酸液滴等），混合成浅蓝色的烟雾，这种烟雾的污染物主要是光化学作用形成的，故称为光化学烟雾。

在光化学烟雾中，臭氧是主要成分，所占比例最大，其次是PAN。这些污染物是氧化能力极强的物质，严重危害植物生长。在美国加利福尼亚州，由于汽车数量过多，雨量又少，光化学烟雾相当严重，使植物受到惊人的损失，大片松林受害，针叶变黄或变褐，其中有30%完全枯死，甜玉米减产72%，苜蓿减产38%，脐橙减产50%，柠檬减产30%。光化学烟雾在工业发达国家经常造成严重事故，我国已开始有这种迹象，值得警惕。

现分别介绍 O_3、NO_2 和 PAN 对植物的危害。

（1）臭氧：大气 O_3 浓度为 0.1mg/L，延续 2～3 h，烟草、苜蓿、菠菜、三叶草、燕麦、萝卜、玉米和蚕豆等植物就会出现受害症状。植物受臭氧伤害的症状，一般出现于成熟叶片上，嫩叶不易出现症状，伤斑零星分布于全叶各部分。伤斑可分四种类型（同一植物出现一种或多种）：一是呈红棕色、紫红或褐色；二是叶表面变白，严重时扩展到叶背；三是叶片两面坏死，呈白色或橘红色；四是退绿，有黄斑。由于叶受害变色，逐渐出现叶弯曲，叶缘和叶尖干枯而脱落。

（2）二氧化氮（NO_2）：NO_2 在光化学烟雾中所占比例很小，对植物没有严重伤害。较高浓度的 NO_2 污染主要发生在用高温燃烧大量煤和石油的地方，此外，氮肥和火药工业也产生大量 NO_2。最近发现，在聚乙烯料塑薄膜温室内，如果施肥过多，从土壤中散发出来的 NO_2 能使植物受害。空气中的 NO_2 含量达到 2～3mg/L 时，植物就受伤害，叶片开始褪色。高浓度的 NO_2 可使植物产生急性危害，最初是叶表现出不规则水渍状伤害，后扩展到全叶，并产生不规则的白色至黄褐色小斑点。NO_2 伤害与光照有关，晴天所造成的伤害仅及阴天的一半，这是因为 NO_2 进入叶片后，与水形成亚硝酸和硝酸，酸度过高就会伤害组织。硝酸等在硝酸还原酶等作用下，会还原为氨，这些酶在光照下会提高活性，因此强光下 NO_2 的危害就比弱光下轻得多。

(3)硝酸过氧化乙酰（PAN）：PNA 是硝酸过氧酰基类的一种（属于这一类化合物的有硝酸过氧化丙酰、硝酸过氧化丁酰），是主要的空气污染物之一。它是由氮的氧化物与烷类的裂解产物通过化学反应而形成的，所以是次生的空气污染。PAN 有剧毒，空气中含量只要在 20mg/L 以上，就会伤害植物。伤害症状是：初期叶背呈银灰色或古铜色斑点，以后叶背凹陷、变皱、扭曲，呈半透明，严重时，叶片两面都坏死，先呈水渍状，干后变成白色或浅褐色的坏死带，横贯叶片。各种植物对 PNA 的敏感性差异很大，最敏感的如番茄，含量为 15～200μg/L 延续 4h，就会受害，而抗性强的玉米、秋海棠、棉花，当含量为 75～100μg/L 延续 2h，一般不会受害。

二、水污染对杨树的危害

(一)水体污染对杨树的危害

随着工农业生产的发展和城镇人口的集中，含有各种污染物质的工业废水、生活污水和矿产污水，大量排入水系，造成水体污染。污染水体的污染物质种类相当多，如金属污染物质（汞、镉、铬、锌、镍和砷等），有机污染物质（酚、氰、三氯乙醛、苯类化合物、醛类化合物、石油等）和非金属污染物质（硒、硼等）。我们平常所说的环境污染中的五毒是指酚、氰、汞、铬、砷，它们对植物危害的浓度分别是：酚 50mg/L，氰 50mg/L，汞 0.4mg/L，铬 5～20mg/L，砷 4mg/L。

酚会损伤细胞质膜，影响水分和矿质代谢，叶色变黄，根系变褐、腐烂，植株生长受抑制。氰化物对杨树呼吸作用有抑制作用，控制杨树体内多种金属酶的活性，植株矮小，分枝少，根短稀疏，甚至停止生长，枯干死亡。汞可使光合作用下降，叶片黄化，根系发育不良，植株变矮。高浓度的铬不仅对杨树植株直接产生毒害，而且间接影响对其他元素（钙、钾、镁、磷）的吸收。砷可使杨树叶片变为绿褐色，叶柄基部出现褐色斑点，根系变黑，严重时植株枯萎。

（二）植物对水体污染的净化作用

水生植物中的水葫芦、浮萍、金鱼藻、黑藻等有吸收水中酚和氰化物的作用，也可吸收汞、铅、镉、砷。不过对已积累金属污染物的水生植物，一定要慎重处理，不要再作药用、禽畜饲料和田间绿肥，以免引起污染物转移和积累，影响人畜健康。污染物被植物吸收后，有的分解为营养物质，有的形成络合物而降低毒性，所以植物具有解毒作用。酚进入植物体以后，很少以游离营状态存在，大部分参加糖代谢，与糖结合成酚糖苷，对植物无毒，贮存于细胞内；另一部分呈游离酚，会被多酚氧化酶和过氧化物酶氧化分解，变成 CO_2、H_2O 和其他无毒化合物，解除其毒性，生产上也证明，植物吸收酚后 5~7 天即可全部分解掉。氰化物在植物体内能分解转变为营养物质，进入植物体内的氰化物，首先与丝氨酸结合成腈丙氨酸，然后又逐步转化成天冬氨酸和天门冬酰胺，这些物质是植物细胞内正常代谢存在的代谢产物，参与正常的氮素代谢，仅有很少一部分氰以无机氰和有机氰形式存在。

三、土壤污染对杨树的危害

土壤污染主要来自水污染和大气污染。以污水灌溉农田，有毒物质会沉积于土壤；大气污染物受重力作用或随雨、雪落于地表渗入土壤内，这些途径都可造成土壤污染。施用某些残留量较高的化学农药，也会污染土壤。例如，六六六农药在土壤里分解 95%，要 6 年半之久。

污水中造成土壤污染的有害物质主要有各种有害金属，如汞、铬、铅、锌、铜等；砷化物、氰化物等有害无机化合物；油类、酚类、醛类、胺类等有害的有机化合物、酸、碱和盐类等。

造成土壤污染的主要物质有汞、铅、镉、铬等金属，以及 SO_2 等形成的"酸雨"对土壤的酸化作用和某些粉尘对土壤的碱化作用。此外，工业废渣经过雨水冲刷，大量流入农田，也会恶化土壤。这些污染物质在土壤中有三条转化途径：①被转化为无毒物质或营养物质；②停留在土壤中，引起土壤污染；③转移到生物体中，引起食物污染。

四、植物监测和净化作用

(一)植物对大气的监测作用

环境污染的监测是环境保护工作的重要环节。除了应用化学或仪器分析进行监测外,植物监测也是一个重要方面,尤其是对大气污染的监测。植物监测简便易行,便于推广,值得重视。一般都是选用对某一污染物质极为敏感的植物作为指示植物(或监测植物、污染警报植物)。当环境污染物质稍有积累,指示植物就呈现明显症状,植物的这种反应就叫污染的"信号"。人们利用这种"信号"来分析鉴别环境污染的状况,现列举用作不同污染的指示植物,供参考。

SO_2:紫花苜蓿、芝麻、苔藓、棉花、土大黄、龙牙草、加拿大白杨、向日葵、胡萝卜、南瓜、马尾松、雪松。

氟化物:唐菖蒲、郁金香、雪松、苔藓、樱桃、杏、李。

氯:紫花苜蓿、菠菜、萝卜、桃、荞麦、落叶松、多叶槭。

O_3:烟草、马唐、花生、马铃薯、洋葱、萝卜、丁香、葡萄、牡丹。

NO_2:悬铃木、向日葵、番茄、秋海棠、烟草。

PNA:繁缕、早熟禾、矮牵牛。

植物监测可以反应环境污染的总体水平,是环境质量评价的一个不可缺少的环节。由于利用植物监测环境污染还是一项新工作,加上受环境条件和植物本身的影响,所以监测时要对结果认真进行分析,以得出正确的结论。

(二)植物对大气的净化作用

从根本上说,大气对于地球上的一切生物都是不可缺少的。它和人类、动植物有着直接的关系。因此,不管什么途径造成的大气污染,都会严重影响人类健康及绿化植物的生长。而植物对大气则有净化作用,它是一种大气的生物净化器。

高等植物除了通过光合作用保证大气中氧气和二氧化碳的平衡外,对各种污染物有吸收、积累和代谢作用,以净化空气。例如:地衣、垂柳、臭椿、山楂、板栗、夹竹桃、丁香等吸收 SO_2 能力较强,积累较多的硫化物;垂柳、拐枣、油茶具有较大的吸收氟化物的能力,体内含氟量很高，但生长正常；女贞、美人蕉、大叶黄杨等吸氯量高，叶片中含有较高的氯而不出现受伤症状。

大气污染除有毒气体以外，粉尘也是主要的污染物之一，每年全球粉尘量达 $1.0 \times 10^6 \sim 3.7 \times 10^6 t$。工厂排放的烟尘除了碳粒外，还有汞、镉等金属粉尘。植物，特别是树木对烟灰、粉尘有明显的阻挡、过滤和吸附作用。不同植物对粉尘的阻挡率是不一样的，例如，柏树为 12.8%，洋槐为 17.50%，白桦为 10.59%，花椒为 9.99%，松树为 2.32%。森林对有害烟尘或粉尘具有很大的阻留作用，一年中每公顷的森林阻留灰尘的总量为：云杉为 32t，松树 34.4t，水青杠 68t。据日本测定，每公顷槭树和橡树混交林，每年每公顷可阻留尘埃 68t。根据我国研究，认为刺楸、榆树、朴树、重阳木、刺槐、臭椿、构树、悬铃木、女贞、泡桐等，都是比较好的防尘树种。

总之，绿化植物的吸尘作用是肯定的，但吸尘效率与树种、林带的宽度和高度、绿地面积大小和种植密度等因素之间的关系，尚待深入研究，关于杨树的吸尘作用所见报道不多。

第六节　逆境胁迫下的激素研究

随着造林步伐的加快，高山、远山、石质山、干旱瘠薄、高寒等立地条件恶劣地区的造林比例越来越大，对苗木抗逆性要求也不断提高。因而根据造林地立地条件主要限制因子，在苗木培育过程中采取相应调控技术措施，有针对性地为干旱、盐碱、高寒等地区培育相应抗旱、抗盐、抗寒性较强的苗木，对于在困难立地条件下提高造林成活率、保存率，加快植被恢复具有重要意义。

据研究，在苗木培育过程中，能够对苗木抗逆性起到调控作用的技术有苗木密度控制、水分胁迫处理、种子抗逆锻炼、截根、光周期处理、化学调控及生物调控等。其中化学调控中的植物激素在植物体内的含量虽然十分微量，但在植物的逆境生理研究中却占据着十分重要的地位。

一、脱落酸与植物的抗逆性

脱落酸(abscisicacid, ABA)作为一种重要的胁迫激素的观点已被人们广泛接受。逆境下植物启动脱落酸合成系统,合成大量的脱落酸,促进气孔关闭,抑制气孔开放;促进水分吸收,并减少水分运输的途径,增加共质体途径水流;降低 LER(叶片伸展率),诱导抗旱特异性蛋白质合成,调整保卫细胞离子通道,诱导 ABA 反应基因改变相关基因的表达,增强植株抵抗逆境的能力。

一般认为,高等植物体内脱落酸有直接和间接两条合成途径,大多以间接途径,即类胡萝卜素合成途径为主。逆境期间 ABA 的积累来源于束缚型 ABA 的释放和新 ABA 的大量合成。干旱初期,前者为 ABA 的主要来源,随着干旱时间延长,有大量新 ABA 的合成。干旱期间,ABA 的积累主要来自新合成的 ABA。植物根具备所有 ABA 合成所需酶和前体物质。逆境期间,根能“测量”土壤的有效水分,即根能精确感受土壤干旱程度,产生相应的反应,合成大量的脱落酸,将其从根的中柱组织释放到木质部导管,然后运输至茎、叶、保卫细胞,导致气孔关闭,降低蒸腾作用,减少水分散失。

研究证实,干旱时 ABA 累积是一种主要的根源信号物质,经木质部蒸腾流到达叶的保卫细胞,抑制内流 K^+ 通道和促进苹果酸的渗出,使保卫细胞膨压下降,引起气孔关闭,蒸腾减少。Davies 等发现,在部分根系受到水分胁迫时,即使叶片的水势不变,叶片下表皮中的 ABA 也增加,伴随的是气孔适度关闭。外施 ABA 能显著提高幼苗叶片的水势保持能力,轻度水分胁迫下外施 ABA 对水势的提高作用大于严重水分胁迫和正常供水,且对抗旱性强的品种的水势提高作用大于抗旱性弱的品种。干旱胁迫下 ABA 含量的增加也促进了脯氨酸的积累。

在对乔木树种的研究中发现,中等含量(2~3mg/L)的脱落酸处理能提高银中杨的抗旱性;而低含量(1~2mg/L)的脱落酸处理对白榆苗木抗旱性表现出良好的调节作用;低含量(1mg/L)的脱落酸处理对白桦的抗旱性有一定作用。

许多研究表明,ABA 在寒冷条件下可以通过促进水分从根系向叶片的输送使细胞膜的通透性得以提高、增加植物体内的脯氨酸等渗透调节物质的含量和迅速关闭气孔以减少水分的损失、增加膜的稳定性以减少电解质的渗漏以及诱导有关基因的表达以提高植物对寒冷的抵抗能力，外施具有一样的效应。外源 ABA 预处理后，欧美山杨杂种无性系 EP0202 比低温锻炼后的叶片电解质渗透率有一定的降低，耐寒性有所提高。

外源 ABA 预处理的最佳条件是 0.1mmol/L 预处理时间 48h。ABA 处理能提高大叶楠的抗寒力。经 ABA 处理的大叶楠叶片的 O_2 产生速率、MDA 的含量变化明显低于未施 ABA 的叶片，而 SOD，CAT 活性也明显提高。外施 ABA 可以提高茶树的抗寒力，这种抗寒力的变化与茶树体内脯氨酸含量变化趋势一致。喷施外源 ABA 发现水稻幼苗在低温胁迫中及回温恢复中，自由基清除系统的膜保护酶——超氧化物歧化酶（SOD）活性增加。ABA 使杂交稻幼苗 SOD 活性增加的原因不是激活该酶，而是促进该酶的再合成，这在同位素示踪中得到证实。此外，非酶促保护系统中的抗氧化剂——抗坏血酸（ASA）和还原性谷胱甘肽（GSH）的含量增加，膜脂过氧化产物——丙二醛（MDA）的含量减少。ABA 预处理不仅大大提高了幼苗的抗冷性，还出现了一系列有利于抗冷的生理变化：叶片褪色速率减慢，鲜重下降减慢，受害程度减小；根系活力增加，可溶性糖含量增加，维持较高的蛋白质含量，过氧化物酶（POX）的活性增加，谷胱甘肽还原酶活性增加；叶片电解质渗透率减少，细胞透性降低。外施 ABA 增强植物的抗寒性，在农作物、经济林、草坪草等方面已得到充分证实。

二、乙烯与植物的抗逆性

逆境乙烯在生物学系统中充当一个信号分子的角色，具有"遇激而增，信息应变"的性质和作用。近几年的研究发现，各种环境胁迫都能引起乙烯产生量的增加，如：机械胁迫、低温、水、盐、干旱等都能使一些植物的乙烯增加。目前，国外对逆境乙烯的产生有两种推测：一种认为逆境乙烯的产生仅是植物受害后的症状，可通过降低乙烯的量来提高植物的抗逆性；另一种认为逆境乙烯的产生是植物在逆境中的一种适应现象，它可能在植物逆境胁迫的感受和适应中通过启动和调节某些与逆境适应相关的生理生化过程来诱导抗逆性的形成。

植物的淹水反应与乙烯是密切相关的，淹水后的植物体内乙烯会受刺激成几倍增加，通过扩散作用作为一种信使传播刺激信息，就地或在受影响的组织中打破原有的平衡。乙烯大量生成后，主要生理作用有：①刺激通气组织的发生和发展。实验证明淹水和乙烯处理都可引起处理部位的纤维素酶活力升高，在受淹植物中氧的亏缺激发了乙烯生物合成。乙烯的增加则刺激纤维素酶的活力，从而导致通气组织的形成和发展；②刺激不定根的生成。在受淹时，通气组织和不定根的形成具有很大适应意义。Bradford 等报道，番茄在淹水胁迫 72 h 后，体内乙烯增至对照组的 20 倍。低氧分压诱导乙烯的合成，乙烯引起脱落酸水平的降低，而后者又是赤霉素的拮抗物，赤霉素则是引起节间生长的主要激素。因此，乙烯是通过促进生长来缓解淹水胁迫的。徐锡增认为，杨树无性系在涝渍胁迫时体内乙烯含量提高是苗木对涝渍胁迫的一种有效生理反应，经过一定时间的代谢调节，苗木又重新建立起与环境之间的平衡关系，乙烯含量降低并逐渐接近于正常水平。

张骁等认为，干旱胁迫下施用乙烯利不仅改善了植物体内水分状况，而且刺激了体内保护物质（如脯氨酸）的合成累积，稳定了膜结构；同时，保护物质的存在也会加快壁物质的填充，进而增加壁的可塑性。有试验表明，在干旱处理前用不同浓度的乙烯利处理玉米幼苗，能显著改变其体内的相对含水量和渗透调节能力，增强其抗旱性。相反，也有实验证明，在干旱条件下小麦幼苗叶面喷施乙烯利，可以抑制 PEP 羧化酶（PEPCase）活性，降低叶绿素含量，增加丙二醛（MDA）累积，提高干旱条件下小麦幼苗叶水势，但复水后其水势恢复较对照慢，因而不利于小麦幼苗抵御干旱。

一般认为，乙烯对抗寒锻炼的启动无直接作用，但有人认为，乙烯利释放乙烯促进落叶休眠，增强抗寒力。

三、细胞分裂素与植物的抗逆性

近年来，CTK 及其类似物在植物抗逆性提高中的作用受到重视。研究表明，CTK 在植物抗逆和抗病虫害中有独特的作用。CTK 在植物多种胁迫中起到从根到冠的信息介质的作用。温度逆境、水分亏缺、盐胁迫均使 CTK 含量发生变化。CTK 在根中合成，当根际环境紊乱，如水分亏缺时，根中 CTK 合成和运输的量减少，而叶中 ABA 含量增加，叶片感受到信号而气孔关闭。CTK 可直接或间接地清除自由基，减少脂质过氧化作用，提高 SOD 等膜保护酶的活性，改变膜脂过氧化产物、膜脂肪酸组成的比例，保护细胞膜，也可改变过氧化物酶等的活性。

4-PU-30 和 6-BA 均可显著减轻玉米涝渍伤害，表现为叶片叶绿素的降解和脂质过氧化产物丙二醛的产生均明显减慢，明显抑制 SOD 和 CAT 活性的下降。6-BA 叶面喷施还可减轻玉米幼苗的干旱伤害，几种膜保护酶活性下降受抑，水分胁迫下玉米幼苗光合速度的降低也受抑制。

6-BA 和 KT 处理均可提高干旱条件下小麦旗叶的光合速率，延缓其气孔阻力的上升，而且对光合羧化酶和甘油醛-3-磷酸脱氢酶（GAPD）活性提高均有所帮助，二者协同作用，促进光合产物的积累。KT 配合施氮肥可提高春小麦 Sandra 的谷氨酸激酶的活性，增加谷蛋白的含量，提高小麦产量和品质，特别是在干旱逆境条件下表现出更大的增产潜力。李树品种'SantaRosa'的 CTK 和 ABA 都直接参与了水分逆境下使其抗性提高的作用。

在盐胁迫条件下，IPA，IAA 和 GA 的含量随着盐浓度的增加而减少，可以推测 IPA 也可作为盐胁迫条件下的一种激素信号，IAA 和 GA 虽不能作为盐胁迫条件下的激素信号，但它们的变化也是植物对盐胁迫条件适应性反应的表现。为了促进盐胁迫条件下植物的正常生长发育，3 种生长剂类激素都应与 ABA 形成一种适合的平衡关系。因此在盐胁迫过程中，3 种激素必需保持一致的比例才可望达到最适的平衡，抗性强的树种可能就有这种很强的激素调控能力。玉米素处理可明显抑制盐渍效应所引起的光合色素和可溶性蛋白含量减少。

植物在受到昆虫一定程度的取食后，可促进植物的生长发育，弥补因昆虫取食而造成的营养和生殖的损失。如果植物生长环境良好，促进作用所增加的生长量可能超过取食的损失，对植物的生长和生存反而有利，这种现象被称之为植物的超越补偿反应，CTK 在该调控系统中承担重要作用。植物在遭受昆虫取食后可通过降低气孔扩散阻力而提高光合作用，这是因为剩余叶片的 CTK 含量增加，有效地促进气孔开放，抑制气孔关闭，加上地上部分遭受损失后，叶对根源 CTK 的相互竞争减少，从而相对增加 CTK 的供应。

四、多胺与植物的抗逆性

多胺是生物体代谢过程中产生的一类次生物质，在调节植物生长发育、控制形态建成、提高植物抗逆性、延缓衰老等方面具有重要作用。多胺类物质包括二胺如腐胺和尸胺，三胺如亚精胺、高亚精胺，四胺如精胺及其他胺类。腐胺、亚精胺（Spd）和精胺（Spm）是植物体内较常见的 3 种多胺，与植物体对胁迫的反应关系密切。

（一）多胺在渗透胁迫中的作用

黄久常等对渗透胁迫和水淹下不同抗旱性小麦品种幼苗叶片多胺含量的变化进行了研究，得出在轻度渗透胁迫下，多胺含量有较为明显的增加，提出多胺在胁迫防御反应中可能起"第二信使"或生长调节物质的作用。张木清等用 0.4mmol/L 的多胺（精胺、亚精胺和腐胺）处理渗透胁迫下的甘蔗心叶或愈伤组织后，愈伤组织的诱导和绿苗的分化受到促进，苗重增加；超氧化物歧化酶（SOD）和过氧化氢酶活性增强，谷胱甘肽含量增多，丙二醛（MDA）含量下降，并且说明了精胺、亚精胺的效果优于腐胺。也有人研究把燕麦、大麦、小麦和玉米叶片段漂浮在 0.04mmol/L 的山梨糖醇后 6 h，结果腐胺水平增加 60 倍，而亚精胺和精胺的水平在大多数情况下是不变的。甘露醇的渗透胁迫也可增加蚕豆精胺酸脱羧酶（ADC）活性。腐胺水平的增加与 ADC 活性的提高二者是平行的，ADC 是一种受胁迫影响的酶，与细胞延长和抗逆性有密切的关系。

（二）多胺在水分胁迫中的作用

胡景江研究发现，外源多胺既可促进生长，又能显著提高作物抗旱性。外源多胺对油松幼苗的生长具有明显的促进作用，而且在干旱条件下的促进效果比正常水分条件下更为显著。外源多胺可提高干旱条件下油松的净光合速率、水分利用效率（WUE）、叶绿素含量，而且能增加油松的 SOD 和 CAT 活性，降低 MDA 含量等。

实验结果表明，外源多胺提高作物抗旱性的机理之一是能维持或提高保护酶活性，防止或降低膜脂过氧化作用对膜的伤害。在禾本科植物的研究方面，有人认为干旱初期，小麦根　叶中多胺含量的迅速升高，可能是干旱胁迫反应的一个信号，有利于增强对干旱胁迫的抵抗能力，但后期胁迫程度增大，根、叶中多胺含量下降，细胞衰老进程加速。这一变化除与多胺代谢本身有关外，还可能与乙烯代谢中 ACC 合成酶与多胺代谢中的 SAMDC（S-腺苷甲硫氨酸脱羧酶）互相竞争同一底物 SAM（S-腺苷甲硫氨酸）有关。

各种胁迫间是相互关联的，多胺的变化也是大体呈现一致的，小麦在水分胁迫下与渗透胁迫下的表现一致，腐胺（Put）累计大于亚精胺（Spd）与尸胺（Cad）的含量。此外，干旱胁迫下，外源 ABA 可刺激 Put 的生成，但内源多胺和 ABA 的关系仍不明确，尚待进一步研究。

（三）多胺在盐胁迫中的作用

在盐胁迫下，多胺能有效清除自由基与活性氧、进行渗透调节、维持膜的稳定性以及抑制乙烯的合成。研究发现，多胺能有效地清除化学和酶系统产生的自由基，更重要的是它们能清除由衰老的微粒体膜所产生的超氧化物自由基。王晓云等的试验结果表明，通过喷施外源多胺和多胺合成前体，提高了花生体内多胺含量，同时提高了清除活性氧的保护酶类的活性，使膜脂过氧化程度降低。当植物处于盐渍环境中时，体内出现最早的渗透调节物往往是一些无机离子，如 Na^+ 和 Cl^- 等，无机离子的积累对细胞产生一定的毒害作用，多胺可以降低植物体对 Na^+ 和 Cl^- 离子的吸收，降低 Na^+/K^+ 比值，进而提高植物耐盐性。多胺为脂肪族含氮碱，通常在生理条件下，多胺分子的质子化的氨基和亚氨基使其成为多聚阳离子，与细胞中多聚阴离子如 DNA、膜磷脂、酸性蛋白残基以及细胞壁等组分通过非共价键结合，从而稳定细胞膜的结构。多胺还可以通过调节清除活性氧和自由基相关酶的活性，以及抑制羟自由基的产生并直接清除活性氧，而达到保护细胞膜，减轻盐害损伤的目的。

盐胁迫下施用外源 Put 能够激活淀粉酶和蛋白酶活性，提高菜豆种子的萌芽率；并可通过抑制淀粉酶和蛋白酶活性，提高核酸和光合色素含量，促进盐胁迫下幼苗的生长。江行玉等人研究发现，外施 Spd 能够降低滨藜叶片内 Put/PAS 比值，提高 Put，Spd 和 Spm 含量；还能够提高叶片相对含水量，缓解吸水困难；降低叶片中 MDA 含量和相对电导率，减少质膜的伤害。

在盐胁迫处理的第 3 天，胡杨叶片的腐胺含量随渗透势的增加而升高，至第 7 天，随着胁迫的不断加强和发展，胡杨的多胺含量均比第 3 天有显著增加。

（四）多胺在温度胁迫中的作用

温度胁迫一直是研究的热点，多胺的产生与温度有很大的关系。郑永华研究报道，枇杷果实在 1℃ 下贮藏时，精胺（Spm）和亚精胺（Spd）含量逐渐下降，但 Spm 在 2 周后迅速回升并于第 3 周时达到高峰，随后又迅速下降，亚精胺（Spd）在 3 周后持续反弹上升。腐胺（Put）含量在前 2 周缓慢上升。2 周后迅速积累并于第 3 周时形成高峰。随后也迅速下降。贮藏 3 周后的果实出现明显的冷害症状。在非冷害温度 12℃ 下贮藏时，多胺含量波动较小。低温贮藏时枇杷果实亚精胺（Spd）含量的升高可能是果实对冷害的防卫反应，腐胺（Put）的积累可能是冷害的原因，亚精胺（Spd）的上升是冷害的结果。冷害发生前，一般多胺含量呈上升趋势，冷害发生后，其含量呈下降趋势。

五、其他植物生长调节剂在植物抗逆方面的研究应用

矮壮素提高植物抗旱性的作用机理可能是通过提高体内 ABA 水平，然后由 ABA 诱导幼苗体内产生一系列适应、抵抗干旱的生理反应，如关闭气孔、降低蒸腾、保护质膜的结构和功能等，以提高幼苗的抗旱性。实验证明，矮壮素能提高可溶性糖含量，降低膜透性，诱导番茄幼苗的抗寒性。矮壮素处理的植物受到水渍胁迫时，丙二醛含量比对照的降低，脂质过氧化作用较弱；可溶性蛋白质含量增加，而保护酶 SOD 和 CAT 活性升高，抗氧化性物质 AsA 和 GSH 含量也增加。

稀土在抗干旱、温度、盐和病虫害胁迫中作用明显。用稀土喷施甘蔗，可以促进甘蔗叶片脯氨酸积累，电导率降低，过氧化物酶活性提高，这些变化保持了甘蔗在干旱时细胞中的水分，稳定了质膜的结构，有利于甘蔗抗旱防寒。而且，稀土元素在植物受到高温和低温伤害时有一定的缓解效应。施用稀土后，叶片经低温 3~5℃ 处理，电解质外渗率降低，脯氨酸含量增加。稀土可提高小麦的抗盐能力，在抗病、抗污染方面也有重要作用。

PP333 除了能显著延缓植株生长以外，还能提高植物的抗逆性。例

如，PP333 能增强菜豆抗 SO_2 伤害、抗冷和抗热胁迫的能力，提高稻苗耐旱性，提高草莓苗、棉花幼苗的耐盐性，以及加强苹果树早期抗霜的能力等。

苯甲酸、水杨酸、烯效唑等植物生长调节剂在抗逆实验和生产上也有较多应用。

在逆境中，各个激素的变化不是孤立的，而是相互影响的。如在盐胁迫下，IAA 和 GA 促进多胺的产生，ABA 抑制多胺的合成，多胺与乙烯的合成存在竞争关系等。在逆境条件下 CTK 水平降低，减少 CTK 从根到苗的供应，可能引发地上部的基因表达改变以及 ABA、乙烯、水杨酸和茉莉酸的信号传导，从而导致其他代谢的变化，包括对逆境适应性的改变。还有，PP333 处理对水稻叶片游离赤霉素（F-GA4）和游离脱落酸（F-ABA）含量的上升都有抑制作用，等等。

随着全球气候、土壤和水分环境的逐渐恶化，干旱、高低温胁迫、盐胁迫等问题也日趋严重，各国学者在这方面的研究也较多，特别是对激素抗逆机理的探索更为深入，今后对造林树种的激素抗逆研究应该加大，培育筛选出抗旱、抗寒、抗盐等优良树种。

非生物胁迫因子（如干旱、高盐、极端气温、涝害等）是造成世界范围内作物减产、森林退化的主要因素，它所造成的损失已占到产量的一半以上。随着毛果杨（*P. trichocarpa*）基因组测序的完成，今后对杨属植物的研究进入了功能基因组学的研究阶段。研究植物的抗逆机制，通过分子育种等手段培育出能够在胁迫条件下生长的植株，进而提高作物产量和森林绿化面积是较为重要的应对手段之一。

第六章

杨树病虫害生理

第一节　杨树病害及其防治

一、叶部病害

（一）花叶病毒病

此病在欧洲各国、加拿大、美国和日本均有发生。欧美杨无性系列中 I -63 杨、 I -69 杨、 I -72 杨等均为感病品种。这几种杨树正是我国从意大利引进的大力推广的杨树品种，因而各地已普遍发生花叶症状。据报道，苗圃该病严重时，生长高度减少 10%，干物质损失 25%。 I -63杨感病后生长量能降低 30% ~ 50%。

1. 识别特征

该病在大树上或较轻症状时，容易被疏忽，但到 9 月生长后期，整个叶片将变成黄绿色，有些杨树叶片表现为不规则淡绿点，而在另一些杨树品系上，生长初期植株就矮小，叶片花叶或变黄，在某些特殊感病无性系上，枝条变形甚至枯死，植株明显短小。

2. 发生规律

此病为病毒病。病害通过插条传播，嫁接、根接也能传播，修枝可扩散病害。

3. 防治方法

该病的防治除采用抗病品种外，极难解决。世界有名的杨树品系中，白加隆、派莱、菲利佛等都是抗病毒花叶病的品系。

一般来说杨树病害直接采用化学药剂防治是很少的，尤其是成年树。防治的根本途径是预防，即在掌握具体病害的发生规律后，一方面设法消灭病原或切断传播途径，另一方面也是最重要的方面就是采取有效措施，增强杨树的抗病力或保护它不受病原物的侵染。

营林技术措施是防治杨树病害的主要手段。适地适树，培育壮苗，使杨树有一个好的栽植环境和健壮树体，是防病关键。要精心栽植，提倡三大一深的栽植方法，即大苗、大坑、大水、深埋。在旱情较重时，还可以剪去枝条和梢头，延迟发芽，促进根系生长，对预防溃疡病有良好效果。杨树定植后，要及时抚育和疏伐，使林分密度适中，有条件的地方在遇干旱天气时应以灌水，促使杨树生长健壮，使病害没有发生和流行的条件，研究表明杨树溃疡病引起杨树死亡的原因往往与长期干旱有关。

加强对杨树虫害的防治，也是预防杨树病害的一个重要方面，连续数年的虫灾能大大地降低杨树的生长势，使树势衰退，为病菌侵染创造条件。选育抗病品种是防治杨树病害的有效措施。应该加大这方面的力度。化学药剂的防治是辅助性的，主要用于苗圃地。

（二）杨树黑斑病

杨树黑斑病又称褐斑病，引起早期落叶。该病害对集约经营的杨树速生丰产林是一种危险的病害。

1. 识别特征

此病害的显著特点是病叶上病斑细小，直径不超过 1mm，黑褐色或褐色。小斑点常汇成较大黑色斑块或全叶变黑枯死，故称黑斑病。

2. 发生规律

该病害由半知菌黑盘孢目的盘二孢属病菌引起。我国杨树上的盘二孢菌已报道有 2 种，且有专化型存在。

黑斑病由分生孢子借助雨水溅散传播，长途传播主要靠插穗和苗木。该病害在杨树的整个生长季节都能发生，夏秋之间最盛，直到落叶为止。

3. 防治方法

防治杨树黑斑病唯一经济有效的办法是选育抗病杨树品种，Ⅰ-69杨、Ⅰ-63 杨、Ⅰ-72 杨对黑斑病是高度抗病的无性系，而Ⅰ-214 杨则是高度感病的无性系。

其他预防措施参见花叶病毒病。

（三）叶锈病

1. 识别特征

杨树叶锈病是杨树上发生最普遍、危害最严重的叶部病害。叶片是主要受害部位，也可以在芽和嫩枝上发生。症状的共同特点是产生橘黄色的夏孢子堆，破裂后散放出夏孢子，为黄色粉状物，故称锈病。

该病在我国发生范围最广泛，东北、华北及西北的多数省（区）均有发生。病害多发生在苗圃和幼林，发病率可达100%。

2. 发生规律

每年5月，在杨树落叶上越冬的孢子遇雨水就产生担孢子，通过气孔侵入叶中，7~10天后长出性子器和锈子腔。后者产生的锈孢子随风传至杨树叶片上，经7~15天产生夏孢子堆，堆中散放的夏孢子在7~8月份可进行多次再侵染。8月中下旬形成冬孢子，在落叶上越冬。温度和湿度是影响发病的主要因子。当林分植株密度大时，或因氮肥过多而徒长，造成林内通风透光不良、湿度过大时，病害发生较重。

3. 防治方法

（1）选用抗病品种；及时清除越冬病叶，减少初侵染源。

（2）药剂防治。病害流行初期，可用25%粉锈宁1 000倍液，25%粉锈宁油剂0.4g/m²低容量喷雾，70%甲基托布津1 000倍液。发生严重时，应在第一次喷药后15~20天喷第二次药。

二、枝干病害

在杨树病害中，枝干病害的危害性最大，无论发生在幼年或成年林分中都严重地影响植株的生长，甚至引起死亡。但是引起杨树枝干病害的病原菌却都是弱寄生菌，病害一般都是在植株受旱，皮层内水分含量降低或遭受冻害等情况下，杨树生命力降低，病害的病原菌才流行的起来。因此，防治杨树枝干病害要适地适树，改善经营管理条件，增强树势，提高杨树的生命力。

（一）杨树溃疡病

1. 识别特征

杨树溃疡病是指枝干皮层局部坏死的一种病害，事实上杨树溃疡病包括引起枝干韧皮部坏死或腐烂的各种病害。通常的名称有溃疡病、腐烂病、枝枯病等等。该病典型症状是在树干或枝条上开始时产生圆形或椭圆形的变色病斑，逐渐扩展，通常纵向扩展较快，病斑组织呈水渍状，或形成水泡，或有液体流出，具臭味，失水后稍凹陷，病部出现病菌的子实体。内皮层和木质部变褐色。当病斑环绕枝干后，病斑以上枝干枯死。溃疡病发生在小枝上时，常不表现出典型溃疡症状，小枝就迅速枯死，通称枝枯型；当溃疡发生在树干上时，初期看不出任何症状，后期在粗厚的枝皮裂缝中产生子实体和病斑，病斑环树干后，也可引起整株枯死。

杨树溃疡病主要为水泡型溃疡病和大斑溃疡病。前者分布广泛，除引起新造林枯死外，对成年杨树仅影响生长，后者目前分布较窄，但能引起成年杨树的死亡。1996 年在宿迁市的宿豫、泗阳等地意杨上发现，确实是一种危险性病害。

水泡型溃疡病典型症状是在树皮上皮孔边缘形成小泡状病斑，初为圆形，很小，不易识别，其后水泡变大，直径 0.5~1.5cm，泡内充满褐色黏液，水泡破裂后，病斑下陷，后期病斑上产生黑色针头状分生孢子器。树皮越是光滑的杨树水泡越明显，粗糙树皮不形成水泡，可见树皮下流出液体。

大斑型溃疡病早期症状是叶片提早变黄，随即脱落，早春萌叶晚，叶片小而淡黄，树冠上部枝枯或梢枯。在树干或枝干上初期出现大小不等的栗色病斑，随后变成黄褐色或深褐色，病斑周围的树皮稍有皱缩或凹陷，病健组织分界明显，病组织稍显湿润，病斑环绕树干后，树皮坏死，引起整株死亡。在枯死或濒于枯死的树干表皮下，鼓起分生孢子器呈松软的黑褐色颗粒状物，且作同心环状或直线状排列。分生孢子器遇潮湿季节，突破表皮溢出乳白色胶状的孢子角。

2. 发生规律

两种溃疡病的发生与树木生长势关系密切。因为溃疡病的病原菌是处于寄生菌与腐生菌之间的中间类型，这类真菌习居于活立木的表皮或死组织中，当寄主受到环境影响而生长势衰弱时，才形成溃疡病。因此，这类病害能否发生取决于寄主的生长势，以及那些影响寄主健康的各类诱导因子是否存在。新造幼林，干旱瘠薄，水分供应不足的林地，往往容易发病。

3. 防治方法

关键在于通过各种营林措施和技术手段来创造有利于杨树生长发育的条件，以增强寄主的抗病力，造成不利于病原菌生长、繁殖、传播的环境。例如选用壮苗造林、适地适树、营造混交林、及时抚育等。

（二）杨树红心病

杨树红心病又称杨树湿心材，是一个世界性病害，在北美、欧洲和中国均有大面积发生。大树的发病率接近100%，且变色面积大，胸径部位变色直径占树干的24.3%～64.4%，病材含水率可高达245%，而健康的边材仅有77%，与正常材相比病材红心颜色深，抽提物多，pH值偏碱，密度、弦向干缩系数、须纹抗压、抗弯强度及抗弯弹性模量均显著降低。这些结构、物理和化学性质的变化，严重影响木材的干燥、制材和制胶合板的质量，造成的经济损失是巨大的。

1. 识别特征

红心病典型症状是活立木的髓心及中央木质部呈水渍状，浅黄色，暴露空气后颜色加深呈褐色至深褐色，故称红心病。

2. 发生规律

引起红心病的原因较多，以往报道认为红心纯属一种生理现象。国外一些学者认为是由细菌的活动引起的，如欧文氏菌、芽孢杆菌等，近年来国内不少学者继续对红心病的成因开展深入研究，一般认为是镰刀菌和细菌等多因素的综合表现。

3. 防治方法

据调查，杨树红心病的严重程度随树龄增加而提高，且与土壤水分含量呈正相关，杨树不同品种之间该病的严重程度有所差异，毛白杨感病较轻。

其他措施参见花叶病毒病。

三、根部病害

（一）杨树根癌病

杨树根癌病又名冠瘿病，分布世界各地，寄主范围广，在毛白杨上常有发生。

1. 识别特征

主要特征是在根颈处出现近圆形淡黄色的小瘤，表面光滑，质地柔软，以后病瘤逐渐增大成不规则粗糙坚硬的小木癌。

2. 发生规律

该病由根癌细菌引起。细菌通过灌溉水或雨水传播，由伤口侵入，刺激细胞加快分裂形成癌。

3. 防治方法

参见花叶病毒病。

（二）杨树紫根病

杨树紫根病即紫纹羽病。引起寄主根部皮层腐烂，植株枯死。

1. 识别特征

该病特点是在根部为紫色菌毡覆盖，连续阴雨时紫红色菌丝亦能上延至树干茎部。

2. 发生规律

该病是由抽菌中的紫卷担菌引起的。一般在排水不良地方易发病，往往形成发病中心，向周围扩展。

3. 防治方法

参见花叶病毒病。

第二节　杨树虫害及其防治

一、苗木害虫

（一）铜绿丽金龟

1. 分布及危害

铜绿丽金龟属鞘翅目金龟科。分布于黑龙江、辽宁、河北、河南、山东、山西、陕西、江西、北京、天津等地。成虫主要危害杨、柳、榆、梨、苹果、葡萄等树木的幼苗及大树的叶片和嫩芽，被害叶片形成很多孔洞。幼虫常咬断幼苗近地面处的茎部、主根和侧根，严重时常造成苗木死亡。

2. 形态特征

成虫：背面铜绿色，有光泽。头部较大，深铜绿色，前缘向上卷。复眼大而圆。触角9节，黄褐色。前胸背板前缘呈弧状内弯，侧缘和后缘呈弧状外弯，背板为闪光绿色，上面密布刻点，两侧有1 mm宽的黄边。鞘翅为黄铜绿色，表面有不太明显的隆起带，会合处隆起带较明显。胸部腹板黄褐色，有细毛。腿节黄褐色，胫节、跗节深褐色，前胫节外侧具2齿，对面生一棘刺，跗节5节，端部生两个不等大的爪，前、中足大爪端部分叉，后足大爪不分叉。雌虫腹面乳白色，末节为一棕黄色横带。雄虫腹面棕黄色。

卵：白色，初产时长椭圆形，以后逐渐变为近球形。

幼虫：体乳白色。头部暗黄色，近圆形。头部两侧各有前顶毛8根，排成一纵列；后顶毛10~14根；额中侧毛两侧各2~4根。足的前爪大，后爪小。腹部末端两节背面为泥褐色并带有微蓝色。臀部腹面具刺毛列，每列大多由13~14根锥刺组成，两列刺尖相交或相遇，后端稍向外岔开，刺毛列周围有钩状毛。肛门孔横裂状。

蛹：椭圆形，略扁，土黄色，末端圆平。

3. 发生规律

每年发生1代，以3龄或2龄幼虫越冬。翌年5月开始化蛹，6月上旬成虫开始出现，6月中旬至7月上旬为高峰期，8月下旬终止。6月中旬见卵，8月幼虫出现，11月进入越冬期。成虫羽化出土的时间与五、六月份降雨量有密切关系。如果五、六月份雨量充足，出土早、高峰期提前。成虫白天隐蔽在杂草或表土下，黄昏时出土活动。气温在25℃以上，相对湿度70%~80%时最适宜它的活动。低温降雨天气活动少，闷热无雨的夜晚活动最强烈。成虫食性杂、食量大，对幼苗危害严重。成虫有假死性和强烈的趋光性。

交尾多在树上进行。每晚先交尾，然后取食嫩叶补充营养，严重发生时常吃光顶梢叶片，仅留主脉。每天21~22时为活动高峰期，黎明前飞到隐蔽处潜伏起来。卵多产在5~6cm深的土壤中，散产。每头雌虫平均卵40粒左右，卵期约10天。幼虫7月出现，1龄、2龄幼虫食量小，10月大部分进入3龄，食量猛增。幼虫一般在清晨或黄昏由土壤深层爬至表层，咬食苗木近地面处的茎部和根系，严重时造成幼苗死亡。

4. 防治方法

（1）成虫出现高峰期用40％乐果乳油800倍液，或10％广效敌杀死乳油2500倍液等喷洒叶面，杀死取食的成虫。

（2）黑光灯捕杀成虫。

（3）保护和利用天敌。

（二）东方蝼蛄

1. 分布及危害

东方蝼蛄属直翅目蝼蛄科。遍布全国各地，以江苏、浙江、福建、台湾、广东、广西、四川、辽宁等省（区）发生较严重。危害杨、榆、松、杉等多种林木、农作物和蔬菜。成虫和若虫在土中咬食苗木幼根和嫩茎，在地面上活动时常把幼苗近地面处的嫩茎咬断，造成苗木死亡。

2. 形态特征

成虫：体为浅茶褐色，密生细毛。前胸背板卵圆形，中央有一个凹陷明显的暗红色长心脏形斑。前翅超过腹部末端。后足胫节背面内侧有能动的棘3～4个。

卵：椭圆形，初产时灰白色，有光泽，后逐渐变为灰黄褐色，孵化前变为暗褐色或暗紫色。

若虫：初孵若虫乳白色，复眼淡红色。之后头、胸部及足渐变为暗褐色，腹部呈淡黄色。2～3龄以后，体色与成虫近似。

3. 发生规律

东方蝼蛄在华北以南地区1年发生1代，在东北地区2年1代。在北方大部分地区以成虫和有翅若虫越冬，翌年4月上旬开始活动，5月份危害最为严重。5月中下旬在土中产卵，产卵前先在深5～10cm的土层中做扁圆形卵室，然后产生30～50粒卵在其中。5月下旬至7月上旬为若虫孵化期，6月中旬为孵化高峰期。孵化3天后若虫能跳动，并逐渐分散为害，白天潜伏起来，晚间取食，以21～23时为取食高峰。秋季天气变冷后即以成虫和老龄若虫钻入60～120cm土壤深处越冬。若虫共6个龄期。成虫有较强的趋光性。

4. 防治方法

（1）蝼蛄的趋光性较强，在成虫出现期可设黑光灯诱杀。

（2）喜鹊、黑枕黄鹂等食虫鸟类是蝼蛄的天敌。苗圃周围要保留一定量的大树，招引益鸟栖息繁殖，充分发挥益鸟对害虫的控制作用。

（3）毒饵防治。用40%乐果乳油加温水再加饵料，按农药、温水、饵料约为1∶10∶100的比例配制。毒饵配制使用时应注意下列问题：所用饵料（麦麸、谷糠、稗子等）要煮至半熟或炒香，以增强引诱力；傍晚将毒饵均匀撒在苗圃地内。

（三）大灰象甲

1. 分布及危害

大灰象甲属鞘翅目象甲科。分布于东北、华北地区以及河南、湖北、陕西等省。危害杨、柳、泡桐等阔叶树苗木的嫩牙和幼叶，造成缺苗断垄，是苗期的重要害虫。

2. 形态特征

成虫：体黑色，全身被灰色鳞毛。前胸背板中央黑褐色。头管短粗，表面有3条纵沟，中央一沟黑色。鞘翅上有规则的斑纹，每一鞘翅有纵沟10条。

卵：长椭圆形，初产时乳白色，近孵化时乳黄色。

幼虫：乳白色，头部米黄色，第九腹节末端稍扁，肛门孔暗色。

蛹：长椭圆形，乳黄色，头管下垂达前胸。头部及腹背疏生刺毛，尾端向腹面弯曲。末端向两侧各具一刺。

3. 发生规律

2年发生1代，以幼虫和成虫在土壤中越冬。4月中下旬成虫开始活动，群集于苗茎处取食和交尾，白天静伏于表土下或土块缝隙间，夜间活动。5月下旬成虫开始产卵，雌虫产卵时先用足将叶片从两侧向内折合，然后将产卵器插入合缝中产卵，分泌黏液将叶片黏合在一起。6月上旬陆续孵化为幼虫落到地上，然后寻找土块间隙或疏松表土进入土中。幼虫只取食腐殖质和根毛，9月下旬幼虫向下移动至40～80cm处，做土窝在内越冬。第二年春暖后继续取食，6月下旬开始在40～80cm深处化蛹，蛹期15～20天。7月羽化为成虫，成虫不出土，在原处越冬。

4. 防治方法

（1）根据成虫群集于苗茎基部取食的习性，可在4月中下旬人工捕杀。

（2）用50%的1059乳剂2 000倍液，1605乳剂1 000倍液，喷雾于苗基处毒杀成虫。

二、枝梢害虫

（一）草履蚧

1. 分布及危害

草履蚧属硕蚧科。分布于华南、华中、华东、华北、西南、西北等。寄主植物非常广泛，常见的有杨树、泡桐、广玉兰、罗汉松、桃、柳、悬铃木、枫杨、樱花、苹果、月季、冬青、紫薇、木瓜、十大功劳和锈球等。成虫、若虫在嫩枝、幼芽等处吸食汁液，影响生长或枯死。

2. 形态特征

雌成虫：体长10mm，扁平，椭圆形。体背面中部灰紫色，外围淡黄色。腹部有横列皱纹和纵走凹线，形似草鞋，全体被一层薄薄的白色蜡粉。

雄成虫：体紫红色。触角丝状，10节，3~9节每节有3圈长刚毛。翅黑褐色，翅面具波状纹。腹部末端有4根刺状突起物。

卵：长椭圆形。初产时黄白色，渐变成黄赤色，长约1mm。卵产于卵囊中，卵囊白色，长扁圆形，由絮状蜡质物构成。

若虫：与雌成虫相似，只是体较小，赤褐色。

蛹：圆筒形，褐色，长约4mm，外被白色绵状物。

3. 发生规律

一年发生1代。以卵囊在树根附近的土中越冬。翌年2月上旬至3旬上旬孵化，孵化后的若虫仍停留在卵囊内。2月中旬后，随气温升高，若虫开始出土上树，月底达盛期，3月中旬基本结束。若虫出土后沿树干上树，多在阳面顺干爬至嫩枝、幼芽等处取食，初龄若虫行动不甚活泼，喜在树洞或树权等处隐蔽群居。若虫于3月底4月初第1次蜕皮后，开始分泌蜡质物。4月中下旬第2次蜕皮，雄若虫不再取食，潜伏于树缝、皮下或土缝、杂草等处，分泌蜡丝作茧，化蛹其中。蛹经10天左右，4月底5月上旬羽化，雄成虫不再取食。白天活动少，傍晚大量活动寻找雌若虫交配，阴天则整日活动，寿命10天左右。4月下旬至 5 月上旬雌若虫第 3 次蜕皮为成虫，并与雄虫交配，5 月中旬为交配盛期。雌成虫交配后仍需取食危害。5 月中旬雌虫开始下树，钻入树干周围石块下、土缝处，分泌白色绵状卵囊，产卵其中，每头雌虫可产卵 40～60 粒，多者可达 120 粒。雌虫产卵多少与土壤水分含量有关，5cm 土壤内含水量为 18%～20% 时，平均每头有卵 77.4 粒，表土极度干燥，成虫死亡后虫体失水干涸，受精卵全部死亡。

草履蚧 5 月中下旬在土中产的卵，越夏及越冬，直到翌年 2 月才孵化上树危害。

4. 防治方法

蚧类害虫不同于其他害虫，它形体微小，营固定生活，比较隐蔽，用通常的害虫防治方法，很难奏效，因此，防治蚧类必须根据其特点，采取多方面的措施配合，方能达到减轻或消除危害的目的。具体可以从以下几个方面着手：

（1）加强植物检疫：蚧虫营固定生活，可以随苗木传播至他处，所以在引进苗木时，应加强检查，发现有虫，应及时处理。数量大的可以用药剂熏蒸；数量少时可采取彻底刮除的办法，保证引进的苗木不带有介壳虫进入苗圃、温室、造林地及园林内。

（2）合理修剪、整枝：蚧类害虫常聚集在植株上，不同部分疏密不一，可结合冬季整枝修剪时，将密度高的枝条剪除，以压低越冬的虫口密度，也可以对个别植株生长过旺、枝叶郁蔽的局部进行疏剪，改善通风透光，改变蚧类害虫的栖息条件，从而减轻危害。剪下的枝条，集中烧毁。同时加强肥水管理，促使抽发新梢，更新树冠，恢复树势。

（3）生物防治：蚧类害虫比较重要的天敌有膜翅目小蜂总科的许多寄生蜂、鞘翅目瓢甲科内的多种捕食性瓢虫。这些天敌在自然界对控制蚧类害虫起着十分重要的控制作用。人们可以通过保护和利用当地的天敌，或采用引种、人工繁殖、释放等措施，增加天敌的数量，达到控制危害的目的。在利用天敌防治时，应注意与药剂防治相协调，生物防治的作用才得以充分发挥出来。

（4）药物防治：若蚧上树前采用薄膜阻隔法防治。在若虫上树前，用塑料布扎树干。关键是：必须在若虫上树前扎好塑料布；不能漏扎；塑料布质地要好；扎时不能有空隙。涂毒环（毒环要在塑料布下方，也可在塑料布上方加涂一道毒环)。毒环配方:废机油 2 份加黄油 5 份加 2.5% 敌杀死 0.01 份。

若虫期采用注药法、喷雾法防治。药剂防治蚧类害虫是十分有效的防治措施。药剂防治的成败与以下几个方面有关:首先针对多数蚧类害虫体外被有蜡质介壳的特点,要选择可以侵蚀蜡壳的药剂,或选用具有内吸杀虫作用的药剂;其次要掌握适当的施药时期。初龄若虫体表蜡质还没有形成或很薄,使用一般的触杀剂都能取得良好的防治效果。随着龄期的增长体外蜡质介壳增厚,一般的药剂无法渗透或侵蚀蜡壳到达虫体,效果很差,甚至无效。为此,药剂防治要掌握在各代卵的孵化盛期进行,对孵化期比较整齐的种类,喷洒 1~2 次,对孵化期拖得较长的蚧类害虫,则需要增加喷药次数,方能达到理想的防治效果。

喷雾法的常见药剂有 40% 氧化乐果乳油或 50% 久效磷乳油 1 000~1 500 倍液;50% 杀螟松乳油 800~1 500 倍液;40% 氧化乐果乳油 1 500 倍液和 2.5% 溴氰菊酯乳油 4 000 倍液的混剂。

注药法:若虫固定后在树干基部周围每隔 5 cm 打一孔,深达木质部,每孔注入 40% 氧化乐果或 50%,久效磷药液 0.5 ml,有较好杀虫效果。药液浓度:春季用原液,夏季用 3~5 倍液。

(二)叶螨

1. 分布及危害

叶螨属叶螨科叶螨属。它是一种世界性害螨,我国南方各地广为分布。除危害棉花、蔬菜外,尚可危害杨树和许多观赏植物。被害叶片初期可见黄白色小斑点,斑点逐渐扩展到全叶,造成叶片失水卷曲,枯黄脱落。受害植株花少或不开花,严重地失去了观赏价值。

2. 形态特征

成螨:雌螨体锈红色或深红色,两侧有暗色斑,气门沟具端膝。雄螨体末略尖,呈菱形。

卵:圆形、透明,初产时乳白色,后变淡黄色,随胚胎发育卵色逐渐加深,孵化前,透过卵壳可见到 2 个红色眼点。

幼螨:半球形,体色淡黄或黄绿色。足 3 对。

若螨:第 1 若螨体长 0.21~0.29 mm,宽 0.15~0.19 mm。第 2 若螨体长 0.34~0.36 mm,宽 0.21~0.23 mm。体椭圆形,两侧有暗色

斑。足 4 对。

3. 发生规律

长江流域 1 年发生约 18～20 代。越冬虫态随地区和气候而异，北方 10 月中下旬受精的雌螨变为橙红色的滞育型，转移到干枯叶子、杂草根际以及土缝、树皮缝等越冬。滞育雌螨抗寒能力很强，可在 -25℃ 的越冬场所，死亡率不超过 50%。南方地区除上述场所外，还可以以成螨、若螨和卵在树木、杂草上越冬。气温升高时，仍可不断繁殖。在温室内终年可以繁殖生长。

叶螨主要进行两性生殖，在缺乏雄螨时，也能营孤雌生殖，但后代全是雄螨。当发育至成螨时，雌雄螨即能交尾，多数雌螨一生仅交尾 1 次，也有少数能交尾 2～3 次，雄螨则可进行多次交尾。雌螨交尾后 1～2 天产卵。卵单产于叶背主脉两侧或丝网下面。1 头雌螨平均产卵量为 50～150 粒，最少为 30 粒，最多可达 700 粒左右，平均产卵期 14 天，最长为 36 天。雌螨的寿命一般为 30 天左右，但越冬的雌螨可存活 5～7 个月。

叶螨各期虫态都栖息在叶背，吐丝结网，在网下取食。当密度大、食料条件恶化时，往往群集成团，凭借吐丝下垂，由风力吹送扩散至他处。

叶螨最适宜的温度为 25～31℃，相对湿度为 35%～55%。它完成 1 代所需的时间与温湿度密切相关。高温干燥是本种害螨猖獗发生的环境条件。长江流域每年 5～6 月份梅雨季节多雨，温度低、湿度大，对其发生不利，但到了高温、干旱的 7～8 月间发生最为严重。

4. 防治方法

防治螨类必须采取"预防为主，综合治理"的方针。根据害螨的发展规律，制定出经济、有效、安全、相互协调的综合防治措施，把害螨压低允许受害水平之下，使林木和观赏植物经常保持叶茂花繁。

（1）化学防治：化学农药的使用经济、方便、见效快，对防治螨类具有显著效果。目前常用的杀螨药剂有 40% 氧化乐果乳油 1 500～2 000 倍液、40% 三氯杀螨醇乳油 1 000～1 500 倍液、20% 三氯杀螨砜可湿性粉剂 800～1 000 倍液、20% 螨卵酯可湿性粉剂 800～1 600 倍液、73% g 螨特乳油 2 000～3 000 倍液、30% g 螨特可湿性粉剂 1 500～2 000 倍液。上述药剂如无杀卵作用者，在害螨密度大时，隔 7 天需再喷用 1 次，如有内吸作用或杀卵作用的药剂，可每隔 2 周左右喷用 1 次。

（2）生物防治：螨类的生物防治，包括保护天敌的引种、人工繁育和释放等方面。天敌的保护依赖于合理适时使用选择性药剂以及稳定益虫（螨）的食物链。对有利用价值天敌种类，可以人工繁殖和释放。如捕食性螨中的植绥螨类，国内已有人工繁殖、释放成功的例子，因此，利用益螨防治害螨的生物防治是很有前途的。

三、叶部害虫

（一）杨黄卷叶螟

1. 分布及危害

杨黄卷叶螟又名杨卷叶螟，属鳞翅目螟蛾科，是杨树叶部的主要害虫。以幼虫在嫩梢上吐丝缀叶，严重时常把叶片吃光，变成秃梢，对树势的影响极大。分布于河南、河北、北京、山东及东北等地区。寄主植物主要是各种杨树、柳树。

2. 形态特征

成虫：体翅橙黄色。翅面具灰褐色断续的横波状纹及斑点，近前缘中央有黑褐色肾形纹，其中间白色，外缘具较宽的灰褐色边。后翅面中央具有 1 条横波状纹，其内侧有一黑斑，外侧有一短线，外缘具较宽的灰褐色边。腹部橙黄色，雄蛾尾部末端具赭色毛丛。

卵：扁圆形，乳白色，卵粒排列成鱼鳞状，聚集成块。

幼虫：黄绿色。头部淡色，头部两侧各有一黑褐色斑点与胸部两侧的黑褐色斑纹相连。

3. 发生规律

每年发生 4 代，以幼虫在落叶、地被物及树皮缝里结茧过冬。翌年4 月初，杨树发芽出叶后，越冬幼虫开始危害，于 5 月底 6 月初，幼虫先后老熟化蛹，6 月上旬，开始羽化为成虫，6 月中旬为羽化盛期。第 2 代成虫盛发期在 7 月中旬，第 3 代在 8 月中旬，第 4 代在 9 月中旬，直到 10 月中旬仍可见到少量成虫。成虫趋光性极强。成虫卵产于叶背面，以中脉的两侧最多，块状或长条形。幼虫孵化后，分散啃食叶表皮，并吐出白色黏液涂在叶面，随后吐丝缀嫩叶呈饺子形，或在叶缘吐丝将叶折叠，藏在其中取食。长大后的幼虫群集顶梢吐丝缀叶取食。多雨季节最为猖獗，3～5 天内即把嫩叶吃光，形成秃梢。幼虫极活泼，稍受惊即从卷叶内弹跃而出或吐丝下垂。幼虫在卷叶内、地被物上或树皮缝隙处吐丝结白色薄茧越冬。

4. 防治方法

久效磷 2 000 倍加敌杀死 4 000 倍液、氧化乐果 2 000 倍加敌杀死 4 000 倍液均有良好的防治效果。防治时应掌握这类害虫的两大特点，一是幼虫群集缀叶吃梢，二是趋光性特强。也就是说，喷药重点放在嫩梢部位，可以用黑光灯诱捕成虫。

(二)春尺蛾

1. 分布及危害

春尺蛾又名杨尺蠖，分布于新疆、青海、甘肃、陕西、宁夏、内蒙古、河北、天津、山东、江苏等地。危害杨、柳、槐、桑、榆、苹果、梨、沙果、槭、沙柳、葡萄。本虫发生期早，危害期短，幼虫发育快，食量大，常暴食成灾。

2. 形态特征

成虫：雌蛾无翅。体灰褐色。复眼黑色，触角丝状，腹部各节背面有数目不等的成排黑刺，刺尖端圆钝，腹末端臀板有突起和黑刺列。雄蛾翅展 28～37mm。触角羽毛状。前翅淡褐色至黑褐色，从前缘至后缘有 3 条褐色波状横纹，中间 1 条不明显。成虫体色因寄主不同而不同。

卵：椭圆形，有珍珠光泽，卵壳上有整齐刻纹。初产时灰白色或赭色，孵化前深紫色。

幼虫：老龄幼虫灰褐色，腹部第 2 节侧各有 1 个瘤状突起，腹线均为白色。气门线一般为淡黄色。

蛹：灰黄褐色，末端有臀刺，刺端分叉。雌蛹有翅的痕迹。

3. 发生规律

1 年发生 1 代，以蛹在树冠下土中越夏、越冬。翌年 2 月底至 3 月初、地表 5～10cm 温度在 0℃左右时成虫开始羽化出土。3 月上中旬见卵，4 月上中旬幼虫孵化，5 月上中旬老熟幼虫入土化蛹，预蛹期 4～7 天，蛹期达 9 个多月。

成虫一般多在 19 时左右羽化。雄蛾具有趋光性，多在夜间活动，白天静伏在枯枝落叶和杂草间,已上树的成虫则藏在开裂的树皮下、树干断枝处或裂缝中、树枝交错处。成虫寿命与温度成负相关。羽化较早(2月底至3月初)的成虫,当时气温低,寿命则长;羽化较晚(3月中下旬)的成虫,当时气温较高,寿命则较短。雌蛾寿命一般比雄蛾长。雌蛾寿命最长为28天。成虫白天有明显的假死性,夜间不明显。雌蛾上树1分钟可爬行1.32~1.63m。

成虫多在黄昏至23时前进行交尾,交尾后即寻觅产卵场所,分2~5批将卵产下。卵多产在树干1.5m以下的树皮裂缝中和断枝皮下,10余粒至数十粒聚集成块。成虫产卵期一般10天左右。

卵期13~30天。幼虫5龄,幼虫期18~32天。初孵幼虫取食幼芽,较大龄幼虫取食叶片。危害较轻时,被害叶片残缺不全,严重时整枝叶片全被吃光。食料缺少时,幼虫吐丝借风力转移到附近树上危害。5月中旬前后,老熟幼虫陆续入土,入土后分泌液体,使四周土壤硬化而形成土室,在土室内化蛹。蛹多分布于树冠下的土层中,树冠下比较低洼地段的蛹数最多,蛹入土1~60cm不等,而以16~30cm深处最多,占64.96%。越夏及越冬蛹的自然死亡率为6%~9%。蛹的大小与幼虫期营养条件有关,食料不足时,平均蛹长为13.43mm,蛹重为0.097g;食料充足时,平均蛹长为16.87mm,蛹重为0.205g。雌蛹比雄蛹多,其性比为16.1:1。

4. 防治方法

参见杨黄卷叶螟。

(三)杨扇舟蛾

1. 分布及危害

杨扇舟蛾分布于东北、华北、西北、华中、华南、西南、华东等地区。危害杨、柳,可造成大面积杨树叶被食殆尽。

2. 形态特征

成虫:雌虫体长15~20mm,翅展38~42mm;雄虫体长13~17mm,翅展23~37mm。体灰褐色,翅面有4条灰白色波状横纹,顶角有1个褐色扇形斑,外横线通过扇形斑一斑下方有1个较大的黑点。后翅灰褐色。

卵:扁圆形,初为橙红色,近孵化时为暗灰色。

幼虫：头部黑褐色，腹部灰白色，侧面墨绿色，体节上长有白色细行腹部背面灰黄绿色，每节着生环形排列的橙红色瘤8个，其上具有长毛，两侧各有较大黑瘤，其上着生白色细毛1束，向外放射，腹部1～8节背面中央有较大的红黑色瘤，臀板赭色。角足褐色。

蛹：体长13～18mm，褐色，茧灰白色。

3. 发生规律

1年发生数代，南方多于北方。河南和河北1年3～4代，安徽、陕西1年4～5代，江西、湖南1年5～6代，以蛹过冬。海南1年8～9代，整年都能危害，无越冬现象。在河北、河南中部地区，每年3月中旬越冬代成虫开始出现并产卵，4月下旬第1代幼虫开始独孵化，5月上旬为盛期。6月上中旬第1代成虫开始羽化，第2代成虫出现于7月上中旬，第3代成虫于8月上中旬发生，产卵、孵化为第4代幼虫，这代幼虫危害至9月上旬开始化蛹越冬，个别延至10月上旬。

成虫傍晚前后羽化最多，白天静栖，夜晚活动，有趋光性，一般上半夜交尾，下半夜产卵直至次日晨，有的可多次交尾。越冬代成虫出现时，树叶尚未展开，卵多产于枝干上，以后各代则主要产于叶背面，常百余粒产在一起，排成单层块状，亦有少数散产，每个卵块有卵数量不等。成虫寿命6～9天。卵期为11天左右；第2～3代在日均温27℃时，卵期只需7天左右。初孵幼虫有群集性，1～2龄幼虫仅啃食叶的下表皮，残留上表皮和叶脉。2龄以后吐丝缀叶，形成大的虫苞，白天隐伏其中，夜晚取食，阴雨天则昼夜取食，直至虫苞干枯后幼虫仍在其中隐栖。3龄以后食量骤增，分散取食，可将全叶吃尽，仅剩叶柄。当食料不足时，则吐丝随风迁至他处，再卷叶危害。幼虫共有5龄，幼虫期33～34天左右。老熟幼虫在卷叶苞内吐丝茧化蛹，除越冬蛹外，一般蛹期为5～8天。最后1代幼虫老熟后，多沿树干爬到地面，在枯叶、树干旁、粗树皮下或表土内结茧化蛹越冬。

4. 防治方法

（1）人工防治：杨扇舟蛾3龄前幼虫群集虫苞，被害叶、苞枯黄，容易发现，及时清除虫苞可以杀死大量的幼虫。

（2）灯光诱杀：舟蛾成虫都可用光诱杀。

（3）生物防治：保护招引益鸟，例如杜鹃、白头翁、黄鹂大量捕食舟蛾幼虫；白僵菌粉可用于防治杨扇舟蛾；应用苏云金杆菌 0.5~1 亿/ml 和青虫菌 1~2 亿/ml 可毒杀杨扇舟蛾。

（4）化学防治：可选用 80% 敌敌畏乳油 1 000~1 500 倍液、50% 马拉硫磷乳油 1 000 倍液、10% 氯氰菊酸乳油 2 000 倍液、2.5% 液氰菊酯乳油 2 500~3 000 倍液、20% 灭幼脲 I 号胶悬剂 10 000 倍液。

（四）杨小舟蛾

1. 分布及危害

杨小舟蛾分布于黑龙江、吉林、辽宁、河南、河北、山东、安徽、江苏、浙江、江西、四川等地。危害杨树和柳树，可造成大面积树叶被吃光。

2. 形态特征

成虫：体色变化较多，有黄褐色、红褐色和暗褐色等。前翅有 3 条灰白色横线，每线两侧具暗边，基线不清晰，内横线在亚中褶下呈亭形分叉，外叉不如内叉明显，外横线波浪形，横脉为 1 个小黑点。后翅黄褐色，臀角有 1 个赭色或红褐色小斑。

卵：半球形，黄绿色。

幼虫：体色变化较大，有灰褐色、灰绿色，微带紫色光泽。体侧各具 1 条黄色纵带，各节具有不显著的肉瘤，以腹部第 1 节和第 8 节背面的肉瘤最大，灰色，肉瘤上面有短毛。

蛹：褐色，近纺锤形。

3. 发生规律

一年发生 5 代，以蛹在干基周围的枯枝落叶和地表 2cm 内的土层中越冬。4 月中旬越冬代成虫开始羽化、产卵。4 月下旬第一代幼虫开始孵化，5 月上、中旬为盛期。5 月下旬第一代成虫开始羽化，6 月上、中旬为盛期；第二代成虫出现于 7 月上、中旬；第三代成虫出现于 7 月下旬 8 月上旬；第四代成虫于 8 月下旬 9 月上旬发生、产卵，孵化为第五代幼虫，此代幼虫危害至 9 月下旬化蛹过冬。少数发育早的第五代蛹能羽化，发生第六代，但此代幼虫不能化蛹越冬。6 月下旬后林间虫态交错，出现世代重叠，尤以第三、四代重叠现象明显。

成虫白天多隐蔽于叶背或隐蔽物下，夜晚交尾产卵。成虫有趋光性。卵块状。每块有卵 300~400 粒。每头雌虫可产卵 400~500 粒。幼虫孵化后，群集叶面啃食表皮，被害叶呈箩网状。稍大后分散蚕食，将叶咬成缺刻，残留粗的叶脉和叶柄。7～8月高温多雨季节危害最凶，常将叶片吃光。幼虫行动迟缓，白天多伏于树干粗皮缝处及树杈间，夜晚上树吃叶，黎明多自叶面沿枝干下移隐伏。老熟幼虫吐丝缀叶结薄茧化蛹。卵可被赤眼蜂寄生，寄生率很高，第4代寄生率可高达90%以上。

4. 防治方法

参见杨扇舟蛾。

（五）杨二尾舟蛾

1. 分布及危害

杨二尾舟蛾又名杨双尾舟蛾。分布于江苏、黑龙江、吉林、辽宁、河北、山东、河南、湖北、湖南、江西、浙江、福建、台湾、四川、西藏、陕西、宁夏、甘肃、内蒙古等地。为害杨柳科树种，有时暴发成灾。

2. 形态特征

成虫：体、翅灰白色，头和胸部背面略带紫色。胸部背面有3对黑点，翅基片有2个黑点。前翅有黑色花纹，后翅颜色较淡。

卵：半球形，初产为暗绿色，后转为绿褐色、暗赤褐色，到暗黑红色时即将孵化。

幼虫：初龄幼虫黑色，老熟时呈紫褐色或绿褐色，背部斑纹呈灰白色，体较透明，爬于枝干上，咬破枝干吐丝粘枝干碎屑做茧，茧坚硬、紧贴于树干，色与树皮同。

3. 发生规律

一年发生3代，以蛹在茧内越冬。越冬代成虫4月中旬出现，各代成虫发生期分别为4月中旬至5月中下旬，6月中旬至7月上旬，8月中旬至9月上旬。各代幼虫为害期为4月下旬至6月上旬，7月上旬至7月下旬，8月下旬至10月上中旬。9月下旬至10月上中旬陆续结茧化蛹越冬。

成虫羽化一般在下午4～9时，以6时为最多。羽化后5～8个小时开始交尾，多在晚间10时至次晨4时进行，以深夜2～3时最多。交尾后当夜产卵，产卵次数一般4～9次，卵多产在叶片上，一般一叶有卵

1~2 粒。一雌虫一生可产卵 132~403 粒，以第 3 代卵多，第 2 代次之，第 1 代卵最少。成虫有趋光性。成虫寿命第 1 代为 5~10 天，第 2 代 7~11 天，越冬代 8~21 天。

第 1 代卵经 12~14 天、第 2 代经 9~13 天、第 3 代经 7~10 天孵化，一般孵化率在 95% 左右。初孵幼虫在卵附近叶面上爬动，并吐丝于叶面上，经 3 小时左右，取食叶片。幼虫 5 龄，3 龄以前食量很小，仅占总食量的 4%，4 龄后食量逐渐增加，4 龄幼虫食量占 10%，5 龄幼虫食叶量最大，占总食量的 86%，常将树叶吃光。第 1 代幼虫期最长，各龄分别需，4~9 天、4~8 天、3~8 天、3.5~7 天、4.5~9 天，共 19~41 天。第 2 代幼虫期最短，各龄分别需 2.5~4 天、2.5~5 天、2.5~6.5 天、2.5~6 天、4.5~6 天，共需 14~27.5 天。第 3 代各龄幼虫需 2~4 天、2~5 天、2.5~6 天、3~6 天、5~9 天，共需 14.5~30 天。结茧后，幼虫经 3~10 天化蛹，即第 1 代需 4~9 天，第 2 代需 3~7 天，越冬代需 4~10 天。越冬代需 4~10 天。越冬代蛹期需 7 个多月，第 1、2 代分别为 7~10 天、13~16 天。幼虫结茧时咬伤枝干，常造成风折。

4. 防治方法

参见杨扇舟蛾。

（六）黄刺蛾

1. 分布及危害

黄刺蛾几乎遍布全国。食性极杂，大多数的阔叶树、果树、行道树均可受害。初龄幼虫仅啃食叶肉而留下表皮，随虫龄增大，开始蚕食叶片，形成缺刻，甚至将叶片全部吃光，对树生长影响颇大。黄刺蛾的幼虫身上长有枝刺和毒毛，触及人的肌肤可使之红肿、痛辣异常，因此有"痒辣子"、"刺毛虫"之称。蜕皮之后的毒毛还可随风吹散，落到人体上亦会有刺痒不适之感。

2. 形态特征

成虫：头和胸背黄色，腹背黄褐色。有 2 条暗褐色斜纹在翅尖前汇合于一点，呈倒"V"字形，前翅黄色或赭褐色。

卵：长约 1.5mm，椭圆形，扁平，淡黄色。

幼虫：黄绿色，背中线上有一紫褐色大斑纹，此纹在胸上较宽，似盾形。每个体节有 4 个枝刺，其中以胸节上的 6 个和臂节的 2 个特别大。

茧：椭圆形，似雀蛋，质地坚硬，灰白色，上有褐色条纹。

3. 发生规律

黄刺蛾在北京、江苏、安徽 1 年 2 代。在 9~10 月间，幼虫在树枝上结茧越冬。南京的卵孵期为第 1 代 6 月上中旬，第 2 代 8 月中下旬。

成虫羽化后多在傍晚活动，以 17~22 时为盛。成虫夜间有趋光性，但不强烈。卵多产于叶背，卵散产或数粒产在一起，每头雌虫产卵49~67 粒，成虫寿命 4~7 天。

初孵幼虫先食卵壳，然后取食叶片的下表皮和叶肉，留下上表皮，形成圆形透明的小斑。4 龄时蚕食叶片，形成缺刻或孔洞，5~6 龄时能将叶吃光，仅留叶脉。幼虫共 7 龄。老熟幼虫化蛹前，在树枝上吐丝结茧，结茧的位置，在高大树木上多在树杈处，在苗木上则结于树干上。

4. 防治方法

参见杨扇舟蛾。

（七）褐边绿刺蛾

1. 分布及危害：参见黄刺蛾。

2. 形态特征

成虫：头和胸背绿色。胸背中央有 1 条红褐色纵线，腹部和后翅浅黄色，前翅绿色，基部红褐色，外缘有 1 条浅黄色宽带，内有红褐色雾点，带内翅脉和内缘红褐色。

卵：扁椭圆形，浅黄绿色。

幼虫：老熟幼虫浅黄绿色，背部有蓝带黑色点的纵带，背侧瘤绿色，其中气门上方的有一橙黄色尖顶，尤以前胸上黄色较显著，体末端有 4 个黑点。

茧：近圆筒形，棕褐色。

3. 发生规律

褐边绿刺蛾在长江以南 1 年发生 2~3 代，以幼虫结茧越冬。越冬幼虫在翌年 4 月下旬至 5 月上中旬化蛹。越冬成虫 5 月下旬至 6 月羽化产卵，6 月至 7 月下旬为第 1 代幼虫危害时期，7 月中旬后第 1 代幼虫陆续老熟结茧化蛹，8 月初第 1 代成虫开始羽化产卵，8 月中旬至 9 月第2代幼虫危害活动，9月中旬以后幼虫逐渐老熟结茧越冬。成虫产卵于叶背，常数十粒成块，呈鱼鳞状排列。卵期5~7天，幼虫期约30天左右。老熟幼虫于树冠下浅松土层、草丛中结茧化蛹，蛹期5~6天。成虫寿命3~8天。

4. 防治方法

参见杨扇舟蛾。

（八）扁刺蛾

1. 分布及危害：参见黄刺蛾

2. 形态特征

成虫：体灰褐色，前翅褐灰到浅灰色，内半部和外横线以外黄褐色并具有黑点，外横线暗褐色，从前缘近翅尖直向后斜伸到后缘中央前方。后翅暗灰到黄褐色。

卵：扁长椭圆形，初产时黄绿色，后变灰褐色。

幼虫：黄绿色，长椭圆形，背线苍白色，体侧有红色突起，其上生刺。

茧：近圆球形，黑褐色。

3. 发生规律

扁刺蛾在长江以南1年发生2~3代，以老熟幼虫结茧越冬。在浙江越冬幼虫5月初开始化蛹，5月下旬成虫开始羽化，6月中旬为羽化产卵盛期，6月中下旬第1代幼虫孵化，7月下旬至8月上旬结茧化蛹，8月间第1代成虫羽化产卵，1周后，出现第2代幼虫，9月底至10月初老熟幼虫陆续结茧越冬。

卵散产于叶片上，多在叶面，卵期6~8天。幼虫共8龄。老熟幼虫早晚沿树干爬下，在树冠附近的浅土层、杂草丛、石砾缝中结茧。成虫有强趋光性。

4. 防治方法

参见杨扇舟蛾。

（九）大袋蛾

1. 分布及危害

分布于山东、河南、江苏、浙江、福建、安徽、湖北、湖南、江西、广东、广西、贵州、四川、云南等地。寄主植物很多，多种果树、林木及观赏植物都受其危害,是一种典型的杂食性害虫。幼虫或将叶片啃成缺刻,或将叶吃光,有的造成 2 次发叶,因而树势衰弱,生长缓慢。

2. 形态特征

成虫:雄蛾褐色有浅色纵纹。前翅红褐色,有黑色和棕色斑纹及透明斑。后翅黑褐色,略带红褐色。雌蛾体肥大,淡黄或乳白色,蛆状,头部小,淡黄褐色,胸部背中央有 1 条褐色隆脊,常躲藏于袋囊中。雌蛾外生殖器发达,足、触角、口器、复眼均甚退化。

卵:椭圆形,黄色。

幼虫:初龄时黄色,少斑纹。3 龄后能区别雌雄。雌性幼虫老熟时体长 32 ~ 37mm。头部赤褐色,头顶有环状斑。胸部背板骨化,亚背线、气门上线附近有大型赤褐色斑,呈深褐淡黄相间的斑纹。腹部背面黑褐色,各节表面有皱纹。雄性幼虫较小,黄褐色,头部脱裂线及额缝白色。

蛹:雌蛹枣红色,头、胸的附属器均退化,雄蛹与一般鳞翅目蛹相似,赤褐色。第 3 ~ 8 腹节背板前缘各具一横列的刺突,腹末有臀棘 1 对,小而弯曲。

护囊:雄虫护囊长 50 ~ 60mm,护囊较瘦削。雌虫护囊长 70 ~ 90mm,护囊较饱满。长纺锤形,丝质疏松,外附大量枝叶。

3. 发生规律

河南 1 年发生 1 代。江苏南京地区 1 年主要发生 1 代,少数可出现 2 代。以老熟幼虫在护囊里悬挂在枝上越冬。翌年 4 月中旬至 5 月中旬化蛹,蛹期 13 ~ 24 天。5 月下旬至 6 月上旬成虫羽化。雌成虫无翅藏匿在护囊里,雄成虫羽化即飞离护囊与雌虫交尾,雄蛾寿命 2 ~ 9 天,雌雄性比为 1.4:1,雌蛾多于雄蛾。雌虫交配后将卵产在护囊内,每头雌虫可产 3 000 ~ 6 000 粒卵,最多的可达 10 621 粒。卵期 17 ~ 21 天。在 6 月中下旬幼虫孵化后,爬出护囊吐丝下垂,随风传播。孵出幼虫并不能马上取食,而是先咬取植物组织碎片碎屑,吐丝结成护囊,然后藏匿其中开始取食。随虫龄增大护囊也相应增大。幼虫期 210 ~ 240 天,一年以 7 ~ 9 月危害最烈,至 11 月幼虫封囊在树枝上越冬。据南京多年观察,天气持续多雨,虫体多感病而大量死亡,反之,天气干热则发生猖獗。

4. 防治方法

药剂防治要抓住幼虫初期，要在幼虫 3 龄之前，虫小而集中，抗药能力弱，食量又小尚未造成大害，此时用药防治最为经济有效。常用的杀虫剂有 80% 敌敌畏乳油 1 500 ~ 2 000 倍液、20% 杀灭菊酯乳油 1 500 ~ 2 000 倍液、2.5% 溴氰菊酯乳油 4 000 ~ 5 000 倍液。另外，也可使用微生物制剂，如活孢子数在 100 亿/g 以上的青虫菌（或杀螟杆菌）菌粉 500 ~ 1 000 倍液。

（十）杨白潜蛾

1. 分布与危害

分布于内蒙古、黑龙江、吉林、辽宁、河北、山东、河南等省（区）。叶片被潜食变黑、焦枯，提前落叶。

2. 形态特征

成虫：体腹面及足银白色。头顶有 1 丛竖立银白色毛。唇须短。

卵：扁圆形，孵化前暗灰色，表面具网状刻纹。

幼虫：扁平，黄白色。头部及体节侧面着生刚毛 3 根。头部较小，口器向前方突出。

蛹：淡黄色。梭形，长约 3 mm。藏于白丝茧内。

3. 发生规律

杨白潜蛾 1 年发生 3 ~ 4 代。以蛹在茧中越冬。除落叶上有茧外，在柳树干的鳞形气孔上，杨树和柳树的树皮裂缝内，也都有大量越冬茧。翌年春季 4 月中旬，杨树放叶后，成虫羽化。

成虫羽化后，通常先停留在杨树叶片基部腺点上（可能吸食腺点上的汁液）。有趋光性。羽化当天交尾产卵，交尾多在上午 10 时至下午 7 时，以上午 11 时至下午 4 时最盛。雌虫交尾后在叶面静止约半小时，来回爬行，寻找适宜的产卵部位。卵一般产在不老不嫩叶的正面，贴近主脉或侧脉，与叶脉平行排列，卵成块或成一条直线产下。每块有卵 3 ~ 13 粒，多数为 5 ~ 7 粒。卵粒很小，一般肉眼不易发现。

幼虫孵出时，从卵壳底面咬破卵壳，潜入叶内取食叶肉。幼虫不能穿过主脉，但老熟幼虫可穿过侧脉潜食。被害处形成黑褐色虫斑，虫斑逐渐扩大，常由 2 ~ 3 个虫斑相连成大斑，往往一个大虫斑占叶总面积

1/3～1/2。幼虫老熟后从叶正面咬孔而出，生长季节多在叶背面吐丝作"1"字形茧化蛹。越冬茧则分布在树干上、叶子正面或背面。单株树干上的茧绝大多数集中在树干阳面。幼苗和幼树的树干迄今没有发现茧。大部分茧分布在直径8cm以上的树干上，一般在树干鳞形气孔上或粗皮裂缝内(加拿大杨、柳树)。树皮光滑的树干上很少有茧。

4. 防治方法

(1)保护天敌：有寄生蜂及寄生蝇，寄生率为16%。

(2)在发生严重地方，4月以前，扫除落叶，集中烧毁，或集中倒在坑内沤肥，上面要盖土。

(3)在第1代和第2代幼虫孵化初期、盛期或成虫交尾产卵时，喷40%乐果乳油或50%杀螟松乳油1 500～2 000倍液，以杀死幼虫、成虫。

(4)苗圃地、片林、防护林可设置黑光灯诱杀成虫。

(十一)柳兰叶甲

1. 分布与危害

柳兰叶甲又名柳树金花虫。属鞘翅目，叶甲科。分布于东北、华北、西北、华东、河南、湖北、贵州等地。以成虫、幼虫危害垂柳、旱柳、夹竹桃、泡桐、葡萄、杞柳、杨树和乌桕等叶片，常造成叶片缺刻、穿孔。

2. 形态特征

成虫：全体深蓝色，有强的金属光泽。头部横宽：触角褐色，有细毛。前胸背板光滑，前缘呈弧形凹入，鞘翅上有排列成行的刻点。卵椭圆形，橙黄。

幼虫：体略扁平，头部黑褐色，体灰黄色。胸部最宽，中、后胸背部有6个黑色瘤状突起，腹部每节有4个瘤突。

蛹：椭圆形，长4mm。腹背有4列黑斑。

3. 发生规律

1年发生6代左右，以成虫在土缝内和落叶层下越冬。翌年4月上旬越冬成虫开始上树取食叶片，并在叶片上产卵。幼虫有群集性，使叶片呈网状。自第2代起世代重叠，在同一叶片上，常见到各种虫态。以7～9月为害最严重，10月下旬成虫陆续下树越冬。

4. 防治方法

（1）结合树木养护管理工作，人工杀灭成虫。

（2）保护和利用天敌：如瓢虫、太平鸟、灰喜鹊等。

（3）药剂防治：为害期喷施 0.5% 蔬果净（楝素）乳油 600 倍液，或 2.5% 保富乳油 2 000 倍液防治。

（十二）柳毒蛾

1. 分布与危害

柳毒蛾属鳞翅目毒蛾科。分布于吉林、辽宁、陕西、甘肃、宁夏、河北、山东、江苏等地。幼虫危害柳树和杨树，严重时将树叶食尽。

2. 形态特征

卵：圆形，灰白色，块状，上有胶状物覆盖。

幼虫：头深褐色，冠逢两侧各有黑色纵纹一条。体灰黄色，背中线黑色，两侧黄褐色，亚背线呈黑色斑，每节中央有棕程色毛瘤，第一、二、六、七腹节背面有黑色横带，气门下线由灰黑色斑组成，每节有黑褐色瘤一个，着生黄褐色刚毛，腹面赤褐色，胸足和腹足黑色。

蛹：黑褐色，有光泽，背有淡黄色细毛，在腹部聚集成束。

成虫：体翅为绢白色，稍有光泽，黑褐色，雄蛾触角羽毛状，灰褐色，足黑色，胫节和肘节上有黑白相间的环纹。

3. 发生规律

1 年发生 2 代，以幼虫在树皮缝、树洞和树干萌发条缝隙等处越冬。4 月间上树为害，食害嫩叶，幼虫昼伏夜出，5 月下旬老熟幼虫在树皮缝隙、树下土块或枯枝落叶层下化蛹，蛹历期 10 天左右，6 月上旬羽化成为成虫，第一代幼虫于 8 月份先后老熟化蛹，9 月间第二代幼虫出现，食害一段时间后即进入越冬。

每年 10 月份，柳毒蛾以幼虫形态爬入破裂的树皮内越冬。第 2 年春天，当杨树、柳树长叶时，幼虫爬出取食为害树叶。5 月中下旬为幼虫为害盛期，6 月上中旬成虫出现高峰，以后成虫产卵孵化出幼虫，7 月上旬至 8 月上旬，幼虫再度出现为害高峰期，10 月份，由于气候条件、食源条件逐渐恶化，幼虫钻入树皮缝隙内越冬。

柳毒蛾成虫具有趋光性，白天经常躲藏在树丛内或附近的玉米、大豆等作物田间。成虫夜间在树干上产卵，其卵呈块状。幼虫具有昼伏夜出性，食量很大，严重被害的树木几乎难以找到完整的叶片。幼虫经过一段的暴食，逐渐老熟，在树叶上吐丝卷叶或在树皮缝隙内结茧化蛹。

4. 防治方法

灯光诱杀成虫。幼虫期防治抓住两次危害高峰期进行化学防治，可参照杨扇舟蛾防治方法。

（十三）杨梢叶甲

1. 分布与危害

杨梢叶甲属鞘翅目叶甲科。分布于河南、河北、陕西、山西、辽宁、甘肃、江苏等地。以成虫危害杨、柳苗木和幼林，将新梢和叶柄咬断，造成断梢和落叶，对苗木和幼林生长影响很大。

2. 形态特征

卵：长椭圆形，顶端稍尖，乳黄色。

幼虫：体长约 6 mm，老熟时乳黄色，微向腹面弯曲。蛹：近纺锤形，白色，体长约 6~7.5 mm，长椭圆形。

成虫：头、前胸背板和鞘翅黑色或黑褐色，表面密被黄色或黄褐色绒毛。雄虫腹面中央有一凹陷。雌虫腹面的绒毛较密，腹部末节腹板后端隆起。

3. 发生规律

一年发生一代，以幼虫在土中越冬。成虫于 5 月上旬开始，5 月中旬为盛期，6 月上旬为末期。成虫啃食新叶部叶柄，将叶柄咬断，也将嫩梢咬断，有时成虫也取食叶片成缺刻或穿孔。通常在中午气温最高时活动最较盛，早晚潜于叶腋处静止不动。成虫产卵于土中，卵成块状，幼虫在土中食害植物幼根。

4. 防治方法

在成虫期喷药防治，毒杀成虫。可用 90% 敌百虫 1500 倍液，50% 马拉硫磷乳油 800 倍喷洒。

四、枝干害虫

（一）光肩星天牛

1. 分布及危害

光肩星天牛属沟胫天牛亚科。分布于我国辽宁以南、甘肃以东各地。此虫在有些地区危害十分严重，被害树木质部被蛀成隧道，常遭风折或枯死。

2. 形态特征

成虫：体形较狭，体黑色有光泽，黑中带紫铜色。鞘翅白色，毛斑大小不规律，有时较不清楚，基部光滑，不具颗粒，表面刻点较密，有微细皱纹。触角较长。前胸背板侧刺突较长，尖锐，胸部无毛斑，中瘤不显突。中胸腹板凸片上瘤突不发达。

卵：乳白色，长椭圆形，两端略弯曲，孵化前变成黄色。

幼虫：头部褐色。触角 3 节，淡褐色，较粗短。前胸大而长，其背板后半部色较深，呈"凸"字形，中胸最短，其腹面和后胸背腹面各具步泡突 1 个。腹部背面可见 9 节，第 10 节为乳头状突起，第 1～7 腹节背腹面各有步泡突 1 个。

蛹：全体乳白色至黄白色。体长 30～37 mm，宽约 11 mm，附肢颜色较浅。触角前端卷曲呈环形，置于前足、中足及翅上。

3. 发生规律

1 年发生 1 代，极少数为 2 年 1 代（江苏 1 年 1 代的占 98%，2 年 1 代的仅占 2%）。

越冬的老熟幼虫翌年直接化蛹。其他越冬幼虫在 3 月下旬开始活动取食，4 月底 5 月初开始进入预蛹期，预蛹期 9～39 天，平均 21.8 天，6 月中下旬为化蛹盛期。蛹期 13～24 天，平均 19.6 天。

成虫羽化后在蛹室停留 6～15 天，一般 7 天。成虫在 6 月中旬至 7 月上旬为飞出盛期。成虫一般在 8～12 时活动最盛。成虫亦取食叶柄、叶片和嫩枝皮，补充营养后 2～3 天交配。成虫产卵前，用上颚将枝条咬出一椭圆形刻槽，然后将产卵管插入皮层与木质部之间产卵，每刻槽产卵 1 粒，产卵后分泌一种粘的胶状物把产卵孔堵住。每头雌虫平均产卵 32 粒左右。成虫极易捕捉，无趋光性。雌虫寿命平均 42.5 天，雄虫 20.6 天。

卵期一般 11 天。幼虫孵化后先取食腐坏的韧皮部，排出褐色粪便。2 龄开始向旁侧取食健康树皮的木质部，并将褐色虫粪及蛀屑从产卵孔中排出。3 龄末或 4 龄幼虫开始蛀入木质部，从产卵孔中排出白色的木丝，起初隧道横向稍有弯曲，然后向上。隧道随虫体上而增大，隧道最长约 15 cm，最短 3.5 cm，平均 9.6 cm。木质部内的隧道一般仅为栖息场所，之后仍回至韧皮部与木质部之间取食，粪便排出隧道外，所以被害树干、树皮陷落成掌状，其面积最大的 214mm^2，最小的 120 mm^2，平均 166 mm^2。

4. 防治方法

（1）越冬期防治：结合冬季修剪整枝，将有虫枝条剪去，集中烧毁，数量多的必须在翌年春季 4 月以前处理完毕。

（2）成虫产卵期防治：灯光诱杀或人工捕杀成虫：对一些有趋光性的钻蛀害虫，如桑天牛、木蠹蛾，在害虫盛发期间，可以采用灯光诱杀；对没有趋光性的天牛种类，成虫白天不很活泼，飞翔距离亦不甚远，很易徒手捕捉。

（3）幼虫期防治：先清除虫道中的虫粪及木屑后，用浸蘸80%敌敌畏乳油、40%氧化乐果乳油或50%久效磷乳油 50 倍液的药棉团塞入虫道，或用上述药剂的 200 倍液，用注射器从虫道也注入药液。用药后都要用泥团封口。

可用熏蒸杀虫剂磷化铝片剂（每片 3 g）依虫孔大小，分别将磷化铝药片的 1/6、1/4、1/2 片，用镊子塞入虫孔，或用磷化锌毒签插入蛀孔中，并立即用泥严密封孔，效果可达 100%，此法简便有效。也可根据排粪孔排出的木屑、虫粪的颜色、粗细及湿润程度，确定蛀食部位后，用铁丝插入刺杀或钩出幼虫。

（二）桑天牛

1. 分布及危害

桑天牛属沟胫天牛亚科。分布于辽宁、河北、山东、江苏、浙江、江西、湖南、福建、台湾、广东、四川等地。其寄主植物非常广泛，如桑、杨、柳、榆、刺槐、苹果、海棠、樱桃、枇杷、梨、无花果、楮、枸、朴、枫杨等。受害的植株，生长不良，部分枝干枯死，也可以整株枯死。

2. 形态特征

成虫：体和鞘翅黑色，被黄褐色短毛。头顶隆起，中央有一纵沟。触角 11 节，比体稍长，从基部至端部顺次变小，柄节和梗节黑色，以后各节前半部黑褐色，后半部灰白色。前胸近方形，背面有横的皱纹，两侧中间各具刺状突起 1 枚。鞘翅基部密生颗粒状小黑点。足黑色,密生灰白短毛。雌虫腹末 2 节下弯。

卵:长椭圆形,初产时乳白色,渐变成黄褐色。

幼虫:乳白色。前胸背板密生褐色短刺毛,放射状排列,中间有白色"小"字纹。

蛹:淡黄色。腹部 1~6 节背面各有 1 对长刚毛,并密生褐色短刚毛,尾端轮生短刚毛。

3. 发生规律

1 年发生 1 代或 2 年发生 1 代,以幼虫在被害枝干蛀道内越冬。幼虫经过冬季后,在第 3 年 5~6 月化蛹,蛹期 26~29 天。成虫羽化之后,在蛹室内停留 5~7 天后飞出。成虫在 6 月中下旬至 7 月中旬大量发生,有趋光性。成虫飞出后可取食嫩枝条,被害处呈不规则条块状,边缘留绒毛状纤维物。成虫取食 10~15 天后交配产卵。桑天牛产卵部位一般位于 3~4 年生枝分杈附近背面。产卵时,先将枝条表皮咬成与枝条平行的"111"形伤口,然后在中间一道伤口的偏下方产卵 1 粒,少数产卵 2 粒。每头雌虫一生可产卵 100 余粒,卵期 8~15 天,平均12.17 天。

初孵幼虫先向上蛀食 10mm 左右,然后回头沿枝干木质部往下蛀食,逐渐深入心材。幼虫在蛀道内,每隔一定距离向外咬一圆形排泄孔,粪便及木屑即由排泄孔向外排出。当年孵化的幼虫至冬季共钻排泄孔有 5~7 个,至第 2 年冬季共钻排泄孔 10~14 个。幼虫期为 22~23个月,危害时期达 16~17 个月。幼虫老熟后在蛀道内选择适当位置(一般距离蛀道底 70~100mm)作蛹室化蛹。

4. 防治方法

参见光肩星天牛。

(三)云斑天牛

1. 分布及危害

云斑天牛属鞘翅目天牛科,是林木的主要害虫之一。危害的树种甚多,在北方地区主要危害杨树、泡桐、核桃、柳、桑、板栗、栎、榆等。成虫取食新枝嫩皮,使枝条枯死。幼虫蛀食树干的木质部,坑道长而粗。被害树木衰弱,易遭风折,受害严重时多半枯死。山东、河南、河北、陕西、贵州、四川、湖南、江苏、安徽、浙江、江西、福建、云南、广东、广西、台湾等地均有分布。

2. 形态特征

成虫：形体大，灰黑色或黑褐色，密被灰白色或绿色的绒毛。头部中央有一纵沟。触角每节下端有稀疏小刺。雌虫的触角较体略长，雄虫触角超出体长约 4 节。前胸背板中央有 1 对白色或浅淡黄色肾状斑纹，两侧中央各有 1 个粗大的刺突，小盾板近钟形，被白色绒毛。鞘翅基部密被瘤状颗粒，翅上有白色或橙黄色绒毛斑纹 10 余个，大致纵向排列成 2~3 行。有的翅中部有许多圆斑，有时扩大成云片状。体躯的两侧各有 1 条由白色绒毛组成的带状纹。

卵：长约 8 mm，淡黄色，长卵圆形。

幼虫：乳白色至淡黄色，前胸背板有 1 个"山"字形褐斑，褐斑前方近中线处有 2 个黄色小点，内各生刚毛 1 根。

蛹：体长 40~70 mm，乳白至淡黄色。

3. 发生规律

此虫在湖北、贵州 2~3 年发生 1 代，以幼虫、蛹或成虫在树干蛀道内越冬。翌年 4 月下旬越冬成虫出现，5 月中旬产卵，6 月中下旬孵化出幼虫，孵化后 20 天幼虫蛀入本质部，在蛀道内越冬。第 3 年 8 月中旬化蛹，9 月初羽化，下一年才从树干内爬出。成虫具有受惊即坠落的习性。成虫昼夜都能活动，白天取食嫩枝的皮层，食量比一般天牛都大，夜晚交尾产卵。卵多产于离地面 1~1.3 m 的树干上。产卵前，雌虫用上颚在树皮上咬 1 个唇形或圆形的刻槽，宽为 12~18 mm，中间留有小孔，然后将产卵管插在皮层与形成层之间，产卵管向上弯曲至刻槽上方树皮胀起，每 1 刻槽产卵 1 粒。产 1 粒卵约需 8~9 min。产卵后，雌虫从腹部末端分泌出黏液，把刻槽表面的木屑粘在孔口处，将孔口盖住。刻槽形式有环状、纵行、不规则 3 种。一般每株树上产卵 10~12 粒，多时可达 60 余粒。受害树上的刻槽最多达 64 个，但也有少数刻槽内无卵。每头雌虫约产卵 40 粒。卵经 9~15 天孵化为幼虫。初孵化的幼虫在产卵孔附近蛀食树皮与木质部，并由产卵孔排出烟丝状的木渣。幼虫以产卵孔为基点，在树皮和木质部之间围绕树干盘旋蛀食，蛀食到一定的程度后，返回到产卵孔附近，继续盘旋蛀食。蛀食处，树皮肿胀，并纵裂成许多小口，排出很多粪渣和木屑。幼虫逐渐向木质部内蛀食，坑道宽约 2 cm，长一般为 20 cm，最长的超过 40 cm，横断面呈扁圆形。

幼虫期长达 12～14 个月。8 月中旬幼虫老熟，在坑道顶端弯向树皮的地方做椭圆形蛹室化蛹。蛹期约 1 个月。羽化成虫后在坑道或蛹室内越冬。

成虫寿命包括越冬期在内约为 9 个月，而在树内活动的时间仅 40 天左右。

云斑天牛卵期天敌有跳小蜂科的蜂类，幼虫期天敌有小茧蜂科的蜂类及病原菌、多角体病毒等。

4. 防治方法

参见光肩星天牛。

(四)咖啡木蠹蛾

1. 分布及危害

咖啡木蠹蛾属木蠹蛾科。分布于广东、江西、福建、台湾、浙江、江苏、河南、湖南、四川等地。除危害一般的果树外，许多观赏的木本植物，如杨、柳、石榴、月季、樱花、山东、木槿、紫荆等均受其危害。咖啡木蠹蛾的幼虫钻蛀枝条或茎秆，使之枯死。

2. 形态特征

成虫：雌虫体长 12～26mm，翅展 13～18mm；雄虫体长 11～20mm，翅展 10～14mm。体灰白色，具青蓝色斑点。雌虫触角丝状，雄虫触角基半部羽毛状，端半部丝状，触角黑色。复眼黑色，口器退化。胸部有白色长绒，中胸背板两侧有 3 对由青蓝色鳞片组成的圆斑。翅灰白色，翅脉间密布大小不等的青蓝色短斜斑点，外缘有 8 个近圆形的青蓝色斑点。腹部被白色细毛，第 3～7 节的背面及侧面有 5 个青蓝色毛斑组成的横裂，第 8 腹节背面则几乎为青蓝色鳞片所覆盖。

卵：椭圆形，杏黄色或淡黄白色，孵化前为黑色。卵壳薄，表面无饰纹，成块状紧密黏结于枯枝虫道内。

幼虫：初孵幼虫紫黑色，随着虫体长大，色泽变为暗紫红色。老熟幼虫头橘红色，头顶、上颚及单眼区域黑色，体淡赤黄色。前胸背板黑色，较硬，前缘有锯齿状小刺 1 排，中胸至腹部各节有横排原黄褐色小颗粒状隆起。

蛹：长圆筒形，雌蛹长 16～27mm，雄蛹长 14～19mm，褐色。蛹的头端有一尖的突起，色泽较深，腹部第 3～9 节的背侧面有小刺列，腹部末端有 9 对臀棘。

3. 发生规律

咖啡木蠹蛾在江苏东海县 1 年发生 1 代，江西 1 年发生 2 代。第 1 代成虫期在 5 月上中旬至 6 月下中旬，第 2 代在 8 月初至 9 月底。以幼虫在被害枝条的虫道内越冬，翌年 3 月中旬开始取食，4 月中下旬至 6 月中下旬化蛹，5 月下旬开始羽化，至 7 月上旬结束。5 月底至 6 月上旬即可见到初孵幼虫。

越冬幼虫化蛹之后经 13～37 天成虫羽化。成虫白天静伏不动，黄昏后开始活动，趋光性弱。雌虫交尾后 1～6h 产卵，每头雌虫可产卵 244～1132 粒，卵产在树皮缝隙、旧虫道、新抽嫩梢或芽腋处，成块状。卵期9～15 天。幼虫孵化后，吐丝结网被覆卵块，群集于丝幕下取食卵壳，2～3 天扩散。幼虫从叶腋处或嫩梢顶端几个腋芽处蛀入，虫道向上。蛀入后 1～2 天，蛀孔以上的叶柄凋萎、干枯，取食 4～5 天后幼虫又转移至新梢，由腋芽处蛀入。6～7 月间当幼虫向下部 2 年生枝条转移危害时，因气温升高，枝条枯死速度加快。幼虫蛀入枝条后，在木质部与韧皮部之间，绕枝条蛀食成环状，由于输导组织被破坏，枝条很快枯死。幼虫在 10 月下旬至 11 月初停止取食，在蛀道内吐丝缀合虫粪、木屑封闭两端，静伏越冬。

4. 防治方法

参见光肩星天牛。

（五）白杨透翅蛾

1. 分布及危害

白杨透翅蛾属透翅蛾科。分布于河北、北京、河南、黑龙江、吉林、内蒙古、江苏、浙江、山西、陕西、甘肃、新疆、青海、宁夏、四川、贵州等地。寄主有毛白杨、小叶杨、青杨、柳等。幼虫钻蛀枝条，被害处枯萎下垂。苗木、幼树被害后形成虫瘿。

2. 形态特征

成虫：头半球形，头和胸部之间有橙黄色鳞片围绕，头顶有一束黄褐色毛簇。胸部背面由青黑色有光泽的鳞片覆盖。中后胸肩板有 2 簇橙黄色鳞片。前翅窄长，褐黑色，中室与后缘略透明。后翅全部透明。腹部青黑色，有 5 条橙黄色环带。雌蛾腹部末端有黄褐色鳞毛 1 束，两边各镶有 1 簇橙黄色鳞毛。

卵：椭圆形，黑色，有灰白色不规则多角形刻纹。

幼虫：体黄白色，臀节略骨化，背面有 2 个深褐色的刺，略向背上前方钩起。

蛹：纺锤形，褐色。腹部第 2～7 节背面各有横列的刺 2 排，第9～10 节具刺 1 排。

3. 发生规律

白杨透翅蛾在北京、河南、陕西、江苏等地每年发生 1 代，以幼虫在枝干蛀道内越冬。陕西关中地区观察，越冬幼虫于翌年春季 4 月初开始取食活动。5 月上旬幼虫开始化蛹。蛹期 14～26 天，平均 20 天。5 月中旬成虫陆续羽化，6 月 6～20 日为成虫羽化盛期。6 月中旬为幼虫出现盛期。幼虫夏、秋季蛀食树干，翌年春出蛰后继续取食。

成虫在晴天温度高时飞翔活动，飞翔力强，夜间静伏于枝条上，没有趋光性。成虫喜在林缘或苗木稀疏的地方活动、交尾、产卵。成虫在 1～2 年生幼树、叶柄基部、有绒毛的枝干、旧的虫孔、伤痕处及树干缝隙内产卵。卵单粒散产，卵期约 10 天。

幼虫孵化后，有的直接蛀入树皮下，有的从幼嫩的叶腋处、伤口或旧的虫孔内蛀入。幼虫蛀入次日，即可见到粪便和碎屑。冬季来临前幼虫在虫道末端作薄茧越冬。

4. 防治方法

参见光肩星天牛。

第三节 杨树病虫害综合防治技术

杨树病虫害的防治方法包括森林植物检疫措施、林业技术防治、生物除治、应用不育昆虫防治、物理机械防治、化学防治等方法。

一、森林植物检疫

森林植物检疫是通过立法途径阻止危害性病虫从一国传入另一国或从一地传入另一地。因此植物检疫又称"法规防治"。1994 年 7 月 26 日林业部印发《植物检疫条例》实施细则（林业部分）。国内外危害性森林病虫一旦传入新的地区，由于失去原产地的天敌及其他环境因子的控制，其猖獗程度较之在原产地往往要大得多。

（一）确定检疫对象的原则

凡危害严重，防治不易，主要由人为传播的国外危害性森林病虫应列为对外检疫对象，如欧洲榆大小蠹等。凡已传入国内的对外检疫对象或国内原有的危害性病虫，当其在国内的发生地还非常有限时应列为对内检疫对象，如美国白蛾、松材线虫等。

（二）疫区与保护区

凡检疫对象发生区经人为划定为疫区的，今后该区采取限制受检植物的调运、种植、加工和使用，并严禁输出，争取就地肃清。尚未发现同种检疫对象但有可能为其所传播蔓延的地区应划定为保护区，今后对该地区应严格限制受检植物的输入。如江苏省的苏北地区大面积种植杨树，具备美国白蛾成灾条件，目前尚未发生此虫，应列为美国白蛾的保护区，加强检疫，严防传入。

（三）检疫内容

包括检疫、禁运、检查等。

（1）检疫：分对外检疫及对内检疫，林业部门主要负责的是对内检疫。对内检疫指凡国内已发生某种检疫病虫的地区运往其他地区的检疫植物及其产品必须经过严格的检疫手续和处理才能允许其运出。

（2）禁运：完全禁止检疫植物及其产品从疫区运往非疫区。

（3）检查：指所有商品苗木都必须经政府有关部门检查，发现病虫时应及时将苗木焚毁或进行除害处理（调运检疫）。检查工作可在苗圃进行，进行产地检疫，发给产地检疫合格证。

二、林业技术防治

林业技术防治是应用林业技术措施来防止病虫的发生，是防治森林病虫的基本方法，即将防治措施贯穿于选种、育苗、造林、经营管理、采伐、运输和贮藏等整个营造林的全过程。

(一)选　种

种子是树木繁衍和苗壮成长的基础，建立母树林、种子园，并重视种子检验，凡不合规格的种子包括有虫种子，一律不能使用。

(二)育　苗

良种出壮苗，苗木生长强壮，病虫就不易发生，即使发生也不会严重。

(三)造　林

造林时除考虑健壮苗木外，还须注意以下四个问题：

(1)在整地时考虑土壤中的病虫问题。如对土壤进行消毒防治土壤中的某些金龟甲幼虫等。

(2)适地适树问题。如20世纪60、70年代推广的杨树214、中林46和近来推广的107等北方杨树品系，因在南方地区树病害严重，先后被淘汰，而69、72等品系表现良种。

(3)营造混交林问题。混交林的营造较为困难，特别是目前杨树作为造林主要树种，树种单一、林相单纯现象日益突出，杨树食叶害虫发生和危害日趋严重。考虑营造混交林仍不失为防止病虫大发生的重要措施之一。封山育林实际上就是使纯林变为混交林的方法之一。

(4)造林密度大小问题。造林密度过大或过小，不仅影响林林生长，而与病虫发生关系密切。有些林分适当密植可使许多不耐荫杂草及灌木不易生长，从而减少病虫的中间寄主。

(四)经营管理

造林后树木生长到一定时期必须进行疏伐(间伐)，达到促进树木生长，减少病虫灾害。

(五)采伐运输

主要是对达到采伐年龄的林分及时进行采伐更新，否则林木过熟容易招致次期性害虫(如小蠹虫等)大发生。

(六)贮　藏

贮场木材应及时进行防病虫处理，以免病虫孳生。

三、生物除治

杨树病虫害的生物除治包括传统的生物防治和天然的生物防治。前者包括天敌特别是外来害虫原产地天敌的引进、繁殖和移殖等，天然生物防治包括给天敌补充食料、提供庇护所等。

（一）天敌昆虫的引进、繁殖与移殖

（1）林业上天敌昆虫引进与繁殖的例子主要有：引进澳洲瓢虫、大红瓢虫→吹绵蚧；引进花角蚜小蜂→松突圆蚧；引进大草蛉→日本松干蚧；引进管氏肿腿蜂→青杨天牛等。

（2）从国外或外地引进天敌昆虫要考虑：该种天敌昆虫在国外或外地所处生态环境是否与所需防治的寄主所处的生态环境相似；在国外或外地的寄主是否与所需防治的寄主近缘；在国外或外地杀死寄主的能力是否比较大。

（3）引进天敌后要考虑：在检疫实验室进行检验，决定所引进虫种无误、无其他病虫或杂草混入，并观察引进虫种生活习性、健康状况和活力，进行人工大量繁殖。要有大量繁殖所需的合适寄主；天敌及其寄主能在短期内大量繁殖；繁殖若干代后天敌生物学特性不得有太多的改变。移殖是在适宜环境中有控制地释放一定数量的天敌昆虫，达到能长期定居的目的。

（4）天敌引进和释放实例：舟蛾赤眼蜂（*Trichogramma closterae*）和松毛虫赤眼蜂（*T. dendrolimi*）是杨小舟蛾卵期重要的寄生性天敌。1999年从吉林农业大学引进松毛虫赤眼蜂进行林间释放，结果表明，对照区寄生率为 8.7 %，放蜂区每公顷 0.3 百万、0.45 百万、0.75 百万、1.05 百万、1.5 百万和 3.0 百万头，各处理当代平均寄生率分别为22.8%，31.8%，47.3%，31.2%，56.5% 和 61.0%，第 3、4 代有一定的持续寄生效果。

（二）昆虫病原微生物利用

昆虫病原微生物包括病毒、细菌、真菌、立克次体、原生动物和线虫等。在林业上主要应用质型多角体病毒、核型多角体病毒、苏去金杆菌及白僵菌防治松毛虫，应用核型多角体病毒防治春尺蠖，应用芜菁夜蛾线虫防治木蠹蛾。目前在生产上多采用喷洒 Bt、灭幼脲、阿维菌素防治杨树食叶害虫。

（三）益鸟保护和招引

绝大多数鸟类是食虫的，绝对以虫为食的或绝对不以虫为食的鸟类很少。因此保护鸟类，严禁随意捕杀是非常重要的措施。除保护林中原有的鸟类外，还可人工悬挂各种鸟箱招引益鸟，使其在林中生息，捕食害虫。林业上招引啄木鸟防治杨树蛀干害虫，收到了较好效果。

四、应用不育昆虫防治

应用不育昆虫与天然条件下害虫交配，使其产生不育群体，以达到防治害虫的目的，称为不育害虫防治。它包括辐射不育、化学不育和遗传不育。我国在林业上进行过辐射不育试验，即应用 2.5 ~ 3 万 R 的 $CoEo\gamma$ 射线处理马尾松毛虫雄虫使之不育，羽化后雄虫虽能正常与雌虫交配，但卵的孵化率仅 5%，甚至完全不育。又用 2.5 ~ 3.5 万 R 的 $CoEo\gamma$ 射线处理油茶尺蠖，然后以其羽化的成虫与林间天然的成虫交配，绝育率 100%，但均未进行大面积的野外试验。

五、化学防治

化学防治作用快、效果好，使用比较方便，防治费用比较低，能在较短时间和大面积范围内降低虫口密度；但化学药剂易污染环境，杀伤天敌昆虫，使次期性害虫上升为严重害虫，使被抑制下去的严重害虫有重新严重发生的可能。

林用化学杀虫剂可以分为传统化学杀虫剂、行为化学杀虫剂和生长抑制剂。传统化学药剂包括有机氯、有机磷和拟除虫菊酯类杀虫剂。行为化学药剂包括性信息素、聚集信息素、追踪信息素及报警信息素等。生长抑制剂包括灭幼脲类杀虫剂。

林用化学杀虫剂的剂型主要有粉剂、可湿性粉剂、水溶剂（可溶性粉剂）、片剂、颗粒剂、晶体、乳油、油雾剂、烟雾剂、微胶囊剂、胶悬剂、超低容量制剂、可分散性微粒剂、速溶乳粉等。林用化学杀虫剂的使用方法有喷粉、喷雾、烟雾载药、树干注射等方法，下面介绍几种化学防治方法：

(一)高射程喷药防治

高射程喷药防治技术是近年来控制杨小舟蛾等食叶害虫危害的主要手段。在道路交通条件较好的地区，采用 6HW-50 型高射程喷雾机(南通市广益机电有限公司生产)和配套使用的交通工具(皮卡汽车或农用机动三轮车)，对第 3～4 代杨小舟蛾进行高射程喷药，可迅速扑灭灾情。农药可选用高效低毒的菊酯类杀虫剂，或生物杀虫剂，采用高浓度低容量或超低容量喷雾，尽量少用或避免使用化学农药，减轻环境污染。车行驶速度 5～10km/h。

(二)烟雾载药防治

烟雾载药防治是森林病虫害的重要施药技术之一，对杨树食叶害虫发生面积较大，林木郁闭度在 0.5 以上，危害集中连片的杨树成片林(或已荫蔽的行道树和农田防护林带)，在掌握适宜的气象条件和烟雾施放技术的基础上，都可进行烟雾载药防治。

一般于害虫幼龄期或活动盛期，在晴天早晨或傍晚林内风速在 1m/s 以内时采用 6HZ-25 型烟雾机(南通市广益机电有限公司生产)进行烟雾载药防治，农药选用 80% 敌敌畏乳油(与柴油的混合比例为 1:15～1:20)或 4.5% 高效氯氢菊酯乳油(1:30～1:40)。

(三)树干注射防治

树干注射技术于 20 世纪初形成，并在对荷兰榆树萎蔫病、黑松短叶松长蚧蚧和松材线虫病等一些难以治理的林木病虫害防治研究中得到了发展。江苏等地将这一防治技术应用于杨树人工林食叶害虫的防治，成功地解决了防治生产上因树体高大，常规喷洒技术难以奏效的难题。采用树干注射技术将具有内吸作用的化学杀虫剂，如吡虫啉、久效磷等注入树干输导组织，在树木蒸腾流拉力的作用下，化学杀虫剂被传输到树木的各个部位，从而达到杀死害虫的防治目的。

应用树干注射技术防治杨小舟蛾等林木害虫具有用药省、防治范围广、有效期长、效果好、成本低、不污染环境、对天敌影响小等显著优点，特别是不必将上百倍水稀释的药液喷洒到高大树冠这一点，对防治工作者具有很大的吸引力。树干注射技术将化学杀虫剂施入树干内，对环境的影响较小，实际上它将化学农药对环境的毒害作用降低到了最低限度，是一种较为环保的施药技术。

第 1 代杨小舟蛾林间虫态发育整齐,可供有效防治时间长达 20 天。因此,第 1 代低龄幼虫期是进行树干注射防治的最佳时期(5 月上、中旬)。根据上年害虫发生范围和越冬蛹情况调查结果,制订防治计划。林间防治采用 GB305D 型背负式打孔机(山东临沂农业药械厂生产)和 6HZ-2020A 型树干注射机(徐州市森防站研制、生产),在干基处打孔,孔数一般大树 3~4 个,小树 2~3 个。用树干注射机注射 50% 甲胺磷乳油、40% 久效磷可溶性浓剂和 5% 吡虫啉乳油的 2~4 倍稀释液按林木胸径 1ml/cm 的量注射。

室内生物测定和林间注射防治试验证实,久效磷、甲胺磷、吡虫啉等内吸杀虫剂对杨小舟蛾具有良好的注射防治效果,杀虫持效期长达 25~30 天,防治后林间虫口减退率高达 99.5% 以上。

六、物理器械防治

应用简单的器械和光、电、射线来防治害虫的技术,称为物理器械防治。

(一)捕杀法

根据害虫生活习性,凡能以人力或简单工具(如石块、扫把、布块、草把等)将害虫杀死的方法,均属此法。

(二)诱杀法

指利用害虫趋性将其诱集而杀死的方法。

(1)灯光诱杀:利用普通灯光或黑光灯诱集害虫而将其于水中、高压电网上面杀死的方法。

(2)潜所诱杀:利用害虫越冬、越夏和白天隐蔽的习性,人为设置潜所,将其诱杀的方法(如例用青草诱杀地老虎、用马粪诱杀蝼蛄等)。

(3)食物诱杀:在害虫喜食食物中加入杀虫剂将其诱杀的方法。

(4)信息素诱杀:向信息素加入杀虫剂,将害虫诱来后即可中毒而死。

(5)颜色诱杀:利用害虫对某种颜色的喜好性而将其诱杀的方法。

(三)阻隔法

在害虫通行道上设置障碍物,使害虫不能通行,从而达到防治害虫的目的。例如,杨尺蠖成虫羽化前,在树干上人工绑扎塑料布或胶带,可阻止成虫上树产卵，将害虫阻止于带下进行人工防治或化学防治。

（四）射线杀虫

直接应用射线照射杀虫。例如用红外线照射刺槐种子 1～5 min，可有效地杀死其中的小蜂。

（五）高温杀虫

利用高温处理种子可将其中害虫杀死。如利用 80 ℃ 热水浸泡刺刺槐种子可将种子中的小蜂杀死。

第四节　杨树抗虫性研究进展

植物抗性机制是植物抗性研究中备受关注的问题。从抗性的物质基础上看，一般而言，植物抗虫性主要表现在形态、生理和生物化学方面。近年来在关于杨树的抗虫性机制方面做了很多工作，取得了显著的成绩，现概括如下。

一、形态因素方面

杨树形态抗性的研究只见少量的文献报道。在天牛研究中，杨树树皮的厚度是影响天牛产卵和幼虫取食的主要因素。李会平对杨树抗光肩星天牛的机制进行了研究，结果表明，厚而疏松的树皮是导致危害加重的重要原因，并认为这种特性的树皮有利于幼虫的取食，同时认为纤维素和木质素含量的水平也是抗光肩星牛的主要形态因素。温俊宝等分析了几种杨树上光肩星天牛排粪孔数与树皮厚度、树高的关系。发现在一定范围内，光肩星天牛在大径阶（胸径≥15 cm）杨树上产卵与树皮厚度之间存在密切的负相关性。另外，杨雪彦等还发现杨树枝条中角质层和栓质层厚者具有抗虫性，而薄者无。

二、化学因素方面

杨树对环境因子入侵的防御采用 2 个主要防御系统：化学防御和耐害性。次生化合物的水平受遗传和环境因子的影响。杨树中存在大量的次生化学物质，其中主要次生物包括酚类物质以及松柏安息香酸盐类物质。酚类物质主要存在于杨树叶片、树皮和根部，而松柏安息香酸盐只存在于花芽。这些物质的变化明显地影响着害虫的取食、生长和繁殖，成为杨树化学防御的重要基础。不仅是害虫，其他以杨树为食的生物同样也受到不同类型的杨树次生物质的影响。如槲寄生在寄生杨树后还会导致杨树内类黄酮的产生，抗性品种中具有丰富的黄酮类物质。在国内，对一些酚甙类物质的抗虫性状已进行了基因定位的研究。

杨树植物化学成分在品种间具有很大的差异性。如美洲黑杨酚甙浓度的品种变异非常明显。Hwang 和 Lindroth 以 13 个美洲黑杨品种为材料，研究了舞毒蛾和森林天幕毛虫 2 龄或 4 龄幼虫在这些品种间的行为差异，从对幼虫的存活、发育、生长和食物利用指数等方面进行了测试。并对叶片中的水分、氮、总的非结构性碳水化合物、缩合单宁和酚甙进行了化学分析。结果表明，2 种昆虫的行为在品种间均存在实质性的变异。叶片中的所有成分均有明显的品种差异，其中次生代谢产物的变化比初生产物的变化更大。

在基因型间，杨树化学成分同样存在差异。Osier 和 Lindroth 对杨树基因型、营养可利用性、取食(人工摘叶)对美洲黑杨植物化学的作用，以及对舞毒蛾行为的影响进行了研究，发现酚甙类物质明显受基因型而较少受营养的影响，且不受取食(人工摘叶)的诱导；缩合单宁依赖于基因型、土壤营养的可利用性及二者的关系，且可被取食(人工摘叶)诱导；初生产物、叶片氮含量同样受基因型和营养可利用性的影响；淀粉浓度受基因型、营养、取食(人工摘叶)及这些因子相互关系的影响；叶片水分含量受基因型、营养和取食(人工摘叶)的影响，且营养的影响取决于基因型；植食者在这些植物上的行为受基因型和土壤中营养可利用性的强烈影响，但几乎不受取食(人工摘叶)的影响。尽管几种化合物(缩合单宁、淀粉和水分)受取食(人工摘叶)的影响，但这些化合物在量上的变化并不对植食者的行为产生实质性的影响。

除此之外，昆虫行为变化的主要来源是由于植物基因型(酚甙类水平)，而营养(叶片中氮的水平)则是次要的。这些结果表明，杨树遗传变异在决定昆虫行为的样式中起主要作用，而环境变异的作用可以忽略。Osier 等就 10 个黑杨品种中的植物化合物在时间、品种和时间×品种效应等因素进行了研究。叶片含氮量与水分含量随时间而下降，但没有品种间差异。缩合单宁浓度随时间而增加，且有明显的品种差异。酚酚类物质的浓度取决于品种，在时间上没有明显的规律，在生长的初期、中期和后期均可能达到最高浓度。在连续 2 年的采样中，植物化合物的浓度与年份高度相关，说明杨树品种中植物化合物的指纹图在年与年之间是可预测的。食物质量在时间上的明显下降（如叶片水分含量和含氮量的降低以及缩合单宁的上升）和酚类物质在时间上的多样性，对植食者从春到夏提供了一个寄主质量的镶嵌图式。

王志刚等对 8 个杨树树种木质部中的酚类物质进行了分析，共测得 14 个化合物。不同树种中这些物质的种类和含量均有差异。其中毛白杨和新疆杨的种类相似，黑杨及其杂交杨相似。孙丽艳等对抗云斑天牛的杨树品种的化学成分进行了分析，共有 43 个化合物，并发现酚类化合物是抗性产生的主要因素，抗性与营养无关。王书翰等分析了欧美杨和美洲黑杨树叶在不同生长季节的化学成分。结果表明，在相同的采集季节，2 种树叶的化学成分相差不大，都含有较多的蛋白质、氨基酸及丰富的无机元素。但是，各种化学成分均随采集季节的不同而变化。其中，蛋白质、氨基酸的含量随季节变化较大，其他成分变化较小。以上这些研究均充分说明杨树化学抗性的巨大差异，这些差异反映了杨树化学抗性的多样性，具有明显的适应意义。

一般而言，植物的次生化合物主要包括挥发性和非挥发性两大类。这两类物质所起的作用各不相同，前者主要作用于昆虫的嗅觉系统，而后者主要作用于昆虫的味觉和生理系统。

在杨树中，关于挥发性物质的研究没有太多的文献记载，但国内近几年对此有所重视，如何方奕等用 GC/MS 对杨树花的挥发性成分进行了分析，发现了 35 种组分，其中含量较高的是 1-乙氧基丙烷（14.44%）、乙酸乙酯（12.94%）、1，1-二乙氧基乙烷（11.63%）、苯甲醇（5.75%）、2-甲氧基-4-乙烯基苯酚（5.59%）等，但没有对这些物质在抗杨树害虫中的作用加以研究。孙丽艳等对抗云斑白条天牛的杨树品种的挥发物进行了 GC/MS 分析，鉴定了 68 个成分。南抗 1 号 A-34-17 杨中挥发物成分最多，271 杨最少，Ⅰ-69 杨与 297 杨居中。发现不同抗性的杨树的烷烃含量及提取物含有的挥发物成分的数量与抗性一致。另外，南抗 1 号 A-34-17 杨、297 杨和 Ⅰ-69 杨中松柏醇的含量远远高于 271 杨，具有高抗性能的南抗 1 号 A-34-17 杨中有机酸、醛、酮、酯等成分明显高于其他品种。显然杨树挥发物在杨树抗性中具有重要的作用。

杨树中的非挥发性物质对害虫的影响是多方面的，主要是影响取食、产卵、生长和发育。内含物也是决定杨树抗性的主要因素。Osier 等研究了生长在共同生境中的杨树品种间植物化学的变化如何影响这一模式植食者的生长和繁殖。在 10 个室外杨树品种或室内离体叶片上，将舞毒蛾从卵开始饲养到化蛹，单独采集每一品种的叶片，分析其中酚甙、缩合单宁、氮和水分含量。植食者适合度参数和杨树化合物浓度在品种间变异很大。在室内外试验中，饲养在含高浓度酚甙的杨树品种上的幼虫发育时间延长，蛹重下降，繁殖率降低。室内植食者的行为参数也与叶片中氮的浓度呈正相关。食物消耗，但既不是生长也不是生殖参数与缩合单宁的浓度呈正相关。叶片酚甙浓度是舞毒蛾食物质量的决定因子，与以前的实验结果一致。另外，寄主植物在当地水平的变化将影响植食者行为以及其分布和丰富度。

除此之外，杨树次生物还影响植食性昆虫的生理代谢。张彦广等发现杨树枝条韧皮部提取液对光肩星天牛和桑天牛的羧酸酯酶和 S-谷胱苷肽转移酶活性存在很大影响。取食 8 种杨树的光肩星天牛幼虫体内的羧酸酯酶和 S-谷胱苷肽转移酶活性在种间存在很大差异。同样，张彦广等还发现桑天牛的 S-谷胱苷肽转移酶和羧酸酯酶活性同样受杨树次生物的影响。对取食 8 种杨树的桑天牛幼虫羧酸酯酶和谷胱甘肽 S-转移酶活力进行了测定，证实取食不同杨树的桑天牛幼虫羧酸酯酶和谷胱甘肽 S-转移酶活力存在显著差异。采用高效液相色谱法对 8 种杨树的 14 种次生代谢物质含量进行了测定，经聚类分析将 8 种杨树分为两类：加拿大杨、I-214 杨、北京杨、J-2 杨、J-1 杨、山海关杨为一类，毛白杨、新疆杨为另一类。对羧酸酯酶和谷胱甘肽 S-转移酶活力与杨树次生代谢物质进行了逐步回归分析，逐步回归方程表明，杨树丁香酸、绿原酸含量增高，苯酚、对羟基苯甲酸含量降低，则羧酸酯酶活力会较高；杨树苯酚含量增高，阿魏酸含量降低，则谷胱甘肽 S-转移酶活力会较高。对酶活性，特别是对解毒酶活性的影响，在一定程度上反映了取食不同树种的植食性昆虫的适应性强度，这一问题在植物—昆虫协同演化过程中起着重要的作用。

三、抗虫转基因技术应用

20世纪80年代以来，生物技术的迅速发展，激发了人们开始用基因工程手段进行抗虫育种的研究。植物基因工程将抗虫基因引入植物细胞并使其在寄主细胞内稳定地遗传和表达，使植物获得对某些害虫的抗性，已成为植物抗虫育种的一条新途径。由于杨树组织培养较为系统，遗传转化技术较为成熟，近年来已有一大批抗虫转基因杨树进入了田间试验。抗虫转基因杨树的应用，可节约人力、物力，而且在现有对转基因植物的安全性评价中，未发现其对人、畜有危害，对环境污染很少。因此，抗虫转基因技术是对传统抗虫育种项目进行有益补充的重要手段之一，将其纳入到目前正在实施的害虫综合治理项目（IPM）不仅十分必要，而且具有重要的现实意义。

参考文献

[1]李春阳. 杨树抗旱性研究进展[J]. 应用与环境生物学报, 2003, 9(6): 662～668

[2]刘文国, 张旭东, 黄玲玲. 我国杨树生理生态研究进展[J]. 世界林业研究, 2010, 23(1): 50～55

[3]冯连荣, 宋立志, 林晓峰. 杨树抗寒育种研究进展[J]. 防护林科技, 2010(1): 90～94

[4]张津林, 张志强, 查同刚. 沙地杨树人工林生理生态特性[J]. 生态学报, 2006, 26(5): 1523～1532

[5]姜小文, 易干军, 张秋明. 果树光合作用研究进展[J]. 湖南环境生物职业技术学院学报, 2004, 9(4): 95～100

[6]王丹, 肖慈木, 李秀, 等. 栽植密度对不同柚品种光合作用能力的影响[J]. 绵阳经济技术高等专科学校学报, 1995, 15(4): 10～14

[7]王志张, 何方, 牛良, 等. 设施栽培油桃光合特性研究[J]. 园艺学报, 2000, 27(4): 245～250

[8]周俊国, 李桂荣, 杨筱伟. 光照强度、通气量等因素对腊梅继代培养的影响[J]. 经济林研究, 2004, 22(3): 9～11

[9]方从兵, 樊明琴, 孙俊. 稀土微肥对核桃叶片光合生理特性影响[J]. 经济林研究, 2002, 20(3): 18～21

[10]黄艺, 何平. 大气 CO_2 浓度升高对莴苣生长和物质分配的影响[J]. 中南林学院学报, 2003, 23(4): 14～17

[11]张艳丽, 张启翔, 潘会堂, 等. 光照条件对小报春生长及光合特性的影响[J]. 中南林学院学报, 2003, 23(5): 22～26

[12]高健, 黄大国. 影响滩地杨树净光合速度的生理生态因子研究[J]. 中南林学院学报, 2002, 22(2): 40～43

[13]冯玉龙, 巨关升, 朱春全. 杨树无性系幼苗光合作用和 PV 水分参数对水分胁迫的响应[J]. 林业科学, 2003, 39(3): 30～36

[14]邓松录, 狄晓艳, 王孟本. 杨树无性系光合特征的研究[J]. 植物研究, 2006, 26(5): 600～608

[15]姜小文，易干军，陶爱群，等．四季柚净光合速率与生理生态因子间的关系[J]．中南林学院学报，2005，25(5)：45～48

[16]高健，吴泽民，彭镇华．滩地杨树光合作用生理生态的研究[J]．林业科学研究，2000，13(2)：147～152

[17]李鸣，周永斌．辽阳地区不同杨树品种光合速率的研究[J]．西北林学院学报，2006，21(6)：28～31

[18]苏培玺，张立新，杜明武．胡杨不同叶形光合特性、水分利用效率及其对加富CO_2的响应[J]．植物生态学报，2003，27(1)：34～40

[19]马长明，管伟，叶兵，等．利用热扩散式边材液流探针(TDP)对山杨树干液流的研究[J]．河北农业大学学报，2005，28(1)：39～43

[20]张金池，黄夏银，鲁小珍．徐淮平原农田防护林带杨树树干液流研究[J]．中国水土保持科学，2004，2(4)：21～25

[21]房用，慕宗昭，王月海，等．16个杨树无性系蒸腾特性及其影响因子研究[J]．山东大学学报，2006，41(6)：168～172

[22]刘晨峰，张志强，查同刚，等．涡度相关法研究土壤水分状况对沙地杨树人工林生态系统能量分配和蒸散日变化的影响[J]．生态学报，2006，26(8)：2549～2557

[23]杨建伟，韩蕊莲，刘淑明，等．不同土壤水分下杨树的蒸腾变化及抗旱适应性研究[J]．西北林学院学报，2004，19(3)：7～10

[24]宋炳煜，杨吉力．皇甫川流域人工杨树林地的生理生态用水[J]．水土保持学报，2004，18(6)：159～162

[25]杨建伟，梁宗锁，韩蕊莲，等．不同干旱土壤条件下杨树的耗水规律及水分利用效率研究[J]．植物生态学报，2004，28(5)：630～636

[26]万雪琴，夏新莉，尹伟伦，等．不同杨树无性系扦插苗水分利用效率的差异及其生理机制[J]．林业科学，2006，42(5)：133～137

[27]魏远．湖南岳阳杨树人工林生态系统碳通量观测研究[D]．北京：中国林业科学研究院，2008

[28]韩帅．涡度相关法估算长江中下游滩地杨树人工林生产力[D]．北京：中国林业科学研究院，2008

[29]沈文清，刘允芬，马钦彦，等．千烟洲人工针叶林碳素分布、碳贮量及碳汇功能研究[J]．林业实用技术，2006(8)：5～8

[30]巴特尔·巴克，张旭东，彭镇华，等．森林生态系统碳循环研究的模型方法[J]．世界林业研究，2008，21(1)：9～1

[31]黄奕龙，陈利顶，傅伯杰，等．黄土丘陵小流域沟坡水热条件及其生态修复

初探[J]. 自然资源学报，2004，19(2)：183～189

[32]贾瑞燕，丁国栋，肖辉杰. 北京风沙化土地生态修复现状、问题与对策：以延庆县为例[J]. 水土保持研究，2005，12(2)：95～97，100

[33]张力，孙保平. 北京大兴区人工植被恢复过程土壤水分[J]. 水土保持研究，2007，14(4)：465～467

[34]蒋德明，宗文君，李雪华，等. 科尔沁西部地区荒漠化土地植被恢复技术研究[J]. 生态学杂志，2006，25(3)：243～248

[35]招礼军，李吉跃，朱栗琼. 固体水在植被恢复中的应用研究[J]. 浙江林学院学报，2004，21(2)：144～149

[36]何志斌，赵文智，屈连宝. 黑河中游绿洲防护林的防护效应分析[J]. 生态学杂志，2005，24(1)：79～82

[37]彭镇华. 林业生态工程与血吸虫病防治[J]. 中国工程科学，2001，3(7)：12～16

[38]张旭东，杨晓春，彭镇华. 钉螺分布与滩地环境因子的关系[J]. 生态学报，1999，19(2)：265～269

[39]吴刚，苏瑞平，张旭东，等. 长江中下游滩地植被与钉螺孳生关系的研究[J]. 生态学报，1999，19(1)：118～121

[40]刘美青，李淑玲. 杨树抗性研究的现状及展望[J]. 河南农业大学学，1998，32(3)：254～257

[41]邓坦，贾黎明. 杨树营养及施肥研究进展[J]. 世界林业研究，22(5)：50～55

[42]方升佐. 中国杨树人工林培育技术研究进展[J]. 应用生态学报，2008，19(10)：2308～2316

[43]朱光权，江波，袁位高，等. 意杨苏柳营养特点与需肥规律研究[J]. 浙江林业科技，1995，15(4)：7～12

[44]Neil W H Booth. Nitrogen fertilization of hybrid poplar plantationsin Saskatchewan Canada [D]. Saskatchewan：University of Saskatchewan，2008：13～14

[45]Brown K R, Rvanden Driessche. Growth and nutrition of hybridpoplars over 3 years after fertilization at planting[J]. Canadian Journal of Forest Research，2002，32(2)：226～232

[46]王沙生，王世绩，裴保华. 杨树栽培生理研究[M]. 北京：中国农业大学出版社，1991

[48]赵天锡，陈章水. 中国杨树集约栽培[M]. 北京：中国科学技术出版社，1994

[49]Shufu Dong, Lailiang Cheng, Carolyn F Scage, et al. Nitrogenmobilization, nitrogen uptake and growth of cuttings obtained from poplar stock plants grown in different

Nregimes and sprayed with urea in autumn[J]. Tree Physiology, 2004, 24(3): 355~359

[50] Nie Lishu, DongWeny, Wei Anta, et al. Effects of nitrogen forms on the absorption and distribution of nitrogen in Populus tomentosa seedlingsusing the ^{15}N trace technique[C]//International Poplar Commission 23rd Session, Beijing, 2008: 141

[51] Staples T E, JVan Rees K C, Van Kesse C. Nitrogen competition using^{15}N between early successional plants and planted white spruce seedlings[J]. Canadian Journal of Forest Research, 1999, 29(8): 1282~1289

[52] 余常兵, 罗治建, 陈卫文, 等. 幼龄杨树养分含量及其积累季节变化研究[J]. 福建林学院学报, 2005, 25(2): 181~186

[53] Richard A, McLaughlin, Philip E Pope, et al. Nitrogen fertilization and ground cover in a hybrid poplar plantation effects on nitrate leaching[J]. Journal of Environmental Quality, 1985, 14: 241~245

[54] Welham Clive, Rees Ken Van, Seely Brad, et al. Projected longterm productivity in Saskatchewan hybrid poplar plantations: weed competition and fertilizer effects [J]. Canadian Journal of ForestResearch, 2007, 37(2): 356~370

[55] Hansen E A. A guide for determining when to fertilize hybrid poplar plantations[R]. Res. Pap. NC., 1994

[56] 陈道东, 李贻铨, 徐清彦. 林木叶片最适养分状态的模拟诊断[J]. 林业科学, 1991, 27(1): 1~7

[58] Van den Driessche R. First-year growth response of four Populus trichocarpa × Populus deltoidesclones to fertilizer placement and level[J]. Canadian Journal of Forest Research, 1999, 29

(5): 554~562

[59] Van den Driessche R. Phosphorus, copperand zinc supply levels influence growth and nutrition of a young P. trichocarpa (Torr. &Gray) × P. deltoides (Bartr. ExMarsh) hybrid[J]. New Forests, 2000, 19(2): 143~157

[60] 中国林业科学研究院林业研究所. 国外杨树栽培[R]. 北京, 1982

[61] 樊巍, 高喜荣, 郭良, 等. 施肥对杨树人工林土壤养分及环境影响的研究[J]. 林业科学, 1999, 35(1): 101~105

[62] 孔令刚, 刘福德, 王华田, 等. 施肥对I-107杨树人工林土壤根际效应的影响[J]. 中国水土保持科学, 2006, 4(5): 60~65

[63] 刘明国, 兰健, 刘颖. 辽西河滩地杨树立地分类的研究[J]. 沈阳农业大学学报, 1993, 24(4): 280~286

[64] 王少元，何应同，曾祥福，等．杨树不同土壤立地条件施肥效应的研究[J]．林业科学，1999，35（1）：106~112

[65] Annie DesRochers，Van den Driessche R，ThomasBarb R．NPK fertilization at planting of three hybrid poplar clones in the boreal region of Alberta[J]．Forest Ecology and Management，2006，232（1-3）：216~225

[66] Liu Z J，Dickmann D I．Effects of water and nitrogen interaction on netphotosynthesis，stomatal conductance，and water-use efficiency in two hybrid poplar clones[J]．Physiologia Plantarum，1996，97（3）：507~512

[67] 王力，邵明安，侯庆春，等．不同水肥条件对杨树生物量的影响[J]．西北农林科技大学学报，2004，32（3），53~58

[68] Kye Han Lee，Shibu Jose．Nitrate leaching in cottonwood and loblolly pine biomass plantations along a nitrogen fertilization gradient[J]．Agriculture Ecosysterms & Environment，2005，105（4）：615~623

[69] Binkley D，Burnham H，Lee Allen H．Water quality impacts of forest fertilization with nitrogen and phosphorus [J]．Forest Ecology and Management，1999，121（3）：191~213

[70] 于伯康，韩永富．杨树人工林施肥试验初报[J]．林业勘察设计，2008，145（1）：63~65

[71] 刘寿坡，刘献忠，南健德．意大利214杨林地施肥效应研究[J]．林业科学，1990，20（6）：485~494

[72] 金建忠．杨树二耕土施肥肥效的研究[J]．中南林业调查规划，1995（4）：59~61

[73] 袁巍，皮兵．林业有机高效系列专用肥的推广与应用[J]．湖南林业科技，2005（2）：62~63

[74] 吴林森，柳新红，谢真铭，等．基肥施用对杨树幼林生长的影响[J]．防护林科技，2007（3）：12~13

[75] 曹帮华，巩其亮，齐清．三倍体毛白杨苗期不同配方施肥效应的研究[J]．山东农业大学学报，2004，35（4）：512~516

[76] 刘勇，陈艳，张志毅，等．不同施肥处理对三倍体毛白杨苗木生长及抗寒性的影响[J]．北京林业大学学报，2000（1）：38~43

[77] 梁立兴．林木施肥与发展趋势[J]．山东林业科技，1986（4）：58~64

[78] 陈连东，屠泉洪，孙时轩．小美旱杨插条苗（1-0）施肥的研究[J]．北京林业大学学报，1991（1）：37~42

[79] 高椿翔，赵瑞青，贾改霞，等．速生杨扦插育苗施肥方法的研究[J]．河北林

业科技, 2004(1): 11~12

[80] Vanden Driessche R, R Thomas Barbara, P Kamelchuk David. Effects of N, NP and NPKS fertilizers applied to four-year old hybrid poplar plantation[J]. New Forests, 2008, 35(3): 221~233

[81] Jia Huijun, Ingestad Torsten. Nutrient requirements and stress response of Populus imonii and Paulownia [J]. Physiologia Plantarum, 1984, 62(2): 117~124

[82] M Zabek Lisa, E Prescott Cindy. Steady-state nutrition of hybrid poplar grown from un-rooted cuttings[J]. New Forests, 2007, 34(1): 13~23

[83] 管玉霞, 王军辉, 张守攻, 等. 林木营养性状的研究进展与展望[J]. 西北农林科技大学学报: 自然科学版, 2006, 34(1)

[84] Clark R B, Duncan R R. Improvement of plant mineral nutrition through breeding [J]. Field Crop Res, 1991, 27: 219~240

[85] Nambiar E K S. Increasing forest productivity through genetic improvement of nutritional characteristics[C]//Forest potentials productivity and value. Symposium, Tacoma, Washington: Weyerhaeuser Science Symposium, 1984: 20~24

[86] 严小龙, 张福锁. 植物营养遗传学[M]. 北京: 中国农业出版社, 1997: 44~51

[87] 张福锁, 曹一平, 毛达如. 土壤与植物营养研究新动态: 第一卷[M]. 北京: 北京农业大学出版社, 1992: 73~82

[87] 于福同, 张爱民. 植物营养性状遗传研究进展[J]. 植物杂志, 1998(1): 6~9

[89] Mullin T J. Genotype-nitrogen interactions in full-sib seedlings of black spruce [J]. Can J For Res, 1985, 15: 1031~1038

[90] Abdul Karim S, Hawkins B J. Variation in response to nutrition in a three-generation pedigree of Populus [J]. Can J For Res, 1999, 29: 1743~1750

[91] Simon M, Zsuffa L, Burgess D. Variation in N, P, and K status and N efficiency in some North American willows [J]. Can J For Res, 1990, 20: 1888~1893

[92] 张焕朝, 徐成凯, 王改萍, 等. 杨树无性系的磷营养效率差异[J]. 南京林业大学学报, 2001, 25(2): 14~18

[93] 周志春, 谢钰容, 金国庆. 马尾松种源对磷肥的遗传反应及根际土壤营养差异[J]. 林业科学, 2003, 39(6): 62~67

[94] Wanyancha J M, Morgenstern E K. Genetic variation in response to soil types and phosphorus fertilizer levels in tamarack families[J]. Can J For Res, 1987, 17: 1251~1256

[95] Bailian Li, Mckeand S E, Allen H L. Genetic variation in nitrogen use efficiency of

loblolly pine seedlings [J]. For Sci, 1991, 37: 613 ~ 626

[96] Heilman P E, Stettler R F. Nutritional concents in selection of black cottonwood and hybrid clones for short rotation[J]. Can J For Res, 1986, 16: 860 ~ 863

[97] Sheppard L J, Cannell M G R. Nutrient use efficiency of clones of *Picea sitchensis* and *Pinus contorta* [J]. Silvae Genetic, 1985, 34: 4 ~ 5

[98] Heilman P E. Sampling and genetic variation of foliar nitrogen in black cottonwood and its hybrids. Ⅱ: Biomass production in a 4-year plantation[J]. Can J For Res, 1985, 15: 384 ~ 388

[99] 魏 勇, 张焕朝, 张金龙. 杨树根际土壤磷的分布特征及其有效性[J]. 南京林业大学学报: 自然科学版, 2003, 27(5): 20 ~ 24

[100] 陈立新, 杨承栋. 落叶松人工林土壤磷形态、磷酸酶活性演变与林木生长关系的研究[J]. 林业科学, 2004, 40(3): 12 ~ 18

[101] 万美亮, 邝炎华. 不同基因型甘蔗 P 素吸收动力学特征研究初报[J]. 华南农业大学学报, 1998, 19(2): 125 ~ 126

[102] 谢钰容, 周志春, 金国庆, 等. 马尾松不同种源 P 素吸收动力学特征[J]. 林业科学研究, 2003, 16(5): 548 ~ 553

[103] 张焕朝, 王改萍, 徐锡增, 等. 杨树无性系根系吸收 $H_2PO_4^-$ 动力学特征与磷营养效率[J]. 林业科学, 2003, 39(6): 40 ~ 46

[104] 李 锋, 潘晓华, 刘水英, 等. 低磷胁迫对不同水稻品种根系形态和养分吸收的影响[J]. 植物学报, 2004, 30(5): 438 ~ 442

[105] 曹爱琴, 廖红, 严小龙. 缺磷诱导菜豆根构型变化的一种简易测定方法[J]. 植物营养与肥料学报, 2001, 7(1): 113 ~ 116

[106] Theodorou C, Bowen G D. Root morphology, growth and uptake of phosphorus and nitrogen of *Pinus radiate* families in different soils[J]. Forest Ecology and Management, 1993, 56: 43 ~ 56

[107] 谢钰容, 周志春, 金国庆, 等. 低磷胁迫对马尾松不同种源根系形态和干物质分配的影响[J]. 林业科学研究, 2004, 17(3): 272 ~ 278

[108] Anderson J A, Huprikars, Kocjian L V, et al. Functional expression of a probable Arabidopsis thaliana potassium channel in sacharomyces cerevisiae[J]. Proc Natl Acad Sci, 1992, 89: 3736 ~ 3740

[109] 施卫明, 王校常, 严蔚东, 等. 外源钾通道基因在水稻中的表达及其钾吸收特征研究[J]. 植物学报, 2002, 28(3): 374 ~ 378

[110] 方 萍, 陶勤南, 吴 平. 水稻吸氮能力与氮素利用率的 QTLs 及其基因效应分析[J]. 植物营养与肥料学报, 2001, 7(2): 159 ~ 165

[111]明凤，米国华，张福锁，等．植物营养性状有关基因的分子标记及定位[J]．生物工程进展，1999，19(6)：16~21

[112]梁机．分子标记技术及其在林木遗传改良研究中的应用[J]．广西林业科学，2001，30：1~6

[113]李会平．抗光肩星天牛优良黑杨无性系选择及抗虫机制的研究[D]．河北农业大学硕士论文，2001：61

[114]温俊宝，叶刚，李镇宇，等．杨树受光肩星天牛危害程度与树皮厚度的关系[J]．河北林果研究，1998，13(2)：136~140

[115]杨雪彦，周嘉熹，胡彩霞．树木嫩枝角、栓质层量与抗两种星天牛的关系[J]．陕西林业科技，1996，(4)：19~21，27

[116]王志刚，张彦广，黄大庄．不同杨树树种枝条木质部酚类次生代谢物质的分析[J]．河北农业大学学报，1999，22(4)：75~78

[117]孙丽艳，韩一凡．对云斑天牛有不同抗性的杨树品种中化学物质的分析[J]．林业科学，1995，31(4)：339~344

[118]王书翰，王传槐，丁少军，等．欧美杨和美洲黑杨树叶化学成分的研究[J]．南京林业大学学报，1999，23(4)：71~73

[119]何方奕，张捷莉，李铁纯，等．杨树花挥发性成分的 GC/MS 分析[J]．辽宁大学学报(自然科学版)，2000，27(3)：233~23

[120]孙丽艳，韩一凡，周银连，等．对云斑白条天牛具有不同抗性的杨树品种中挥发物成分的研究[J]．林业科学研究，2002，15(5)：570~574

[121]王蕤，巨关升，秦锡祥．毛白杨树皮内含物对光肩星天牛抗性的探讨[J]．林业科学，1995，31(2)：185~188

[122]李淑玲，刘美青，李继东，等．毛白杨无性系树皮有机物质含量与抗性关系的研究[J]．河南农业大学学报，2001，35(3)：216~220

[123]张彦广，黄大庄，王志刚．杨树枝条韧皮部提取液对光肩星天牛羧酸酯酶的影响[J]．河北林果研究，2001，16(1)：49~51

[124]张彦广，黄大庄，王志刚．杨树次生代谢物质对光肩星天牛羧酸酯酶和谷胱甘肽 S-转移酶的影响[J]．林业科学，2001，37(6)：123~128

[125]张彦广，黄大庄，王志刚，等．杨树枝条韧皮部提取液对光肩星天牛谷胱甘肽 S-转移酶的影响[J]．河北农业大学学报，2001，24(3)：35~37

[126]张彦广，王志刚，黄大庄．桑天牛羧酸酯酶和谷胱甘肽 S-转移酶与杨树次生代谢物质相关性研究[J]．林业科学，2001，37(3)：106~111

[127]Lindroth R. L. Adaptations of Quaking Aspen for Defense Against Damageby Herbivores and Related Environmental Agents[J]. USDA Forest Service roceedings RMRS-

P-18，2001：273～284

[128] Picard S，Chenault J，Augustin S，et al. Isolation of a new phenolic compound from leaves of Populus deltoids [J]. Nat. Prod. ，1994(57)：808～810

[129] Sallé G. C. ，Hariri E. B. and Andary C. Polyphenolsand resistance of poplar (Populus spp.)to mistletoe (Viscum album L.)[J]. Acta Hort. (ISHS)，1994 (381)：756～762

[130] 房建军. 美洲黑杨酚甙类次生代谢产物与抗虫性状基因定位[D]. 北京：中国林业科学研究院博士论文，2000：105

[131] Hwang Shaw-Y. &R. L. Lindroth. Clonal variation in foliar chemistry of aspen：effects on gypsy moths and forest tent caterpillars[J]. Oecologia，1997(111)：99～108

[132] Osier T L and R L Lindroth Effects of genotype，nutrient availability，and defoliation on aspen phytochemistry and insect performance[J]. Chem Ecol，2001，27(7)：1289～1313

[133] Osier T L，Hwang S-Y and Lindroth R L. Effects of phytochemical variation in quaking aspen Populus tremuloides clones on gypsy mothLymantria dispar performance in the field and laboratory[J]. Ecol Entomol，2000(25)：197～207

[134] 刘勇，等. 苗木质量调控理论与技术[M]. 北京：中国林业出版社，1999

[135] 孙彩霞，沈秀瑛. 作物抗旱性鉴定指标及数量分析方法的研究进展[J]. 中国农学通报，2002，18(1)：49～51

[136] 宗学凤，刘大军，王三根，等. 细胞分裂素对冷害水稻幼苗膜保护酶热稳定蛋白和能量代谢的影响研究[J]. 西南农业大学学报，1998，20(6)：573～576

[137] 胡淑明，张学英，李青云，等. 多胺与植物耐盐性关系的研究[J]. 河北林果研究，2005，20(2)：128～132

[138] 杨亚军，郑雷英，王新超. 冷驯化和 ABA 对茶树抗寒力及其体内脯氨酸含量的影响[J]. 茶叶科学，2004，24(3)：177～182

[139] 姜中珠. 外源物质对苗木抗旱性的调节作用[D]. 哈尔滨：东北林业大学，2004

[140] 闫绍鹏. 欧美山杨杂种无性系低温胁迫下几种生理指标的遗传变异 [D]. 哈尔滨：东北林业大学，2004

[141] 陈善娜，郭浙红，沈云光，等. 在低温胁迫下外源 ABA 对高原水稻自由基清除系统的影响[J]. 云南大学学报：自然科学版，1996，18(2)：167～172

[142] 徐锡增，唐罗忠，程淑婉. 涝渍胁迫下杨树内源激素及其他生理反应. 南京林业大学学报，1999，23(1)：1～5

[143]张骁，荆家海，卜芸华，等. 2，4-D 和乙烯利对玉米幼苗抗旱性效应的研究[J]. 西北植物学报，1998，18(1)：97～102

[144]郭丽红，王定康，杨晓虹，等. 外源乙烯利对干旱胁迫过程中玉米幼苗某些抗逆生理指标的影响[J]. 云南大学学报：自然科学版，2004，26(4)：352～356

[145]张爱军，商振清，董永华，等. 6-BA 和 KT 对干旱条件下小麦旗叶甘油醛-3-磷酸脱氢酶及光合作用的影响[J]. 河北农业大学学报，2000，23(2)：37～41

[146]刘桂丰，杨传平，温绍龙，等. 盐逆境条件下三个树种的内源激素变化[J]. 东北林业大学学报，1998，26(1)：1～3

[147]廖祥儒，贺普超，朱新产. 玉米素对盐渍下葡萄叶圆片 H_2O_2 清除系统的影响[J]. 植物学报，1997，39(7)：641～646

[148]施木田，陈如凯. 锌硼营养对苦瓜产量品质与叶片多胺、激素及衰老的影响[J]. 应用生态学报，2004，15(1)：77～80

[149]黄久常，王辉，夏景光. 渗透胁迫和水淹对不同抗旱性小麦品种幼苗叶片多胺含量的影响[J]. 华中师范大学学报，1999(2)：259～262

[150]张木清，陈如凯，余松烈. 多胺对渗透胁迫下甘蔗愈伤组织诱导和分化的作用[J]. 植物生理学通讯，1996，(03)：175～178

[151]胡景江，左仲武. 外源多胺对油松幼苗生长及抗旱性的影响[J]. 西北林学院学报，2004，19(4)：5～8

[152]关军锋，刘海龙，李广敏. 干旱胁迫下小麦幼根、叶多胺含量和多胺氧化酶活性的变化[J]. 植物生态学，2003，27(5)：656～660

[153]王晓云，李向东，邹琦. 外源多胺、多胺合成前体及抑制剂对花生连体叶片衰老的影响[J]. 中国农业科学，2000，33(3)：30～35

[154]江行玉，赵可夫，窦君霞. NaCl 胁迫下外源亚精胺和二环己基胺对滨藜内源多胺含量和抗盐性的影响[J]. 植物生理学通讯，2001，37(1)：6～9

[155]王启燕，韩德元，张姝丽. 矮壮素对番茄幼苗抗寒性的作用机制[J]. 北京农业科学，1994，12(3)：21～23

[156]陈靠山，彭正华，张志成，等. 氯化钕对水分亏缺下小麦种子萌发与幼苗抗旱性的研究[J]. 西北农业学报，1994，3(3)：41

[157]Morillon R，ChrispeelsM J. The role ofABA and the transpiration stream in the regulation of the osmoticwaterpermeability of leaf cells[J]. Proc Nat lAcad Sci USA，2001，98(24)：14 138 ～14 143

[158]Davies W J，Zhang J H. Rootsignals and the regulation of growth and development of plants in drying soil[J]. Annu Rev Plant Physiol Mol Bio，1991，42：55～76

［159］Pagew，Morgan，Malcolmc．Ethylene and plant responses to stress［J］．Physiologia Plantarum，1997，100：620～630

［160］Silverman F P，Assiamah A A，Douglas S B．Membrane transport and cytokine action in root hairs of Medicagosativa［J］．Planta，1998，205：23～31

［161］Yordanor I，TsonevT，GoltsevV，et al．Gas exchange and chlorophyll fluorescence during water and high temperature stresses and recovery［J］．Photosynthetica，1997，33：3～4，423～431

［162］Slocum R D，Kaur-sawhney R，Galston A W．The physiology and biochemistry of polyamines in plants［J］．Arch Biochem Biophys，1984，235(2)：283～303

［163］Ibrahim Mohamedzeid．Response of bean（phaseolusvulgaris）to Exogenous putrescine treatment under salinity stress［J］．Parkistan Journal of Biological Sciences，2004，（2）：219～225

［164］段安安，张硕新．杨树抗寒抗旱育种的进展［D］．西北林学院学报，1997，12(2)：95～100

［165］王胜东，杨志岩．辽宁杨树［M］．北京：中国林业出版社，2006

［166］林善枝，张志毅．杨树抗冻性的研究现状［J］．植物学通报，2001，18(3)：318～324

［167］樊军锋．84K 杨树耐盐基因转化研究［J］．西北林学院学报，2002，17(4)：33～37

［168］姜静，常玉广，董京祥，等．小黑杨转双价抗虫基因的研究［J］．植物生理学通讯，2004，40(6)：669～672

［169］饶红宇，陈英，黄敏仁，等．杨树 NL-80106 转 Bt 基因植物的获得及抗虫性［J］．植物资源与环境学报，2000，9(2)：1～5

［170］王占斌，张福丽，王志英，等．小黑杨转抗真菌病基因的初步研究［J］．林业科技，2006，31(6)：22～24

［171］李树人．优良树种——山海关杨［J］．河北林业科技，1983，20（2)：122～131

［172］师晨娟，刘勇，荆涛．植物激素抗逆性研究进展．世界林业研究，2006，19(5)：21～26